高等学校教材

工程材料与成形工艺基础学习指导

温建萍　刘子利　主编

化学工业出版社

·北京·

全书工程材料学、材料成形工艺基础独立成篇。工程材料学部分主要介绍各章的学习重点、内容提要、总结与复习指导，重点章节的课堂讨论指导与示范，各章的复习思考题与自测题记参考答案和实验指导。材料成形工艺基础部分主要介绍各章的学习重点、内容提要及总结与复习指导，各章的复习思考题与自测题及参考答案。书末附录参照现用国家标准列出了常用工程材料的牌号、性能与用途的总结表，同时收录了碳钢的强度与硬度值的换算表及常用的技术名词中、英文对照表。

本书可作为普通高校、成人高校的机械类和近机类专业学生学习机械工程材料、金属材料学、金属材料与热处理、材料成形工艺基础等课程的辅助教材或研究生考试的辅导教材。

图书在版编目（CIP）数据

工程材料与成形工艺基础学习指导/温建萍，刘子利主编. —北京：化学工业出版社，2007.6（2023.2重印）
高等学校教材
ISBN 978-7-122-00787-2

Ⅰ. 工… Ⅱ. ①温… ②刘… Ⅲ. 工程材料-成形-工艺-高等学校-教学参考资料 Ⅳ. TB3

中国版本图书馆CIP数据核字（2007）第103025号

责任编辑：杨　菁　　　　装帧设计：潘　峰
责任校对：周梦华

出版发行：化学工业出版社（北京市东城区青年湖南街13号　邮政编码100011）
印　　装：北京科印技术咨询服务有限公司数码印刷分部
787mm×1092mm　1/16　印张13¼　字数341千字　　2023年2月北京第1版第5次印刷

购书咨询：010-64518888　　　　售后服务：010-64518899
网　　址：http://www.cip.com.cn
凡购买本书，如有缺损质量问题，本社销售中心负责调换。

定　　价：45.00元

前　　言

工程材料学、材料成形工艺基础是高等教育工科院校机械类和近机械类各专业学生必修的重要技术基础课程。工程材料学的主要任务是阐述各种常用工程材料的化学成分、加工工艺、组织结构、使用性能及实际应用之间的相互关系与内在规律，为工程结构、机械零件的设计、制造和正确使用提供有关合理选材、用材的必要理论指导和实际帮助。材料成形工艺基础是一门以研究制造金属机件加工工艺为主的综合性技术科学，它涉及机械制造从材料到热、冷加工各方面。因此，工程材料学、材料成形工艺基础是学习机械零件及设计等课程和机械类相关各专业课程所必不可少的先修课程之一。

为了帮助学生更好地掌握工程材料学、材料成形工艺基础课程课堂教学的重点内容，培养学生运用所学理论知识分析、解决实际问题的能力，达到本课程的教学目的，根据编者积累的教学经验和资料，在南京航空航天大学学生使用《〈工程材料学〉、〈材料成形工艺基础〉学习指导、习题》的基础上经过多年不断的修订补充，编写了这本学习指导教材。全书工程材料学、材料成形工艺基础独立成篇。工程材料学由五部分组成：第一部分为各章的学习重点与内容提要及总结与复习指导；第二部分为工程材料学重点章节的课堂讨论指导与示范；第三部分为各章的复习思考题与自测题；第四部分为各章的复习思考题与自测题参考答案；第五部分为实验指导。材料成形工艺基础包括三部分：第一部分为各章的学习重点与内容提要及总结与复习指导；第二部分为各章的复习思考题与自测题；第三部分为各章的复习思考题与自测题参考答案。书末附录参照现用国家标准编辑了常用工程材料的牌号、性能与用途的汇总表，同时收录了碳钢的强度与硬度值的换算表及常用的技术名词中、英文对照表。

本书可作为普通工科大专院校、成人高校机械类、近机类专业本、专科生学习机械工程材料、金属材料学、金属材料与热处理、材料成形工艺基础等课程的辅助教材或研究生考试的辅导教材。

本书由南京航空航天大学温建萍、刘子利主编，参加编写的有王少刚、陈文华、王蕾、苏新清老师。由于编者水平有限，书中难免存在不妥之处，敬请读者批评指正，以便对教材内容不断总结和改进。

编者

2007 年 4 月

目　　录

第一篇　工程材料学

第二篇　材料成形工艺基础

附　录

第一篇　工程材料学

第一部分　学习重点与内容提要

绪　　论

一、本章重点

学习本课程，要紧紧抓住“材料的化学成分→加工工艺→组织结构→性能→应用”之间的相互关系及其变化规律这个“纲”。

绪论课讲授的重点是本课程在机械设计与制造中的重要性、研究对象，课程的性质、主要内容概况及与专业的关系等。初步了解机械工程材料的分类。使学生在课程开始，对工程材料学课程的特点就有足够的了解与认识，以便学生能有的放矢地制定自己的学习计划、选择适合自己的科学学习方法。

二、内容提要

（一）工程材料的发展与分类

材料是人类文明的标志，人类进化的里程碑。人类历史的发展过程本身就是一部材料发展的历史，石器时代、青铜器时代、铁器时代均标志着一个相应的经济发展历史时期。当今世界，材料、能源与信息被誉为现代化生产的三大支柱。而材料又是能源与信息发展的物质基础。材料，特别是新型材料，是发展高科技的先导和基石。如图 1-1-1 所示，表明了材料发展的历程，图中横坐标为年代、时间为非线形的，纵坐标为相对重要性。可以看出金属材料、聚合物材料、陶瓷材料和复合材料在纵坐标上所占比例的大小，以此来衡量其相对重要性。由图 1-1-1 可见，从 20 世纪 50 年代金属材料占绝对优势的分布情况到 21 世纪，目前已形成四大类工程材料平分秋色的格局。

工程材料的种类繁多，有各种各样的分类方法。若按化学成分与结合键特点，可分为金属材料、陶瓷材料、高分子材料和复合材料四大类，如表 1-1-1 所示。

表 1-1-1　材料按化学成分与结合键特点分类

材料名称	化学成分	结合键
金属材料(黑色金属、有色金属)	金属＋金属或非金属	金属键
高分子材料	C、H 化合物	共价键＋范德华键
陶瓷材料	金属＋非金属化合物	离子键＋共价键
复合材料	两种或两种以上材料的组合	混合键

（二）课程的性质及与专业的关系

① 工程材料学是一门重要的技术基础课程，它主要是应用金相学、物理学、化学、冶金学和电子计算机等学科理论和实验的最新成就，即工程材料学是建立在实验基础之上而又与工业实践紧密结合的一门技术基础课程。其课程内容以定性描述为主，具体表现为“三多”：讲授内容中名词、概念、术语“多”，定性描述、经验性总结“多”，需记忆性的内容、规律“多”。

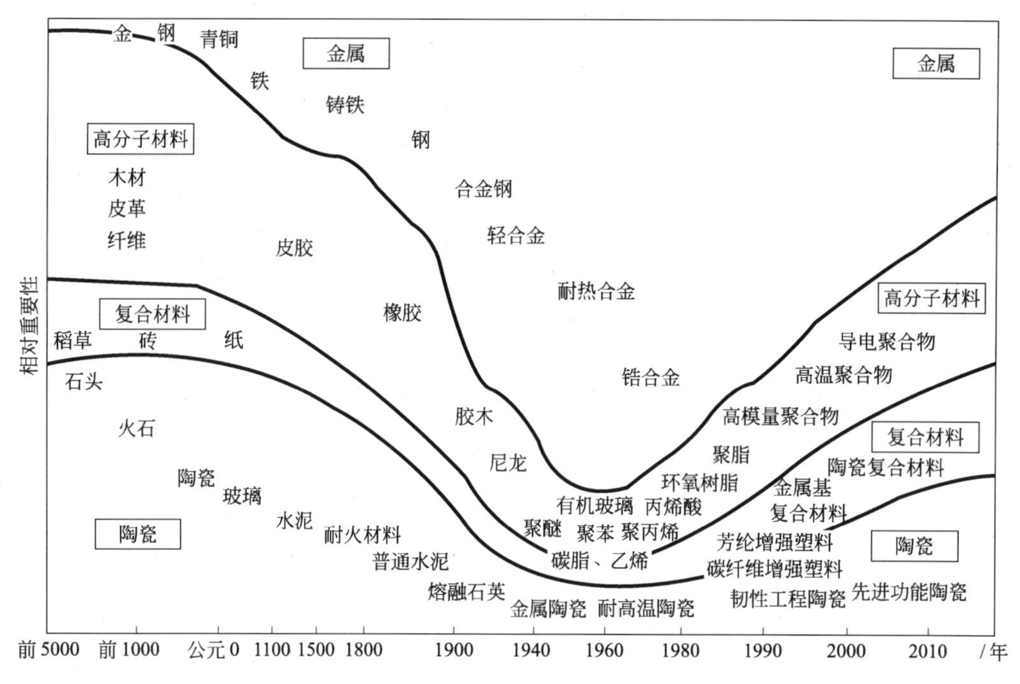

图 1-1-1　材料发展的历程示意图

② 作为一名机械工程技术人员，时时处处都会遇到有关材料方面的问题。无论设计一台机器设备、机械零件，还是改革、加工一套工夹具，都将面临材料的选择、应用与零件加工工艺路线的制定等问题，这一切都涉及材料方面的问题。工程技术人员要具备两方面的材料学知识：其一是应了解材料的成分（组成）、结构、工艺及外界条件（如载荷、温度、环境介质等）改变时对其性能的影响；其二是应掌握各种工程材料（重点是金属材料）的基本特性和应用范围。而工程材料学课程正是为了实现这一要求设置的。

③ 学好工程材料学，为学习专业课程奠定坚实的基础。

（三）本课程的研究对象，学习目的及主要内容

1. 研究对象

工程材料（以研究机械工程结构材料为主）是研究各种固体材料的成分（组成）、加工工艺、组织结构、性能和应用之间的相互关系及其变化规律的一门科学。

2. 学习目的

① 获得有关材料与材料科学方面的基本理论知识；

② 掌握强化工程材料性能的途径、基本原理与方法；

③ 熟悉常用工程材料的各类特点；

④ 使学生具有合理选用工程材料并妥善安排其加工工艺路线的初步能力。

3. 主要内容

工程材料学主要包括材料基础（材料的力学性能、金属的晶体结构与结晶、二元合金相图、金属的塑性变形与再结晶等）、钢的热处理、常用工程材料（碳钢、合金钢、有色金属及合金、高分子材料、无机非金属材料、复合材料）和机械零件的失效与选材四部分。

三、教学参考资料

［1］ 张代东. 机械工程材料应用基础. 机械工业出版社. 2001.3.

［2］ 郑新明. 工程材料. 第2版. 清华大学出版社. 1994.2.

［3］ 王焕庭. 机械工程材料. 大连理工大学出版社. 1993.10.

［4］ 王特典．工程材料．东南大学出版社．1995.12.
［5］ 翟封祥，尹志华．材料成形工艺基础．哈尔滨工业大学出版社．2002.9.
［6］ 齐乐华．工程材料及成形工艺基础．西北工业大学出版社．2001.12.

第一章　材料的性能

一、本章重点

① 对表征材料的力学性能指标，包括 σ_b、σ_s、σ_e、$\sigma_{0.2}$、σ_{-1}、δ、δ_5、φ、α_k、HB、HRC、HV、E 要认识，并能解释其物理意义。其中重点是 σ_b、σ_s、$\sigma_{0.2}$、δ、α_k、HB、HRC；

② 掌握布氏硬度和洛氏硬度各自的优缺点、相互关系和应用场合。

二、内容提要

材料的性能是指材料的使用性能和工艺性能。材料的使用性能又包括力学性能和物理化学性能。材料的性能指标是设计、制造零件和工具的重要依据。对于一般的机械工程材料应重点了解其力学性能，其次是工艺性能。常用的力学性能指标及说明见表 1-1-2。

表 1-1-2　常用的力学性能指标及说明

力学性能	性能指标		说　明
	符　号	名　称	
强度	σ_b	抗拉强度（强度极限）	试样在拉断前承受的最大应力值
	σ_s	屈服强度（屈服极限）	材料开始产生屈服现象的应力
	$\sigma_{0.2}$	条件屈服强度（条件屈服极限）	对于没有屈服现象的材料，工程中规定发生试样标距长度 0.2% 的残余塑性变形量时所对应的应力值
	σ_{-1}	疲劳强度（疲劳极限）	材料经受多次（钢为 10^7 次、有色金属为 10^8 次）对称循环交变应力作用而不发生破坏的最大应力值
塑性	$\delta(\delta_{10})\%$ $\delta_5\%$	延伸率	试样拉断后，标距长度的增加量与原标距长度的百分比，试样长度与直径之比为 5 时，用 δ_5 表示
	ψ	断面收缩率	试样拉断处，横截面积减缩量与原横截面积的百分比
硬度	HB	布氏硬度	使淬火钢球压入材料表面，在单位压痕球面积上受的载荷。一般用于测量 $HB<450$ 较软材料毛坯、半成品的硬度
	HRC	洛氏硬度	以 120°角金刚石压头压入材料表面，按压痕深度衡量硬度值。可直接从硬度计表盘上读数，一般用于经过淬火的钢件等
	HV	维氏硬度	一般用于测量经表面处理的表面层硬度或薄件的硬度
	HM	显微硬度	用于测量材料中各种相和组织的硬度
韧性	α_k	冲击韧性（冲击值）	一次冲断试样缺口处单位截面积上所消耗的功
断裂韧性	K_I	断裂韧性	在断裂力学中，用来研究材料抗裂纹扩展能力的性能指标。
弹性	σ_e	弹性极限	材料承受最大的弹性变形时所对应的应力值
	E	弹性模量	弹性范围内应力与应变的比值，表征金属对弹性变形的抗力

第二章　金属的晶体结构

一、本章重点

① 晶体结构的基本概念，三种典型晶格（体心立方、面心立方和密排六方）的原子排列规律及基本参数；

② 立方晶系中晶面指数和晶向指数确定方法，原子密排面和密排方向；

③ 实际金属中的三类晶体缺陷（点、线、面缺陷）。

二、内容提要

金属材料是目前应用最广泛的工程材料。金属材料的结合键主要是金属键。金属材料都是晶体。

（一）固态金属的特性

① 良好的导电、导热性；

② 良好的塑性；

③ 不透明、有光泽；

④ 正的电阻温度系数。

金属的这些特性都是由金属键的性质决定的。

（二）晶体的特性与结构

晶体内部的原子（或离子）在三维空间有规则排列，使之具有：ⅰ规则的几何外形；ⅱ确定的熔点；ⅲ各向异性。而非晶体中，原子是散乱排列的，故不具备以上特性。

X 射线结构分析表明，绝大多数金属均为体心立方、面心立方和密排六方这三种典型的结构，其基本的结构参数见表 1-1-3。

表 1-1-3　三种典型金属晶体结构小结

金属名称	晶格类型	晶格特征	晶胞中原子数	原子半径	配位数	致密度/%
Cr、Mo、W、V α-Feδ-Fe	体心立方 bcc	$a=b=c$ $\alpha=\beta=\gamma=90°$	2	$\frac{\sqrt{3}}{4}a$	8	68
Al、Cu、Ni γ-Fe	面心立方 fcc	$a=b=c$ $\alpha=\beta=\gamma=90°$	4	$\frac{\sqrt{2}}{4}a$	12	74
Mg、Cd、Zn、Be	密排六方 hcp	$a=b\neq c$ $\alpha=\beta=90°$ $\gamma=120°$	6	$a/2$ $(c/a=1.633)$	12	74

（三）金属晶体中的晶面与晶向

金属的许多性能及金属中发生的许多现象都与晶面和晶向有密切关系。因此，分析和表达晶格中晶面和晶向的特点是十分重要的。

立方晶系中晶面指数和晶向指数的确定方法；晶面和晶面族，晶向和晶向族，晶面和晶向上的原子密度等概念很重要。

bcc 中原子的密排面是 {110}，密排方向是〈111〉。

fcc 中原子的密排面是 {111}，密排方向是〈110〉。

（四）晶体缺陷与性能

在实际金属晶体中，不可避免地存在着各种缺陷，如点缺陷、线缺陷和面缺陷。它们的共同特点是破坏了晶格的完整性，造成晶格畸变，并直接影响晶体的性能。

(1) 点缺陷　主要有晶格空位和间隙原子两种，它们通过对原子移动的微观过程的影响而影响金属的性能。

(2) 线缺陷　主要形式是两类位错。它使得金属滑移容易进行，从而降低了金属的强度。但当金属中的位错密度很高时，由于位错运动阻力的增大，金属的强度反而提高。

(3) 面缺陷　主要形式是晶界和亚晶界，它们除提高金属的塑性变形抗力、提高强度与硬度外，还能使变形分散在各晶粒内部，因此提高塑性与韧性。

（五）金属中的扩散

扩散是指原子超过平均原子间距的迁移现象。影响扩散的主要因素是温度、结构、表面及晶体缺陷。扩散影响金属内部组织转变的微观过程，从而影响其性能。扩散在金属的固态转变中也有十分重要的意义。

第三章　金属的结晶

一、本章重点

① 过冷度的概念，过冷度对结晶过程的影响规律；

② 结晶过程中形核和长大的概念，自发形核、非自发形核、树枝状长大；

③ 获得细晶粒的方法。

二、内容提要

金属结晶的基本规律是研究金属内部组织转变的基础。结晶过程中形核长大的概念及结晶的规律，在固态相变中也具有普遍意义。

结晶过程的推动力是液相和固相之间要有自由能差（ΔF），即结晶过程需要过冷。过冷是金属结晶的必要条件。结晶包括形核和长大两个过程。结晶的结果是形成由许多晶粒（相互间位向不同的单晶体）所组成的多晶体物质。由于细晶粒材料具有较好的常温力学性能，因而细化晶粒就成为结晶过程中控制组织以提高使用性能的一个重要手段。

结晶过程中，细化金属晶粒的方法主要有：

1. 增大冷却速度

冷却速度越大，过冷度越大，结晶过程的推动力就越大，形核速率 N 和长大线速度 G 均增大，但 N 比 G 增大得快。在实际金属的过冷范围内，控制 N/G 这个比值，就可以控制结晶后晶粒的大小（即晶粒度）。因此可以通过增大过冷度达到细化晶粒的目的。

2. 变质处理

在非自发形核条件下，可以按“结构相似、大小相当”的原则，利用杂质或加入变质剂，以增加晶核数量或阻碍晶核长大，达到提高形核率、控制晶核长大、细化晶粒的目的。

3. 附加振动

金属结晶时附加振动或搅拌，使成长中的枝晶破碎。破碎的枝晶尖端起到晶核的作用，使形核率增加，从而使晶粒细化。

第四章　金属的塑性变形与再结晶

一、本章重点

① 塑性变形的滑移机制，多晶体塑性变形的特点；

② 加工硬化的本质及实际意义；

③ 回复、再结晶的概念及应用，影响再结晶后晶粒大小的因素；

④ 冷、热加工的区别。

二、内容提要

塑性变形是金属在外力作用下表现出来的一种行为。塑性变形不仅改变金属的外形，而且使金属内部组织和结构发生相应变化。经塑性变形后的金属在随后的加热过程中，内部组织也发生一系列变化，这些都对性能有明显的影响。

（一）塑性变形的机制

单晶体金属塑性变形的基本方式是滑移和孪生。在滑移时，实际测定的滑移应力要比理论计算值小 3～4 数量级，这种差异是位错运动造成的。

滑移的机制是在分切应力作用下，位错沿滑移面上的滑移方向运动，造成晶体的一部分相对于另一部分的滑动位移。滑移面和滑移方向是晶格中的原子密排面和密排方向，一个滑移面和其上的一个滑移方向构成一个滑移系。滑移系越多，金属发生滑移的可能性越大，塑性就越好。滑移方向对滑移所起的作用比滑移面大，所以 fcc 金属比 bcc 金属的塑性更好。

多晶体塑性变形时，每个晶粒内的变形与单晶体是一样的。但由于多晶体是由许多位向不同的小单晶体组成的，在切应力的作用下，滑移首先在软位向的晶粒中发生，其次是较软位向、硬位向。变形的晶粒总会受到周围不同位向晶粒的约束，使变形抗力增加。另外，晶界处原子排列紊乱，晶格畸变大，所以晶界的存在也会增加塑性变形抗力。晶界越多，金属的变形抗力就愈大，金属的强度就愈高。这就是为什么晶粒愈细，晶界总面积愈多，金属的强度就愈高的原因。

金属的晶粒愈细，不仅强度高，而且塑性也好。这是因为晶粒细，单位体积中的晶粒数目愈多，变形可分散在更多的晶粒内产生均匀的变形，不至于造成局部的应力集中而使裂纹过早的产生和发展。

(二) 塑性变形时组织和性能的变化

塑性变形造成晶格歪扭、晶粒变形和破碎，出现亚结构，甚至形成纤维组织。当变形量很大时，还会产生变形织构现象。当外力去除后，金属内部还存在残余内应力。

更为重要的是塑性变形使位错密度增加，从而使金属的强度、硬度增加，而塑性、韧性下降，即产生加工硬化。

(三) 变形金属在加热时组织和性能的变化

变形金属被加热时，随加热温度的升高，将发生回复、再结晶与晶粒长大等过程。再结晶后，金属形成新的无畸变的并与变形前相同晶格的等轴晶粒，同时位错密度降低，加工硬化现象消失，金属性能全面恢复到变形前的水平。

再结晶的开始温度主要取决于变形度。变形度越大，再结晶开始温度越低。大变形度（70%～80%）的再结晶温度与熔点的关系为

$$T_{再} \approx 0.4 T_{熔} (K)$$

再结晶后的晶粒大小与加热温度和预先变形度有关。加热温度越低或预先变形度越大，其再结晶后晶粒越细。但要注意临界变形度的情况，对于一般金属，当变形度为 2%～10% 时，由于变形很不均匀，会出现晶粒的异常长大，导致性能急剧下降。

(四) 金属的冷加工和热加工

在金属学上，冷加工和热加工不是根据变形时金属是否加热，而是根据金属的再结晶温度来区分的。在再结晶温度以下的塑性加工为冷加工；在再结晶温度以上的塑性加工为热加工。

金属热加工的特点是不显示加工硬化现象，变形后获得再结晶组织。金属冷加工的特点是有加工硬化现象，变形后获得加工硬化组织。实际上，金属热加工时，同时存在着加工硬化和再结晶，只是加工硬化现象一出现马上被再结晶消除了。但是，在热加工过程中，如果变形速度较高，或材料因成分复杂再结晶速度缓慢，尽管变形温度在再结晶温度以上，也会出现加工硬化，甚至使零件开裂。这就是为什么高合金钢不能在高速锤上锻造的原因。

热加工显著改善金属的组织和性能，并形成热纤维组织（或称“流线”），使金属的力学性能特别是塑性和韧性具有明显的方向性。因此，热加工时应该力求使工件流线分布合理。

第五章 合金的结构与二元合金相图

一、本章重点

① 固溶体和金属间化合物的形成条件，结构特点与性能特点。

② 匀晶转变过程及特点。

固溶体结晶（匀晶转变）的特点是：

ⅰ 在一定的过冷度下，通过形核、长大两个过程进行结晶；

ⅱ 变温进行；

ⅲ 结晶过程，两相成分发生变化；

ⅳ 在两相区，两相的质量比符合杠杆定律；

ⅴ 快冷时易出现枝晶偏析。

③ 杠杆定律及其应用。杠杆定律表示平衡状态两个平衡相的质量之间的关系，可利用它来计算两个平衡相分别占总合金的质量百分数，即各相的相对质量，亦可用它来确定组织中各组织组成物的相对质量。在运用杠杆定律时要注意以下几点：

ⅰ 只适用于平衡状态；

ⅱ 只适用于两相区；

ⅲ 杠杆的长度为两平衡相的成分点之间的距离，杠杆的支点为合金成分，杠杆的位置由所处的温度决定。

④ 共晶转变特点，共晶相图中典型合金的结晶过程。

⑤ 弄清组织与相的概念与关系。

二、内容提要

由于合金具有强度高、硬度高、韧性好、耐磨、耐蚀、耐热等优良性能，因此在工程上使用的金属材料绝大多数是合金。二元合金是最简单、最基本的合金。

本章讲述了两个问题：一是合金的结构；二是二元合金相图。

（一）合金的结构

1. 固溶体与金属间化合物

固态合金的相结构包括固溶体与金属间化合物两种。

固溶体是合金结晶时所形成的晶格结构与合金的某一组元（溶剂）的晶格完全相同的固相。固溶体分为间隙固溶体和置换固溶体。固溶体的性能特点是：强度、硬度低，塑性、韧性好。通过溶入某种溶质元素形成固溶体，金属强度、硬度升高的现象称为固溶强化。固溶强化的产生是由于溶入溶质元素后，溶剂晶格产生畸变，使位错运动时所受到的阻力增大的缘故。固溶强化是金属材料的一个重要强化途径，因为它使金属材料的强度、硬度提高的同时，塑性韧性降低较少。但是，通过单纯的固溶强化所达到的最高强度指标仍然有限，常不能满足结构材料的要求。因而需要在此基础上进行其他强化处理。如经冷塑性变形引起的加工硬化，在固溶体基础上引入硬而耐磨的物质-金属间化合物。

金属间化合物是合金结晶时所形成的晶格结构与合金各组元的晶格结构均不相同的固相。它一般具有复杂的晶格、熔点高、硬而脆。当合金中出现金属间化合物时，通常能提高合金的强度、硬度及耐磨性，但会降低合金的塑性和韧性。金属间化合物的种类很多，按其形成条件可分为正常价化合物、电子化合物和间隙化合物。

2. 组织与相的关系与区别

相是按其物质的化学成分和晶体结构的基本属性来划分的。“相”实质上是晶体结构相同的状态。相是指材料中结构相同、化学成分及性能均一的组成部分，相与相之间有界面分开。因此，凡是化学成分相同，晶体结构与性能相同的物质，不管其形状是否相同，不论其分布是否相同，统称为一个相。

组织一般是指是用肉眼或在显微镜下所观察到的材料内部所具有的某种形态特征或形貌

图像，实质上它是一种或多种相按一定方式相互结合所构成的整体的总称。组织是显微尺度，结构是原子尺度。相构成了组织，组织决定了性能，这是一个重要的观点。

合金的组织是由单相固溶体或化合物组成，也可由一个固溶体和一个化合物或两个固溶体和两个化合物等组成。正是由于这些相的形态、尺寸、相对数量和分布的不同，才形成了各种各样的组织，即组织可由单相构成，也可由多相构成。组织是材料性能的决定因素。在相同的条件下，不同的组织对应着不同的性能。

相组分（相组成物）与组织组分（组织组成物）是人们把在合金相图分析中出现的“相”称为相组分，出现的“显微组织”称为组织组分。实际上相组分就表示“相”，组织组分就表示“组织”。

（二）二元合金相图

合金相图是合金成分、温度与合金系所处状态间关系的简明图解。它反映了合金系在给定条件下的相平衡关系，是研究相与组织转变规律的重要工具。

与纯金属不同的是，在二元合金系中，随着组成元素加入量的变化，合金中的相和组织也要发生相应改变，根据其组织转变规律及性能特征来区分相图，并确定反应类型，归纳如表 1-1-4 所示。

表 1-1-4　二元合金相图

相图类型	图形特征	转变式	说　明
匀晶转变	L　α	$L \longrightarrow \alpha$	一个液相经过一个温度范围转变为一种固相
共晶转变	α　L　β	$L \xrightarrow{T} (\alpha+\beta)$	恒温下，由一个液相 L 同时结晶出两个不同成分的固相 α 和 β，构成机械混合物（称共晶体）
共析转变	α　γ　β	$\gamma \xrightarrow{T} (\alpha+\beta)$	恒温下，由一个固相同时结晶出两个不同成分的固相 α 和 β，构成机械混合物（称共析体）
包晶转变	α　L　β	$\alpha+L \xrightarrow{T} \beta$	恒温下，由液相和一个固相 α 相互作用生成一种新的固相 β'

在对各类相图的认识和应用中，要特别注意区分各种相与组织，分析典型合金的结晶过程，画出结晶过程示意图，并应用杠杆定律计算平衡状态下相与组织的相对量。

第六章　铁碳合金相图

一、本章重点

① 熟练掌握铁碳合金相图的全貌，要能默画出铁碳合金相图，并能标出图上的特性点（*G*、*C*、*E*、*F*、*P*、*S*）、线（*ECF*、*PSK*、*GS*、*ES*）的温度和成分，能填上各区域的相和组织的组成。

② 画冷却曲线，分析典型铁碳合金的结晶过程，应用杠杆定律计算在室温下平衡组织中的相和组织组成物在整个合金中占的质量百分数，特别是钢的部分。

③ 弄清铁碳合金的成分、组织与性能之间关系，即随含碳量的变化，其组织和性能的变化规律（见图 1-1-2）。

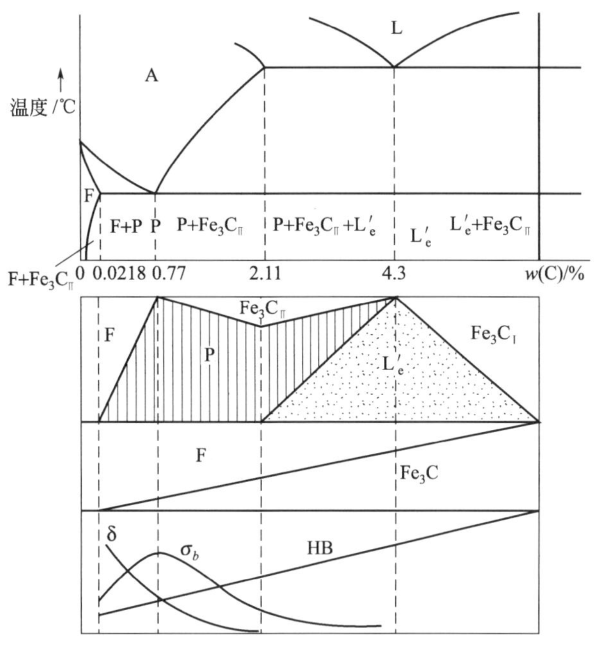

图 1-1-2　铁碳合金的成分、组织与性能关系图

二、内容提要

铁碳合金是工业中应用最广泛最重要的工程材料，铁碳相图是研究铁碳合金的成分、相和组织及其性能之间关系的重要工具。本章是本课程的重点，要求熟练掌握下列内容。

① 熟记铁碳相图，能默画出铁碳相图，记住重要点的温度、成分和意义（*B*、*C*、*E*、*F*、*P*、*S* 点）以及一些重要线的意义（*ECF*、*PSK*、*GS*、*ES* 线）。

② 弄清铁碳合金中的基本相和基本组织的本质和特征。

固态下，铁碳合金中的基本相有高温 δ 铁素体、铁素体、奥氏体和渗碳体四种，前三种属于固溶体，后者属于化合物。固溶体具有好的塑性和韧性，而化合物的硬度高脆性大。

由基本相所形成的铁碳合金的基本组织有铁素体、奥氏体、渗碳体（一次、二次、三次渗碳体之分）、珠光体、莱氏体（有低温与高温莱氏体之分）5 种。其特点归纳列于表 1-1-5、表 1-1-6。

③ 运用铁碳相图，分析典型成分的铁碳合金的结晶过程（用冷却曲线表示），计算平衡组织中组成相及组织组成物的相对质量，参见表 1-1-7。

④ 熟练画出铁碳合金室温平衡组织示意图，正确标出各组织组成物，熟悉各种组织的特征。如：过共析钢（T12 钢）室温平衡组织为 P＋Fe_3C_{II}，其组织特征是白色网状 Fe_3C_{II} 包围在层片状 P 周围，组织示意图见图 1-1-3。

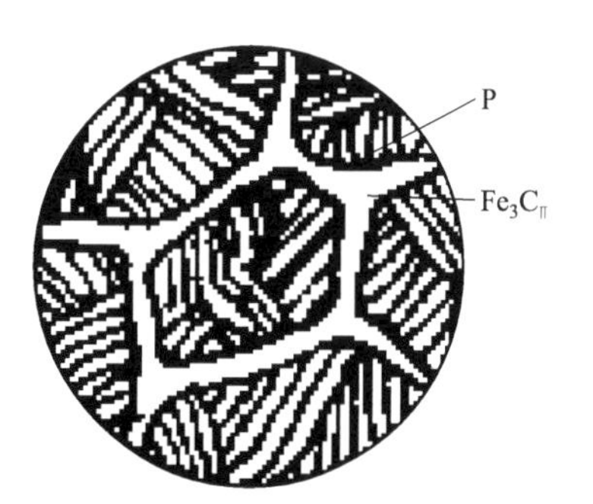

图 1-1-3　过共析钢组织示意图

⑤ 铁碳合金的成分-组织-性能之间的关系。对于亚共析钢，根据碳含量可求出组织组成物的相对质量，进而可估算其性能（强度、硬度、塑性）。

⑥ 各种碳钢的编号及应用。

⑦ 弄清一些重要概念：同素异构转变、α-Fe、铁素体、

奥氏体、珠光体、低温莱氏体、共析渗碳体、二次渗碳体。

为了深入理解和熟练掌握本章内容，配合讲课将安排一次课堂讨论和一次实验。

表 1-1-5　铁碳合金中的基本组织

名称		符号	晶体结构	组织类型	定　义	w(C)/%	存在温度范围/℃	组织形态特征	主要力学性能
铁素体		F	bcc	间隙固溶体	C 溶于 α-Fe 中	≤0.0218	≤912	块状、片状	塑、韧性良好
奥氏体		A	fcc	间隙固溶体	C 溶于 γ-Fe 中	≤2.11	≥727	块状、粒状	塑、韧性良好
渗碳体	一次	$C_{m\mathrm{I}}$	具有复杂晶格的金属化合物	间隙化合物	从 L 中首先结晶出	6.69	≤1227	粗大片、条状	硬而脆
	二次	$C_{m\mathrm{II}}$			从 A 中析出		<1148	网状	硬而脆(耐磨性提高，但强度明显下降)
	三次	$C_{m\mathrm{III}}$			从 F 中析出		<727	片状(断续)	增加脆性，降低塑性
珠光体		P	两相组织	机械混合物	$F+Fe_3C$	0.77	≤727	层片状(或粒状)	良好的综合力学性能(强度较高，具有一定的塑韧性)
莱氏体	高温	L_d	两相组织	机械混合物	$A+Fe_3C$	4.3	727～1148	点状、短杆状或鱼骨状	硬而脆
	低温	$L_{d'}$	两相组织	机械混合物	$P+Fe_3C_{\mathrm{II}}+Fe_3C$		≤727	点状、短杆状或鱼骨状	硬而脆

表 1-1-6　铁碳合金中的渗碳体

名　称	符号	母相	形成温度/℃	组织形态	分布情况	对性能的影响
一次渗碳体	Fe_3C_{I}	L	>1148	粗大板条状	在莱氏体上	增加硬脆性
二次渗碳体	Fe_3C_{II}	A	727～1148	网状	在 A 或 P 晶界上	严重降低强度和韧性
三次渗碳体	Fe_3C_{III}	F	<727	短条状	数量极少(沿晶界)	降低塑韧性(常忽略不计)
共晶渗碳体	$Fe_3C_{共晶}$	Lc	1148	块、片状	是莱氏体的基本相	产生硬脆性
共析渗碳体	$Fe_3C_{共析}$	As	727	细片状	与片状 F 构成层片状 P	提高综合力学性能

表 1-1-7　铁碳合金的分类、相组分与组织组分的计算

Fe-C 合金	组　织	相　组　成		组织组成物	
纯铁	F	F	100%	F	100%
亚共析钢	F+P	F，Fe_3C	$Fe_3C\%=\frac{C}{6.69}\times100\%$ $F\%=1-Fe_3C\%$	F，P	$P\%=\frac{C}{0.77}\times100\%$ $F\%=1-P\%$
共析钢	P			P	100%
过共析钢	$P+Fe_3C_{\mathrm{II}}$			P，Fe_3C_{II}	$Fe_3C_{\mathrm{II}}\%=\frac{C-0.77}{6.69-0.77}\times100\%$ $P\%=1-Fe_3C_{\mathrm{II}}\%$
亚共晶白口铸铁	$Fe_3C_{\mathrm{II}}+L_d'$			P，Fe_3C_{II}，L_d'	$L_e'\%=\frac{C-2.11}{4.3-2.11}\times100\%$ $Fe_3C_{\mathrm{II}}\%=\frac{2.11-0.77}{699-0.77}\times(1-L_d'\%)$ $P\%=1-L_d'\%-Fe_3C_{\mathrm{II}}\%$
共晶白口铸铁	L_d'			L_d'	100%
过共晶白口铸铁	$L_d'+Fe_3C_{\mathrm{II}}$			Fe_3C_{II}，L_d'	$Fe_3C_{\mathrm{II}}\%=\frac{C-4.3}{6.69-4.3}\times100\%$ $L_d'\%=1-Fe_3C_{\mathrm{II}}\%$

第七章　钢的热处理

一、本章重点

① 钢的奥氏体化及奥氏体的晶粒度；

② 过冷奥氏体转变曲线（TTT 和 CCT 曲线）的物理意义（即 TTT 和 CCT 曲线中各条特性线的含义，各个区域相应组织类别）。会应用 TTT 和 CCT 曲线分析不同冷速（不同热处理条件）下的组织特征；

③ 过冷奥氏体转变产物（珠光体、贝氏体、马氏体）的形成条件、组织与性能特点；

④ 回火转变产物（回火马氏体、回火屈氏体、回火索氏体）的组织、性能与应用；

⑤ 普通热处理（退火、正火、淬火、回火）工艺、目的及应用；

⑥ 表面热处理（表面淬火和化学热处理）的特点、目的及应用。

在学习本章时，应弄清下列概念：

① 钢的奥氏体化及奥氏体的晶粒度；

② 奥氏体等温转变曲线和连续冷却转变曲线；

③ 临界冷却速度；

④ 珠光体、索氏体、屈氏体、贝氏体和马氏体；

⑤ 残余奥氏体和冷处理；

⑥ 钢的淬透性和淬硬性；

⑦ 回火马氏体、回火屈氏体和回火索氏体；

⑧ 调质处理。

二、内容提要

热处理是将固态金属或合金在一定介质中加热、保温和冷却，以改变其整体或表面组织，从而获得所需性能的一种工艺。热处理是改善金属材料的使用性能和加工性能的一种非常重要的工艺方法。在机械工业中，绝大部分重要零件都要经过适当的热处理才能满足使用要求。本章内容理论联系实际，具有重要的应用价值，也是本课程的重点内容之一。

本章的主要内容可分为热处理原理和热处理工艺两部分。

（一）热处理原理部分

以过冷奥氏体的等温转变曲线（C 曲线或 TTT 曲线）为中心，以钢的化学成分、组织结构与性能之间的关系为主线，分析钢中的各种组织转变规律。其主要内容是：钢在加热时的奥氏体化过程；钢在冷却时由过冷奥氏体在不同条件下转变为各种产物（珠光体型、贝氏体型和马氏体型）的转变过程；钢的回火转变过程。学习中要注意弄清各种不同成分的钢在不同冷却条件下所形成各种组织的特征及其与性能的关系。见表 1-1-8。

从共析钢过冷奥氏体等温转变曲线可以确定在 A_1 以下不同温度等温时的转变产物。根据它也可以定性地估计连续冷却转变时过冷奥氏体的转变产物。凡是影响 C 曲线和冷却曲线间相对位置的一切因素，均影响所得产物的组织和性能。这些因素主要是：ⓘ钢加热时奥氏体化的条件，主要是奥氏体的成分、均匀性及晶粒度；ⓘⓘ冷却介质和冷却方式；ⓘⓘⓘ零件的尺寸。由于零件表面和心部冷却速度不同，导致其组织不同；ⓘⓥ合金化。即改变钢的成分，从而改变 C 曲线的位置和形状及 M_s 点、M_f 点的高低。这些因素是制定热处理工艺时要考虑的基本问题。

表 1-1-8　过冷奥氏体等温转变的类型、产物、性能及特征

组织名称		符号	转变温度/℃	相组成	转变类型	特　征	HRC
珠光体型	珠光体	P	A_1～650	$F+Fe_3C$	扩散型（铁原子和碳原子都扩散）	片层间距 0.6～0.8μm，500 倍分清	10～20
	索氏体	S	650～600			片层间距 0.25μm，1000 倍分清细珠光体	25～30
	托氏体	T	600～550			片层间距 0.1μm，2000 倍分清极细珠光体	30～40
贝氏体型	上贝氏体	$B_上$	550～350	$F_{过饱}+Fe_3C$	半扩散型（铁原子不扩散，碳原子扩散）	羽毛状：在平行密排的过饱和 F 板条间不均匀分布短杆（片状）Fe_3C。脆性大，工业上不应用	40～45
	下贝氏体	$B_下$	350～240	$F_{过饱}+\varepsilon(Fe_{2.4}C)$		针状：在过饱和 F 针内均匀分布（与针轴成 55°～65°）细小颗粒 ε 碳化物。具有较高的强度、塑性、硬度、塑性和韧性	50～60
马氏体	针状马氏体 $w(C)\geqslant1.0\%$（高碳、孪晶）	M	240～(－50)	碳在 α-Fe 中过饱和固溶体（体心正方晶格）	非扩散型（铁原子和碳原子都不扩散）	①M 变温形成，与保温时间无关； ②M 生长率非常大(达 10^3m/s)； ③M 转变不完全性，$w(C)\geqslant0.5\%$，钢中存在残余奥氏体； ④M 硬度与含碳量有关	64～66
	板条马氏体 $w(C)\leqslant0.2\%$（低碳、位错）						30～50

亚共析钢和过共析钢与共析钢不同，在奥氏体转变为珠光体之前，有先共析铁素体或渗碳体析出。因此在亚共析钢 C 曲线上多一条铁素体析出线，过共析钢则多一条渗碳体析出线。

（二）热处理工艺部分

由于热处理后要求的性能不同，热处理的类型是多种多样的。改变金属整体组织的热处理有退火、正火、淬火和回火四种；改变金属表面或局部组织的热处理工艺有表面淬火和化学热处理两种。淬火钢回火时的转变特征以及回火种类、回火组织形态与性能特点等见表 1-1-9、表 1-1-10。各种常用热处理工艺如表 1-1-11 所示。

改变金属组织的重要环节是加热和冷却。由 $Fe-Fe_3C$ 相图选择合适的加热温度；由 C 曲线确定合适的冷却条件和方法。

表 1-1-9　淬火钢回火时的转变特征

回火阶段	回火温度范围/℃	组织转变阶段名称	回火时组织、结构的变化	
			板条马氏体	针片马氏体
预备	＜100	碳原子的偏聚与聚集	碳原子偏聚在位错线附近	碳原子沿一定晶面聚集
一	(100～250)一直持续到 350	马氏体分解	碳原子仍偏聚在位错线附近	正方度(c/a)下降，马氏体过饱和度下降，由马氏体中共格析出极细小片状 $\varepsilon(Fe_{2.4}C)$碳化物
二	200～300	残余奥氏体分解		残余奥氏体分解为回火马氏体
三	250～400	碳化物类型变化	碳原子全部脱溶，析出细粒状渗碳体，α 相仍保持条状特征	过饱和碳自 α 相内继续析出，同时 ε 碳化物转变为细粒状渗碳体
四	＞400	碳化物聚集长大与 α 相回复、再结晶	Fe_3C 细粒→聚集长大 α 条状→α 回复→再结晶、多边形化	

表 1-1-10　回火组织及性能特点小结

回火类型	回火温度/℃	回火组织	组织形态特征	性能特点及应用
低温回火	150～250	回火马氏体（回火 M 或 $M_{回}$）	碳在 α-Fe 中过饱和固溶体与细小的 ε 碳化物组成的复相组织	保持淬火钢的高硬度和耐磨性，但降低了钢的脆性及残余应力；用于工、模具钢表面淬火及渗碳淬火的处理
中温回火	350～500	回火托氏体（回火 T 或 $T_{回}$）	保留了马氏体针状形貌的铁素体与细粒状的渗碳体的复相组织	硬度下降，但具有一定的韧性和极高的弹性极限和屈服极限；多用于弹性元件的处理
高温回火	500～650	回火索氏体（回火 S 或 $S_{回}$）	多边形状的铁素体与颗粒状的渗碳体的复相组织	具有较高的强度、塑性和韧性，即具有良好的综合力学性能，优于正火处理获得的索氏体组织；广泛用于处理各类重要零件，如轴、齿轮等，或精密零件、量具的预先热处理

表 1-1-11　常用热处理工艺小结

名称		目的	工艺曲线	组织	性能变化	应用范围
退火	去应力退火（低温退火）	消除铸、锻、焊、冷压件及机加工件中的残余应力，提高尺寸稳定性，防止变形开裂	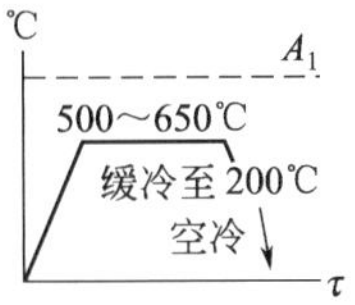 ℃ A_1 500～650℃ 缓冷至200℃ 空冷 τ	组织不发生变化	与退火处理前的性能基本相同	铸、锻、焊、冷压件及机加工件等
退火	再结晶退火	消除加工硬化及内应力，提高塑性	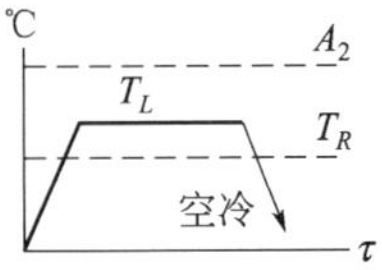 ℃ A_2 T_L T_R 空冷 τ	变形晶粒变为细小的等轴晶粒	强度、硬度降低，塑性提高	冷塑性变形加工的各种制品
退火	完全退火	消除铸、锻、焊件组织缺陷，细化晶粒，均匀组织；降低硬度，提高塑性，便于切削加工；消除内应力	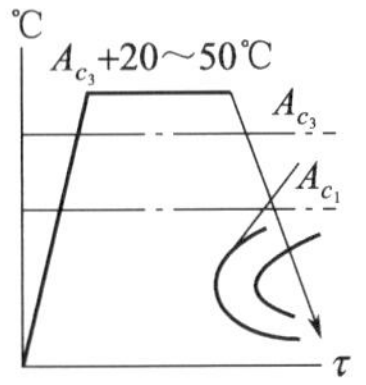 ℃ A_{c_3}+20～50℃ A_{c_3} A_{c_1} τ	F+P	强度、硬度低（与正火相比）	亚共析钢的铸、锻、焊接件等
退火	等温退火	准确控制转变的过冷度，保证工件内外组织和性能均匀，大大缩短工艺周期，提高生产率	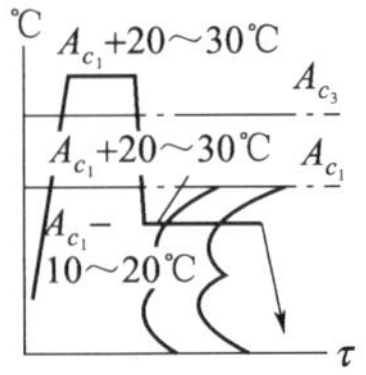 ℃ A_{c_1}+20～30℃ A_{c_3} A_{c_1}+20～30℃ A_{c_1} A_{c_1}−10～20℃ τ	同完全退火或球化退火	同完全退火或球化退火	同完全退火或球化退火
退火	球化退火	降低硬度，改善切削加工性；为淬火作好组织准备	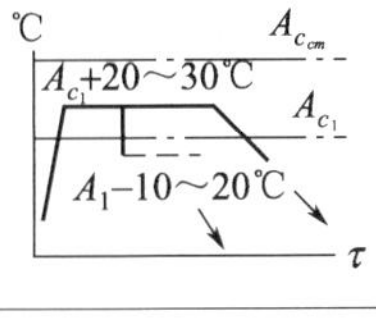 ℃ $A_{c_{cm}}$ A_{c_1}+20～30℃ A_{c_1} A_1−10～20℃ τ	$P_{球状}$（$P_{球}$ + $FeC_{1球}$）即球化体	硬度低于 $P_{片}$，切削加工性良好	共析、过共析碳钢及合金钢的锻、轧件等
退火	扩散退火（均匀化退火）	改善或消除枝晶偏析，使成分均匀化	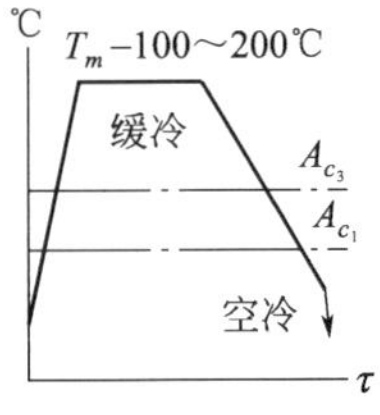 ℃ T_m−100～200℃ 缓冷 A_{c_3} A_{c_1} 空冷 τ	粗大组织（组织严重过热）	铸件晶粒粗大，组织严重过热，力学性能差，必再进行完全退火或正火	合金钢铸锭及大型铸钢件或铸件

续表

名称		目的	工艺曲线	组织	性能变化	应用范围
正火(常化)		细化晶粒,清除缺陷,使组织正常化;用于低碳钢,提高强度,改善切削加工性度;用于中碳钢,代替调质,为高频淬火作组织准备;对高碳钢,消除网状K,便于球化退火	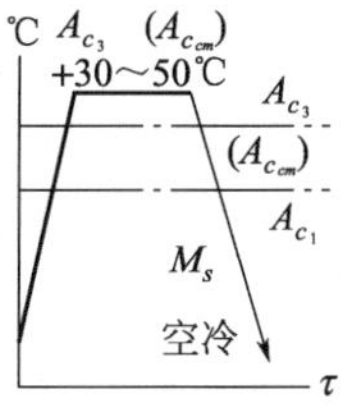 ℃ A_{c_3} ($A_{c_{cm}}$) +30~50℃ A_{c_3} ($A_{c_{cm}}$) A_{c_1} M_s 空冷 τ	P类组织: 亚:F+S 过:S+$FeC_{Ⅱ}$ 共:S	比退火的强度、硬度高些	低、中碳钢的预先热处理;性能要求不高零件的最终热处理;消除过共析钢中的网状碳化物
淬火	单液淬火	提高硬度和耐磨性,配以回火使零件得到所需性能(获得M组织)	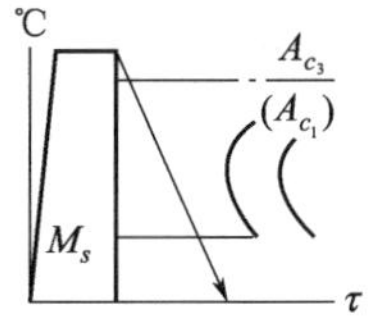 ℃ A_{c_3} (A_{c_1}) M_s τ	M(低中碳钢) M+A_r(中高碳钢) M+A_r+$K_{粒}$(高碳钢)	获得马氏体,以提高钢的高硬度、高强度、高耐磨性	用于简单形状的碳钢和合金钢零件
	双液淬火	同上 亦减小内应力变形	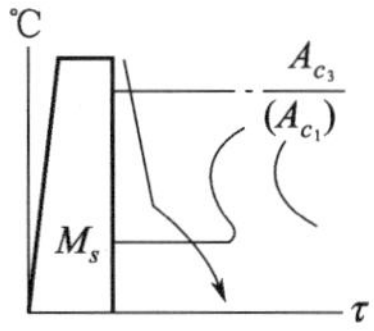 ℃ A_{c_3} (A_{c_1}) M_s τ			主要用于高碳工具钢制的易变形开裂工具(即形状复杂的碳钢件)
	分级淬火	减少淬火应力,防止变形开裂,得到高硬度M	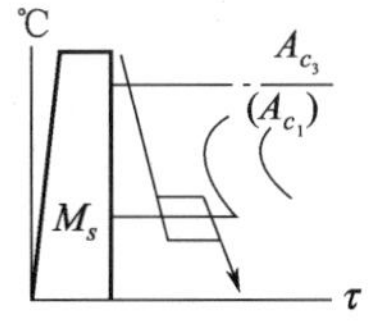 ℃ A_{c_3} (A_{c_1}) M_s τ			主要用于尺寸较小,形状复杂的碳钢件及合金钢的工件(小尺寸零件)
	等温淬火	为获得$B_{下}$,提高强度、硬度、韧性和耐磨性,同时减少应力、变形,防止开裂	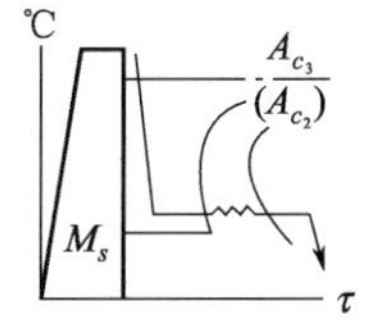 ℃ A_{c_3} (A_{c_2}) M_s τ	$B_{下}$	较高硬度、强韧性和耐磨性,即综合力学性能好	用于形状复杂,尺寸小,要求较高硬度和强度、韧性的零件(中高碳钢)
回火	低温回火	降低淬火应力,提高韧性,保持高硬度、强度和耐磨性,疲劳抗力大	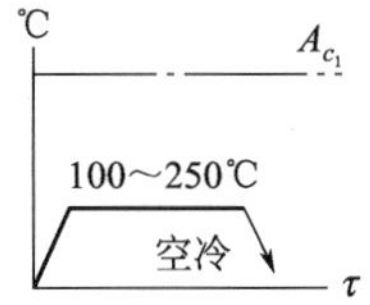 ℃ A_{c_1} 100~250℃ 空冷 τ	$M_{回}$或$M_{回}$+A_r+$Fe_3C_{Ⅱ粒}$	高硬度、强度、耐磨性及疲劳抗力大	多用于刃具、量具、冷作模具、滚动轴承、精密偶件、渗碳件、表面淬火件等
	中温回火	保证σ_e和σ_s及一定韧性,σ_s/σ_b高,弹性好,消除内应力	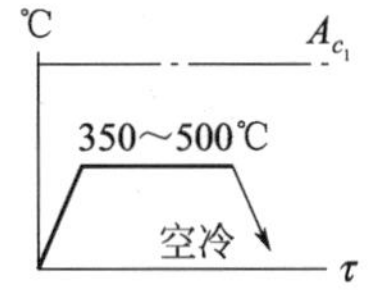 ℃ A_{c_1} 350~500℃ 空冷 τ	$T_{回}$	较高的弹性,屈服强度和适当的韧性	各类弹性零件、热锻模等
	高温回火	得到回火索氏体组织,获得良好的综合力学性能		$S_{回}$	综合力学性能良好。还可为表面淬火,氮化等作好组织准备	多用于各类重要结构件如轴类、连杆、齿轮、螺栓、连结件等或精密零件的预先处理

续表

名称		目的	工艺曲线	组织	性能变化	应用范围
感应加热表层淬火		表层强化，使强硬而耐磨，高的疲劳强度；心部仍可保留高的综合力学性能	用不同频率的感应电流，使工件快速加热到淬火温度，随即进行冷却淬火（油或水），然后低温回火（<200℃）	表层：隐晶回火马氏体；心部：$S_{回}$ 或 F+P	表面强而耐磨、高的疲劳强度，心部有足够的塑、韧性或好的综合力学性能	最适宜于中碳（0.3%～0.6%）的优质碳钢及合金钢制作，如齿轮、轴类零件
化学热处理	渗碳：渗碳	增加钢件表层的含碳量		由表及里：FeC_{II} + P→P→P→P+F—F+P（心部原始组织）	渗C后配以淬、回火，其表层高硬度、强度、耐磨性及高的疲劳强度，心部强而韧	$w(C)=$0.10%～0.25%的碳素钢及合金钢制件，如汽车、拖拉机中变速箱齿轮等
	渗碳：渗碳后淬火+低温回火	得到表层高硬度、高耐磨性及高表面强度，心部强而韧	℃ A_{c_3} A_{c_1} 渗碳 淬火 低回 τ	表层：$M_{回}$ + A_r + Fe_3C（0.5～2mm） 心部：F+P（或 $M_{回}$+F）		
	氮化	通过提高表层氮浓度，使钢具有极高表面硬度、耐磨性、抗咬合性、疲劳强度、耐蚀性、低的缺口敏感性	℃ A_{c_1} 500～700℃ 油冷 炉冷 τ	由表及里：氮化物层→扩散层→基体	极高的表面硬度、耐磨性及抗咬合性、疲劳强度、耐蚀性，低的缺口敏感性	要求高耐磨性而变形量小的精密件，主要用于含V、Ti、Al、Mo、W等元素的合金钢

第八章 工业用钢

一、本章重点

熟悉钢的分类和编号方法。

对合金化原理部分要掌握合金元素对常用合金钢的组织和性能的影响规律。在具体钢种分析部分要在每一类钢中掌握1～2个典型钢号，从钢的牌号推断出它的钢种类型、碳的含量、主要合金元素的含量。明确典型钢号的性能特点，常用的热处理工艺，使用状态下的组织以及主要用途，以便能初步做到正确选材。

二、内容提要

（一）合金元素对钢中基本相和相平衡的影响

1. 合金元素

为了使钢获得预期的性能而有目的地加入钢中的元素。

按与碳的亲和力大小，可将合金元素分为两类。

非碳化物形成元素：Ni、Co、Cu、Si、Al、N、B；

碳化物形成元素：$\underbrace{\text{Zr、Nb、Ti、V}}_{强}$、$\underbrace{\text{W、Mo、Cr}}_{中强}$、$\underbrace{\text{Mn}}_{弱}$。

2. 合金元素对钢中基本相的影响

合金元素可溶入钢中三个基本相：铁素体、渗碳体和奥氏体。分别形成合金铁素体、合金渗碳体和合金奥氏体。合金元素在铁素体和奥氏体中起固溶强化作用。

当钢中碳化物形成元素含量较高时，可形成一系列合金碳化物，如：TiC、NbC、VC、MO_2C、W_2C、$Cr_{23}C_6$、Cr_7C_3、Fe_3C、W_3C、Fe_3C、Mn_3C 等。一般来说合金碳化物熔点高、硬度高，加热时难以溶入奥氏体，故对钢的性能有很大的影响。

3. 合金元素对钢中相平衡的影响

合金元素对 Fe-Fe_3C 相图上的相区（α 区、γ 区）、相变温度（如 A_1 线）和 E 点、S 点的位置都有影响。

按照合金元素对 Fe-Fe_3C 相图上相区的影响，可将合金元素分为两大类：

（1）扩大 γ 区的元素　即奥氏体稳定化元素。它们能扩大 γ 相存在的温度范围，使 A_3 下降，A_4 上升［如图 1-1-4(a) 所示］。有些元素，当含量达到一定值后将使 A_3 下降到室温以下，α 相完全消失，在室温下得到 γ 相，例如 Mn、Ni、Co 等，这类元素也称为完全扩大 γ 区的元素。另外一些元素如 C、N、Cu 等称为部分扩大 γ 区的元素。

（2）扩大 α 区的元素　即铁素体稳定化元素。它们能缩小 γ 相而扩大 α 相存在的温度范围，使 A_3 上升、A_4 下降［如图 1-1-4(b) 所示］。完全封闭 γ 区元素：如 Cr、Mo、V、Ti、Al、Si 等；部分缩小 γ 区元素：B、Nb、Zr 等。

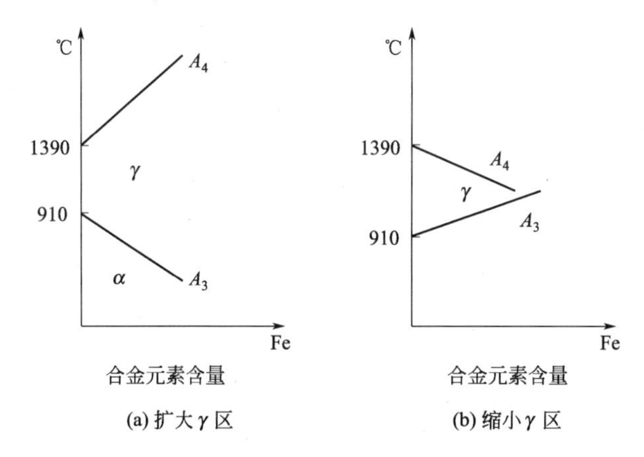

图 1-1-4　合金元素对铁的相平衡的影响示意图

这就是为什么在高合金钢中能够得到奥氏体钢和铁素体钢的原因。

合金元素的上述作用给合金钢的平衡组织和热处理工艺带来一些新的变化：扩大奥氏体区的直接结果是使共析温度下降；而缩小奥氏体区则使共析温度升高。因此合金钢的热处理温度也必须相应降低或者升高。

合金元素均使钢的 E 点和 S 点向左移动。共析钢中碳含量小于 0.77%，出现共晶组织的最低含碳量也小于 2.11%。

（二）合金元素对钢中相变过程的影响

1. 合金元素对加热时奥氏体形成过程的影响

（1）对奥氏体形核的影响　Cr、Mo、W、V 等元素强烈推迟奥氏体形核；Co、Ni 等元素有利于奥氏体形核；Al、Si、Mn 等元素对奥氏体形核影响不大。

（2）对奥氏体晶核长大的影响　V、Ti、Nb、Zr、Al 等元素强烈阻止奥氏体晶粒长大；Mn、P 促进奥氏体晶粒长大，Si、Ni、Cu 对奥氏体晶粒长大影响不大。

2. 合金元素对过冷奥氏体分解过程（C 曲线）的影响

除 Co 以外，所有的合金元素都使 C 曲线往右移动，降低钢的临界冷却速度，从而提高钢的淬透性。除 Co、Al 以外，所有的合金元素都使 M_s 和 M_f 点下降。其结果使淬火后钢中残余奥氏体量增加。残余奥氏体量过高时，钢的硬度下降，疲劳强度下降，因此应很好地控制钢中残余奥氏体的含量。

另外，在合金钢中，即使是连续冷却，仍可以得到贝氏体。

3. 合金元素对回火过程的影响

(1) 提高了钢的回火稳定性　回火稳定性即是钢对于回火时所发生的软化过程的抗力。许多合金元素可以使回火过程中各阶段的转变速度大大减慢，并推向更高的温度发生。主要表现为马氏体和残余奥低体分解速度减慢，并向高温推移；提高铁素体的再结晶温度；使碳化物难以聚集长大，仍保持比较分散而细小的状态。提高回火稳定性较强的元素有 V、Si、Mo、W、Ni、Mn、Co 等。

(2) 产生二次硬化现象　若钢中含有大量的碳化物形成元素如 W、V、Mo 等，在 400℃以上回火时形成和析出如 W_2C、Mo_2C 和 VC 等高弥散度的合金碳化物，使钢产生“弥散强化”，强度、硬度升高。这类钢大约在 500～600℃ 回火时出现“二次硬化”现象。

(3) 增大回火脆性　合金钢淬火后在某一温度范围内回火时将比碳钢发生更明显的脆化现象。含 Cr、Mn、Ni 的钢对第二类回火脆性最敏感，而 Mo、W 等能减小这种敏感性。因此，大截面的工件要选用含 Mo、W 的钢，以避免第二类回火脆性。

(三) 合金元素对钢的力学性能的影响

合金元素主要通过对钢的组织的影响而影响其性能。实际上通过其对钢的相平衡及相变的影响来理解它们对力学性能的影响。

1. 合金元素对钢的强度的影响

(1) 强化原理　金属材料的强度（主要指屈服强度）是指金属材料对塑性变形的抗力。塑性变形实质上是位错的滑移运动引起的，因而凡是阻碍位错运动的因素，都可使金属材料强化。

在金属材料中能有效地阻止位错运动的方法有四种。

① 细晶强化：晶粒细化，强度增加，塑性也改善。

② 固溶强化：异类原子溶入晶体使强度增加。

③ 位错强化：增加位错密度使强度增加。

④ 第二相强化：恰当尺寸的第二相硬粒子可以有效地阻碍位错运动，使钢的强度增加。

(2) 钢的强化原理　大多数合金钢都较好地利用了上述四种强化原理，即使钢获得马氏体随后经过回火来实现的。

马氏体内部含有很高密度的位错，有很强的位错强化效应。

马氏体形成时，奥氏体被分割成许多较小的区域（马氏体束），产生细晶强化效果。

溶质原子特别是碳原子溶入马氏体中造成了很强的固溶强化效应。

马氏体回火后碳化物析出，造成了强烈的第二相析出强化效应。

因此，马氏体相变加上回火转变是钢中最经济最有效的综合强化手段。合金元素的首要目的就是保证钢能更容易地获得马氏体。只有得到马氏体，钢的综合强化才能得到保证。

2. 合金元素对钢的韧性的影响

韧性是指材料对断裂的抗力。加入合金元素可使钢的韧性提高。

① 阻止奥氏体晶粒长大的元素（如 V、Nb、Ti 等），可使奥氏体晶粒细化，从而获得细晶的马氏体或贝氏体组织；

② 细化粗大的碳化物；

③ 提高钢的回火稳定性；

④ 改善基体（铁素体）的韧性，如加 Ni；

⑤ 加 Mo 消除回火脆性。

（四）合金钢的分类及编号原则

1. 分类

合金钢的分类方法很多，主要有下面几种：

（1）按用途分　这是主要的分类方法。我国合金钢的部颁标准一般是按用途分类编制的。可分为合金结构钢、合金工具钢和特殊性能钢。

（2）按合金元素含量分类　低合金钢（合金元素总量＜5％），中合金钢（合金元素总量 5％～10％），高合金钢（合金元素总量＞10％）。按合金元素种类分为锰钢、铬钢、硼钢、镍铬钢、硅锰钢、铬钨锰钢……

（3）按金相组织分　主要按正火处理的组织来分。可分为珠光体钢、马氏体钢、贝氏体钢、奥氏体钢等。

2. 编号原则

编号原则为数字＋元素符号＋数字。前面的数字表示钢的平均含碳量。结构钢以万分之一为单位，工具钢和特殊性能钢以千分之一为单位，若碳含量大于 1％时不标出。中间是合金元素的元素符号。后面的数字表示合金元素的含量，以平均含量的百分之几表示。当含量小于 1.5％时，只标出元素，不标出含量；含量等于或大于 1.5％、2.5％、3.5％……则相应地以 2、3、4……表示。

举例说明：

60Si2Mn　　0.57％～0.65％C，1.5％～2.5％Si，0.6％～0.9％Mn

9SiCr　　0.85％～0.95％C，1.2％～1.6％Si，0.95％～1.25％C

CrWMn　　＞1％C，0.9％～1.2％Cr，1.2％～1.6％W，0.8％～1.1％Mn

GCr15　　“G”表示滚动轴承钢，＞1％C，1.5％Cr（Cr 含量为 15‰）

20Cr2Ni4A　“A”表示高级优质钢

3. 钢种的识别

① 根据碳含量作初步分析；

② 然后根据所含合金元素种类及含量进一步划分，低合金高强度结构钢、渗碳钢、珠光体型耐热钢的含碳量都是以万分之一为单位的，要区分它们只有从合金化特点来判断。

低合金高强度结构钢合金化特点：Mn（＜2％）＋V、Ti 或 N，如 15MnVN、16Mn。

渗碳钢合金化特点：Mn、Cr、Ni、B＋Ti、V、W、Mo，如 20CrMnTi、20Mn2TiB、18Cr2Ni4WA。

珠光体型耐热钢合金化特点：Cr、Mo＋V，如 15CrMo、12CrMoV。

（五）钢种分析

现将几种典型的钢种就其成分、热处理工艺、性能及用途总结如表 1-1-12、表 1-1-13、表 1-1-14，以便于加深记忆和理解，为正确选材打下牢固的理论基础。

在本章中，合金化原理部分重点掌握合金元素对钢的组织和性能影响规律。在具体钢种部分应搞清楚各类钢主要的性能要求、合金元素的主要作用和主要的热处理方法及其用途。

表 1-1-12　结构钢

钢的类别		典型钢号	主要性能要求	$w(C)/\%$	合金元素的主要作用	最终热处理或使用态		典型用途举例
						工艺名称	相应组织	
工程构件用钢	普通碳素钢	Q195 Q235	一定的强度，较好的压力加工性、焊接性	<0.4		热轧态	F+P(S)	薄板、钢筋、螺栓、螺钉、销钉等
工程构件用钢	普通低合金钢	16Mn 15MnVN	较高的强度，良好的焊接性、耐蚀性、成形性，低的 T_r 温度	<0.2	Mn：固溶强化，细化晶粒，降低 T_r 温度；V、Ti、Al、N：细化晶粒，沉淀强化	热轧态或正火态	F+P(S)	桥梁、船舶、压力容器、车辆、建筑结构、起重机械等
机器零件用钢	渗碳钢	20 20Cr 20CrMnTi	表面硬度高，耐磨性和接触疲劳抗力高；心部具有足够的强度，较高的韧性	0.10～0.25	Cr、Mn、Ni、Si、B：提高淬透性，强化铁素体； Ti、V、Mo、W：细化晶粒，进一步提高淬透性	渗碳+淬火+低温回火	表面：回火 M+K+A_r 心部：回火 M+F(F+P)	用于制作表硬内韧的重要零件，如汽车、拖拉机、汽轮机的变速齿轮
机器零件用钢	调质钢	45 40Cr 40CrNiMo	良好的综合力学性能；有的则要求表面耐磨，心部要求综合力学性能好	0.25～0.60	Cr、Ni、Mn、Si、B：提高淬透性，强化铁素体； Mo、W：防止第二类回火脆性，W、Mo、V、Ti 细化晶粒，进一步提高淬透性	淬火+高温回火（调质）	回火 S	用于制作要求综合力学性能较高的重要零件，如机床主轴、连杆、齿轮
						调质+局部表淬+低回	表：回火 M 心：回火 S	
机器零件用钢	弹簧钢	65Mn 60Si2Mn 50CrVA	高的弹性极限及屈强化，较高的疲劳强度，足够的塑、韧性	0.45～0.7 (0.6～0.9)	Si、Mn、Cr：提高淬透性，回火稳定性，强化 F，提高屈强化； Cr、V、W：细化晶粒，提高回火稳定性，进一步提高淬透性	淬火+中温回火	回火托氏体（回火 T）	用于制作要求弹性的各类弹性零件，如螺旋弹簧、板簧等
机器零件用钢	滚动轴承钢	GCr15 GCr15SiMo	高硬度、高耐磨性及高的接触疲劳强度，并且有足够的塑、韧性、淬透性以及一定的耐蚀性	0.95～1.1	Cr：提高淬透性，获得 K，提高耐磨性和接触疲劳强度； Si、Mn：进一步提高淬透性	淬火+低温回火	回火 M+K+A_r	制造滚动轴承、丝杠、冷轧辊、量具、冷作模具等

表 1-1-13　工具钢

钢的类别		典型钢号	主要性能要求	w(C)/%	合金元素的主要作用	最终热处理或使用态		典型用途举例
						工艺名称	相应组织	
不锈钢	马氏体不锈钢	1Cr13～2Cr13	具有一定力学性能和一定的耐蚀性	0.1～0.4	Cr:提高耐蚀性(提高电极电位,形成钝化膜)	淬火＋高温回火	回火索氏体	用于腐蚀条件下工作的机械零件,如汽轮机叶片,锅炉管附件,医疗器械,热油泵轴等
		3Cr13～4Cr13				淬火＋低温回火	回火马氏体	
	奥氏体不锈钢	1Cr18Ni9Ti	高的化学稳定性及耐蚀性	≤0.1	Cr:提高耐蚀性(提高电极电位,形成钝化膜); Ni:提高耐蚀性(提高电极电位,形成单相奥氏体); Ti:防止晶间腐蚀	固溶处理	单一奥氏体	用于在强腐蚀介质中工作的零件,如贮槽、管道、容器、抗磁仪表等
耐热钢	珠光体	15CrMo	高温下工作,要求具有高的抗氧化性、热强性	<0.2	Cr、Si、Al:提高抗氧化性; Cr:提高组织稳定性,固溶强化; Mo:提高高温强度、固溶强化; V、Nb、Ti:形成强碳化物而起到弥散强化,提高成强温强度; B、Re:提高晶界强度; Ni(Mn):提高淬透性,使之形成单一奥氏体,提高高温性能	正火＋高于工作温度 50℃的回火	铁素体＋珠光体	主要用于锅炉零件,化工压力容器,热交换器,汽阀等耐热构件(工作温度<600℃)
	马氏体耐热钢	1Cr11MoV 4Cr9Si2		≤0.5		调质处理	回火索氏体	用于制造汽轮机叶片和汽阀等(工作温度<600℃)
	奥氏体耐热钢	1Cr18Ni9Ti 4Cr14Ni14W2Mo		≤0.4		固溶处理＋时效处理	奥氏体＋弥散碳化物	汽轮机的过热器管、主蒸汽管,航空、船舶、载重汽车的发动机,排气阀门等(工作温度≤650℃)
耐磨钢		ZGMn13	高耐磨性及高的冲击韧度	1.0～1.3	Mn:保证得到单一的奥氏体组织	水韧处理	单一奥氏体	适用于强烈冲击和磨损条件下工作的球磨机衬板,破碎机颚板,拖拉机、坦克的腹带,铁路道叉

表 1-1-14　特殊性能钢

钢的类别		典型钢号	性能要求	w(C)/%	合金元素主要作用	最终热处理		典型用途举例
						名称	组织	
刃具钢	碳工钢	T7-T12(A)	高强度，高耐磨性，高的热硬性，一定的韧性和塑性	0.65～1.35			回火 M+K+A_r	热硬性差(<200℃)，用于制造手工工具，如锉刀，木工工具等
刃具钢	低合金刃具钢	9SiCr CrWMn		0.75～1.5	W、V、Cr：提高耐磨性、回火稳定性，细化晶粒； Si、Mn、Cr：提高淬透性，强化铁素体，提高回火稳定性			热硬性达 250～300℃，用于制造形状复杂、变形小的刃具，如丝锥、板牙等
刃具钢	高速钢	W18Cr4V (W6Mo5Cr4V2)		0.7～0.8 (0.8～0.9)	Cr：提高淬透性； W、Mo：提高热硬性； V：提高耐磨性	1200～1300℃淬火＋560℃三次回火		热硬性达 600℃，用于制造高速切削刀具，如车刀、铣刀、钻头等
模具钢	热作模具钢	5CrMnMo 5CrNiMo	高的热磨损抗力、热强性、热疲劳抗力、淬透性及热稳定性	0.3～0.6	W、Mo、V：产生二次硬化，提高热硬性和热强性； Cr、Mn、Ni、Si：提高淬透性； Cr、W、Si：提高热疲劳抗力	淬火＋中(高)温回火	回火 T(回火 S)	热锻模
模具钢	热作模具钢	$3Cr_2W8V$				淬火＋高温回火	回火 M+K+A_r	压铸模
模具钢	冷作模具钢	Cr12 Cr12MoV	高硬度、耐磨性、疲劳强度，淬透性好，热处理变形小，足够的韧性	0.8～2.3	Cr：提高淬透性和耐磨性； Mo、V：细化晶粒，提高强度和耐磨性	淬火＋低温回火	回火 M+K+A_r	用以制造截面大、负载重的冷冲模、冷挤压模、滚丝模等

第九章 铸 铁

一、本章重点

① 铸铁的分类与牌号；

② 铸铁的组织与性能特点；

③ 影响石墨化的因素。

二、内容提要

铸铁是碳含量大于2.11%的铁碳合金，工业上常用铸铁的碳含量在2.5%～4.0%范围内。铸铁是工业中应用很广泛的一种金属材料，它比其他金属材料便宜，加工工艺简单，这在日益要求高经济性的今天是很重要的一个因素。其次，铸铁还具有一般钢材难以具备的性能，如良好的减振性、耐磨性、耐蚀性以及铸造工艺性和切削加工性等。

（一）铸铁石墨化过程及其影响因素

Fe_3C 与石墨（G）相比较，前者属亚稳态，后者为稳定态。因此，Fe_3C 在一定条件下可发生分解：$Fe_3C \longrightarrow 3Fe + G$

1. 铁-石墨相图的三个阶段

按照铁-石墨相图，可将石墨的形成过程分成三个阶段。

（1）第一阶段石墨化　$T \geqslant 1154℃$，从铸铁液相中直接析出一次石墨（过共晶成分的铸铁），在共晶温度析出共晶石墨（G共晶）。

$$L_C' \xrightarrow{1154℃} A_E' + G_{共晶}$$

（2）第二阶段石墨化　在1154～738℃温度范围内的冷却过程中，从奥氏体中析出二次石墨（G）。

（3）第三阶段石墨化　$T = 738℃$，在共析温度析出共析石墨（G共析）。

$$A_S' \xrightarrow{738℃} F_P' + G_{共析}$$

2. 影响石墨化的因素

（1）温度与时间　温度越高，保温时间越长，则石墨化越易进行。因此，一般来讲从铸铁液相中结晶时石墨化最容易进行，而低温时的石墨化则难进行。在实际生产中，使铸铁件缓慢冷却，或者在高温下长时间退火（石墨化退火）都可促进石墨化。

（2）化学成分　促进石墨化的元素有C、Si、Al、Cu、Ni、Co等。

阻碍石墨化的元素有Cr、W、Mo、V、S等。

可见非碳化物形成元素大都是促进石墨化的元素。而碳化物形成元素则大都是阻碍石墨化的元素。碳和硅是最强烈促进石墨化形成的元素，其中硅的影响尤甚。因此，除了白口铸铁以外，所有铸铁的硅含量都是很高的。

（二）铸铁的分类、组织和用途

铸铁可近似看成是由基体和石墨两部分组成。根据石墨的形态来分类，然后进一步根据基体的组织特征再划分类别，如表1-1-15所示。

表 1-1-15　铸铁的分类、组织及用途

铸铁名称	灰口铸铁	可锻铸铁	球墨铸铁
石墨形态	片状	团絮状	球状
基体组织	F F+P P	F P	F F+P P
用途举例	床身、手轮、管子、飞轮、齿轮、汽缸、机座	弯头、管件、车轮壳、活塞环	阀门、曲轴、主轴、车轮、齿轮
牌号及其含义	HT XXX “HT”表示“灰铁” XXX 表示最低抗拉强度，MPa	KT XXX-XX “KT”表示“可铁”； XXX 表示最低抗拉强度，MPa XX 表示最低延伸率，%	QT XXX-XX “QT”表示“球铁” 数字含义同可锻铸铁

第十章　有色金属及其合金

一、本章重点

铝及铝合金是应用广泛的有色金属材料，是本章的重点。铝合金的分类和强化方法是重要的问题。在铜及铜合金一节中，黄铜较重要。钛及钛合金在航空航天及国防工业中应用广泛。

二、内容提要

(一) 铝及铝合金

1. 铝及铝合金的性能特点

① 密度小，强度高；

② 导电导热性好，抗大气腐蚀能力好；

③ 易冷成形、易切削，铸造性能好，有些铝合金可热处理强化。

2. 铝合金的分类及应用

如表 1-1-16 所示。

表 1-1-16　铝合金的分类及应用

铝合金
变形铝合金
防锈铝合金　5A02　5A06　容器，管道，铆钉
硬铝合金　2A11　2A12　叶片，航空模锻件
超硬铝合金　7A04　7A06　航空构件，飞机大梁，起落架
锻铝合金　2A50　2A14　重载锻件
铸造铝合金
Al-Si 铸造铝合金　ZL102　ZL105　水泵，电机壳体，汽缸体
Al-Cu 铸造铝合金　ZL201　ZL203　内燃机汽缸头，活塞
Al-Mg 铸造铝合金　ZL301　ZL302　舰船配件，氨用泵体
Al-Zn 铸造铝合金　ZL401　ZL402　汽车发动机零件

3. 铝合金固溶处理

铝合金固溶处理、时效后的组织及性能的变化，以及在生产中的应用。

4. Al-Si 合金的变质处理及应用

(略)

(二) 铜及铜合金

1. 铜及铜合金的性能特点

① 优异的理化性能：导电、导热性极好，抗蚀能力高，铜是抗磁性物质；

② 良好的加工性能：易冷、热成形，铸造铜合金的铸造性好；

③ 有特殊的力学性能：减摩、耐磨（青铜、黄铜），高的弹性极限及疲劳极限（铍青铜）。

2. 铜合金的分类及应用

如表 1-1-17 所示。

表 1-1-17　铜合金的分类及应用

铜合金	黄铜	普通黄铜　Cu-Zn 合金　H70　H62	电气零件，螺钉，螺母，散热器
		复杂黄铜　锡黄铜　铅黄铜　铝黄铜等	钟表零件，船舶零件，蜗轮
	青铜	锡青铜　QSn6.5-0.1	轴承，弹簧
		铝青铜　QAl9-4	耐磨抗蚀零件，齿轮，轴承
		铍青铜　QBe 2	弹性元件
	白铜	Cu-Ni 合金　B30	船舶仪表零件，化工机械零件

（三）轴承合金

做轴瓦的轴承合金，要求耐磨性好，摩擦系数小、抗疲劳性能好、磨合性好。以巴氏合金为例，其组织特点是：软基体上分布着硬质点。硬质点耐磨并能承载，而软基体稍下凹，可储存润滑油，致使摩擦系数小。同时软基体也有助于跑合，提高轴承的承载能力，保证轴颈不被外来硬粒子划伤而起保护作用。轴承合金的分类及应用。如表 1-1-18 所示。

表 1-1-18　轴承合金的分类及应用

轴承合金	锡基轴承合金（巴氏合金）	ZChSnSb11-6，铸态组织 $\alpha+\beta'+Cu_6Sn_5$。属软基体硬质点类型轴承合金，制作汽轮机和发动机的高速轴瓦
	铅基轴承合金（巴氏合金）	ZChPb16-16-2，铸态组织 $(\alpha+\beta)+\beta+Cu_6Sn_5$。制作汽车和拖拉机曲轴的轴承
	铜基轴承合金	铅青铜 ZQPh30，组织为 Cu+Pb。属硬基体软质点类型轴承合金，制作航空发动机和高速柴油机轴承

（四）钛及钛合金

钛及其合金具有高的比强度、耐蚀性、低温性能，是一种新型的结构材料，在航空、宇航、造船、机械、化工等方面都有广阔的发展前景。应用钛合金制造人造卫星外壳、火箭发动机壳体、宇宙飞船船舱等。

第十一章　其他工程材料

一、本章重点

① 高分子材料的基本概念、链的特点；

② 关于线形非晶态高分子材料的三种物理状态；

③ 高分子材料的分类，通用塑料和工程塑料的性能特点与应用；

④ 陶瓷材料的组织结构、性能特点和应用；

⑤ 着重了解复合材料的基本概念及性能特点。

二、内容提要

非金属材料主要指高分子材料和陶瓷材料。随着科学技术的发展，人们对材料提出了更为严格的要求，如强度更高、相对密度更小、既耐高温又耐低温，加工性更好，能满足特殊性能要求的新材料。因此，近几十年来，高分子材料、陶瓷材料以及复合材料获得了迅速发展。

（一）高分子材料

高分子材料，是分子量大的（一般分子量大于 10^4）有机化合物的总称。它是以高分子化合物即聚合物为基体组分的材料。大多数高分子材料，除基本组分聚合物以外，为了获得具有各种使用性能或改善其成型加工性能，一般还有各种添加剂。作为主要成分的高分子化合物对制品的性能起主要作用。

高分子化合物是由小分子化合物经加聚或缩聚反应得到的，主要呈长链状，称为大分子链。大分子链中原子之间的结合力为共价键，而大分子链与大分子链之间的相互作用力为分子键。聚合物的结构主要包括大分子的链结构与聚集态结构。大分子的链结构包括结构单元的化学组成、键接方式和空间构型等近程结构，以及分子链的形状和构象等远程结构。高分子的聚集态结构主要有晶态、非晶态结构两大类。不同的聚集态结构对聚合物的性能有非常重要的影响。

常用的高分子材料主要是塑料、橡胶和纤维，另外还包括胶黏剂和涂料。

塑料是在玻璃态下使用的高分子材料。按塑料的应用范围和使用性能分为通用塑料和工程塑料两种。通用塑料是指聚乙烯、聚丙烯、聚氯乙烯、聚苯乙烯和酚醛塑料等，其产量大、价格低，综合性能优良，可以满足一般的使用要求。工程塑料是指聚酰胺、聚碳酸酯、聚甲醛、聚砜等。工程塑料力学性能较高、耐磨、耐蚀性较好，主要用于对强度、耐磨性和其他力学性能和热性能要求较高的场合，也作为结构材料在机械工程中使用。根据塑料受热时所表现出的特性又分为热塑性塑料（如聚乙烯、聚丙烯等）和热固性塑料（如酚醛树脂、环氧树脂等）。

合成橡胶是使用温度下处于高弹态的聚合物。它最大的特点是高弹性，另外还有耐磨、绝缘、隔声、减振等特性。

纤维是指长径比大于100的丝状高分子材料，如涤纶、腈纶、维尼纶等。

塑料的性能特点：

① 相对密度小，比强度高；耐腐蚀性高；绝缘、绝热、绝声等性能好；耐磨性好。

② 力学性能低（刚性差，强度低，韧性较低）；耐热性低；易老化。

（二）陶瓷材料

陶瓷是指陶器和瓷器，为硅酸盐材料。无机非金属材料是现代陶瓷材料的统称，陶瓷通常分为玻璃、玻璃陶瓷和工程陶瓷三大类，其中用途最广的是工程陶瓷。工程陶瓷又分为普通陶瓷、特种陶瓷和金属陶瓷三类。金属陶瓷目前大多归类于复合材料。

普通陶瓷的组织由晶体相、玻璃相和气相组成，特种陶瓷和金属陶瓷一般只有晶体相和气相。晶体相是陶瓷的主要组成部分，它决定了材料的基本性能；玻璃相起到晶体的胶黏剂的作用。气相是陶瓷组织中残留的孔洞，极大地破坏了材料的力学性能。

普通陶瓷的原料为黏土（$Al_2O_3 \cdot 2SiO_2 \cdot 2H_2O$）、石英（$SiO_2$）和长石（$K_2O \cdot Al_2O_3 \cdot 6SiO_2$）。普通陶瓷可分为日用陶瓷、建筑卫生陶瓷、电器绝缘陶瓷、化工陶瓷等。特种陶瓷主要有氧化物、碳化物（如 SiC）、氮化物（如 Si_3N_4）陶瓷等，是很好的耐火材料、工具材料和重要的高温结构材料。

陶瓷材料化学稳定性好，耐高温、耐磨损、耐氧化、耐腐蚀、硬度高、强度大，适合在各种苛刻的环境中工作，是非常有前途的工程材料，但其脆性很高，温度急变抗力很低，抗弯性能差。

（三）复合材料

复合材料是由两种或两种以上物理和化学性质不同的物质组合而成的一种多相固体材料。复合材料的组成材料虽然保持其相对独立性，但其改善或克服了组成材料的弱点，使能按照零件结构和受力情况进行最佳设计，可创造单一材料所不具备的双重或多重功能。复合材料具有其组成材料所没有的优越性能，是一种新型的工程材料。

复合材料一般由基体相和增强相组成。基体相分金属和非金属两大类；增强相是具有强结合键的材料，可以是纤维、颗粒或晶须等。

复合材料性能优越，具有较高的比强度和比模量，抗疲劳性能好，良好的破断安全性，优良的耐高温性能，减振性能好，成型工艺简便灵活且材料、结构具有可设计性，可以制得兼有刚性和韧性，弹性和塑性等矛盾性能的复合材料。聚合物基复合材料如玻璃钢、陶瓷基复合材料如纤维增韧陶瓷、碳碳复合材料、金属基复合材料如金属陶瓷等在汽车工业、航空航天等领域具有广泛的应用。

第十二章　机器零件的失效与选材

一、本章重点

① 建立失效和失效分析的基本概念；

② 机械零件选材的一般原则；

③ 典型零件的选材、热处理方法及技术要求的确定，加工工艺路线的分析。

二、内容提要

结构设计、工艺设计和材料选择是机械设计的三大组成部分，机器零件的正确选材和合理用材是机械工程师的基本任务之一，也是本课程的主要教学目的。而失效分析是科学选材的基础。

（一）零件的失效

机器零件在工作中丧失规定功能即告失效。

失效的形式很多，根据性质分为变形、断裂和表面损伤三大类型，具体失效形式与实际工作时的内外条件有关，而决定于其抗力最小者。

失效的原因主要在于设计、材料、加工和安装使用四个方面。

为了找到失效的真正原因，必须进行失效分析。失效分析包括逻辑推理和实验研究两个方面。实验研究就是详细地占有和分析设计、材料、工艺和安装使用的第一手资料，充分地收集并分析现场信息，系统地测试和分析各种宏观性能，全面地进行微观结构的检验和分析，从发现的蛛丝马迹中找出失效的真实根源。

通过失效分析找出导致失效的主导因素和可控因素，相应地采取对策，可以达到预防事故、保障安全的目的；加强企业全面质量管理，提高产品质量、降低成本的技术经济目的和改进操作、维修和设备管理工作，保证长期稳定和安全可靠地连续生产的目的；失效分析可以为诉讼、索赔、责任仲裁问题以及为确认犯罪事实和保险事务等提供证据；还可以对科学与技术决策指出方向。

（二）材料的选择

1. 选材的一般原则

选材依据三大原则。第一，使用性能原则，这是主要原则，是为了保证零件完成规定功能。最重要的使用性能是力学性能，由工作条件（指受力性质、环境状况和特殊要求等）和失效形式确定使用性能的要求，并根据实验研究的结果将其具体化为实验室力学性能指标，例如 E、σ_s、σ_b、δ、K_{IC}、HB 等。第二，工艺性能原则，是为了保证零件实际加工的可行性。具体工艺性能由加工的工艺路线提出。在特殊情况下，工艺性能也可能成为选材的主要依据。第三，经济性原则，保证零件的生产和使用的总成本最低。总成本与零件的寿命、重量、加工、研究和维修费用以及材料价格等有关。

(1) 材料的失效抗力　从下面几个方面研究。

① 零件服役条件与选材。分析零件服役条件，第一要考虑零件所承受载荷的性质（静载荷、冲击载荷、变动载荷）、加载次序（载荷谱）、应力状态（拉、压、弯、扭、剪、接触

等及各种复合应力状态)、载荷大小、分布形式、服役时间长短。第二要考虑零件工作温度、环境介质（空气中水分、腐蚀介质等）。通常根据工作条件，采用分析计算或实验应力测定方法，确定零件最主要的力学性能指标，以此来选择满足要求的材料。

② 失效分析与选材。通过失效分析可判断所提抗力指标是否恰当，选材是否合理。

对于新设计的重要零（部）件，有时需要对试制样品进行装机运载考核或模拟台实验，分析其失效原因。如确实因材料问题引起的失效，则由失效形式可确定零件的失效抗力指标。例如，失效分析表明，零件是因材料疲劳抗力低，引起的疲劳断裂失效，则应改用承受疲劳抗力较高的材料或从工艺上采取一些表面强化措施，以提高材料的疲劳极限。

③ 根据抗力指标选材需注意的问题。主要有：

材料性能指标与结构强度关系　材料性能指标一般是用形状比较简单、尺寸较小的标准试样以较简单的加载方法取得的，机械零件的结构强度是一个综合性能，它在很大程度上表示零件的承载能力及寿命与可靠性，它是由工作条件（应力、零件形状、尺寸、环境等）、材料（材料成分、组织、性能）、工艺（加工工艺方法及过程）诸因素所决定的，评定结构强度所用的性能指标是否正确，其重要标志是实验室试样的失效形式与实际零件服役条件下的失效形式要相似。考虑两者加载、尺寸等条件的不同，在应用手册上的性能数据时要考虑一定的安全系数，十分重要的零件或构件，要从预选材料制成的实际零件上取样实验或模拟工作条件实验，以验证所选性能指标及其大小是否恰当。

性能指标在设计中的作用　有些性能指标，如 σ_b、σ_s、σ_{-1} 和 K_e 等可直接用于设计计算。可是有些指标 δ、ψ 和 α_k 等不能直接用于设计计算，而是根据这些指标的数值大小，估计它们对零件失效的作用。一般认为，这些指标是保证安全性的。可是对于特定零件，这些指标的数值大小，要根据零件之间类比和零件使用安全等方面的经验来确定。正因为如此，有时因性能指标规定不恰当，不能充分发挥材料的潜力。例如为避免疲劳破坏，用降低强度、提高塑性和韧性的办法，使零件设计得又大又笨重，因而浪费材料。

对一定的材料，在特定的状态下，它的硬度与强度、塑性指标间存在一定的关系，对于一般的机械零件，图纸上只提出硬度要求，只要硬度达到规定的要求范围，σ_b、δ、甚至一定条件下的 α_k 值也就具有相当的数值。只有重要的零件，才在图纸上标出其他指标的具体数值。

注意性能数据的实验条件　手册上所列的性能数据是用规定尺寸和形状的试样来测定的。试样尺寸不同，对 σ_b、σ_s 及 ψ 等性能指标影响不大，但对 δ 有影响，α_k、σ_{-1} 和 K_{Ie} 等性能指标受试样尺寸和形状的影响更大。

手册上所列的性能数据是材料处于某种处理状态时测定的，同一牌号的材料，在不同的状态，它们的性能值不同。例如，同一牌号的材料，锻造与铸造状态的性能值不同；不仅未经冷变形与冷变形后的性能值不同，而且冷变形程度不同，其性能值也不一样；不同的热处理工艺也得到不同的性能值。所以，选用材料时必须注意它是在何种状态下的性能值，通常在设计图纸上除了标明材料牌号外，还在技术条件中注明对加工工艺的要求。

试样的取样部位对测定性能也有影响。例如，锻件在顺纤维方向的性能较好；铸件的心部晶粒比表层粗；因此，心部力学性能较差。所以，重要零件的锻、铸毛坯要在图纸上注明切取检验试样的部位。

(2) 材料的工艺性能　机械零件都是由设计选用的工程材料，通过一定的加工方式制造出来的，金属材料有铸造、冷或热变形加工、焊接、机械加工、热处理等加工方式。陶瓷材料通过粉末压制烧结成形，有的还需进行磨削加工、热处理。高分子材料利用有机物原料，通过热压、注塑、热挤等方法成形，有的再进行切削加工、焊接等加工过程。

材料加工方法的不同，加工工艺性的优劣，不仅影响机械零件外观，还影响零件性能，甚至影响到生产率和成本。因此，选用的材料应具有良好的工艺性，至少要有可行的工艺性。几种主要加工方法的良好工艺性表现为：

① 铸造合金，应有高的流动性，小的缩松、缩孔、偏析和吸气性倾向；

② 塑性加工材料，应有高的塑性和低的变形抗力；

③ 切削加工的材料，应有小的切削力，高的表面光洁度，切削处理容易，对刀具的磨损要小等；

④ 对热处理，要求材料对过热敏感性小，氧化和脱碳倾向小，淬透性高，变形和开裂倾向小等。

应当指出，材料在不同的状态具有不同的工艺性，而且某种工艺性好，不等于其他工艺性也好。例如，2Cr13 等马氏体不锈钢退火后切削加工性尚好，但焊接时容易开裂。奥氏体不锈钢塑性加工性好，但切削加工性差。镁合金和有些钛合金，冷变形性差，而在加热状态下则有良好的变形加工能力。

(3) 经济性　在首先满足零件性能要求的前提下，选材应使总成本（包括材料和加工费用）尽可能的低。为此：

① 材料选用应考虑我国资源，例如尽可能选择那些以锰、硅、铜、稀土等元素完全或部分代替镍、铬等稀缺元素的合金；

② 应当考虑国内生产和供应情况，品种不宜过多；

③ 考虑选用节省材料和加工成本的工艺方法，如精铸和精锻等。

2. 选材的内容

选材指选择材料的成分（牌号）、组织状态、冶金质量等。同时必须考虑相应的热处理方法，以满足使用性能的要求。

3. 选材的步骤

(1) 分析零件的工作条件　包括：

① 应力情况，应力种类、大小及分布；

② 载荷性质，静载荷、冲击载荷还是交变载荷；

③ 环境介质，有无腐蚀气氛，是否潮湿；

④ 摩擦条件，是干摩擦还是润滑摩擦。

(2) 分析失效形式　失效分析的目的就是要找出零件失效的原因，并提出改进的措施，是零件选材的重要依据。

(3) 确定零件的主要性能指标　据零件的工作条件和失效形式，提出相应的力学性能指标，所需的物理、化学性能。

(4) 选择材料　根据以上三个方面的分析，确定材料牌号。

(三) 热处理方案的选择

1. 选择热处理方案的依据

应根据所选材料，国内工艺水平、本单位热处理能力、设备状况和工人技术水平选择热处理方法。

2. 热处理方案的选择

(1) 要求综合力学性能的零件　对要求综合力学性能的零件，如中小轴类、花键轴、连杆、螺栓等，选用中碳钢或中碳合金钢，采用调质处理，还可以选用低碳钢或低碳合金钢，进行淬火得到板条状马氏体，均可获得良好的综合力学性能。

（2）要求弹性的零件　对要求弹性的零件，可选用弹簧钢，采用去应力退火或淬火后中温回火的热处理。

（3）要求耐磨的零件　对要求耐磨的零件，采用普通淬火、表面淬火、化学热处理。

① 要求高硬度、高耐磨性零件，如模具、量具等，一般选碳素工具钢、低合金工具钢，采用淬火后低温回火的热处理，热处理后的硬度一般为 HRC58～64。

② 工作载荷小，冲击载荷不大，轴颈部位磨损不严重的主轴，或中速中等载荷下工作的齿轮，一般选 45 钢，采用调质或正火处理，在要求耐磨的轴颈部位及轮齿表面采用高频表面淬火。

③ 受中等载荷，磨损较严重，并有一定冲击载荷的轴类，或受中等载荷转速较高，精度要求较高的齿轮，一般选中碳合金钢，如 40Cr，采用高频或中频表面淬火。

④ 工作载荷大，磨损及冲击都较严重的轴，或高速、重载、受冲击较大的齿轮，一般选合金渗碳钢，采用渗碳、淬火和低温回火，热处理后的硬度为 HRC58～63。

⑤ 高精度主轴，或高速、重载，形状复杂要求热处理变形小的零件，可选用氮化钢（如 38CrMoAlA）。采用调质、氮化处理，氮化后硬度为 $HV>850$。

3. 热处理技术条件的标注

（1）标注的依据　零件的力学性能要求。

（2）标注的方法　一般采用热处理代号和硬度的平均值来表示，热处理代号见教材。标注的硬度值允许的波动范围一般为 $HB\pm15$，HRC_{-3}^{+2}。

（3）标注的内容　热处理名称，热处理后的力学性能指标及热处理部位，一般情况只标硬度，对化学热处理件要指出渗层深度（mm）和硬度，对重要件要标出硬度、强度、硬化层深度、塑性和韧性等。

（四）工艺路线安排

1. 退火、正火

退火、正火安排在毛坯生产之后，切削加工之前。如：

锻造→退火（正火）→机加工

2. 调质

淬透性高的钢或有效尺寸小的零件可安排在机加工之前，其他情况安排在粗加工之后，精加工之前。如：

下料→锻造→正火→粗加工→调质→精加工

3. 渗碳

要求全部渗碳的零件，安排在精加工之后，磨削之前，要求局部渗碳的零件，不能采取防渗措施的，将渗碳安排在精加工之前，渗碳后去掉不需渗碳部分的渗碳层，再进行淬火和回火。如：

下料→锻造→正火→粗加工→渗碳→精加工→淬火、低温回火→磨削

4. 氮化

氮化安排在粗磨之后，对不能进行磨削的零件，如螺旋伞齿轮等，安排在精加工之后。如：

下料→锻造→退火（正火）→粗加工→调质→精加工→去应力退火→粗磨→氮化→精磨

5. 时效

中温时效安排在粗加工之后，精加工之前；低温时效安排在精加工之后。

（五）典型零件选材及工艺路线分析

主要介绍了机器中应用最多的两大类零件齿轮和轴的工作条件、失效形式、性能要求及

选材分析。齿轮主要要求疲劳强度，特别是弯曲疲劳强度和接触疲劳强度；轴主要要求强度并兼顾冲击韧性和表面耐磨性。

除教材中介绍的常用机器中的齿轮和轴两大类零件的选材外，下面介绍几种航空零件的工作条件、失效形式、性能要求及选材分析。

1. 飞机起落架

(1) 起落架的工作条件及失效形式　起落架是飞机起飞、降落的关键性部件，它在起飞或着陆时承受着飞机的全部重量。在起飞、降落时起落架与跑道的撞击还会受有振动和冲击载荷。每一次起飞降落，在承受飞机的全部重量条件下，起落架的振动和冲击载荷都经历一次循环。

由于起落架工作负荷大，生产过程中的许多因素，例如焊接、表面处理和装配控制不严，都会造成脆性断裂失效。但根据起落架工作受载特点，它的主要失效形式是疲劳引起的断裂。

(2) 选材分析　主要从以下两方面进行分析。

① 起落架主要失效抗力指标。根据起落架的工作条件及失效形式，其主要失效抗力指标有：ⓘ为承受飞机的全部载荷，必须有高的强度；ⓘⓘ为抵抗冲击负荷，必须有高的冲击韧性；ⓘⓘⓘ为抵抗疲劳破坏，必须有高的疲劳强度。

② 满足失效抗力指标的材料。图 1-1-5 为某机主起落架支柱上接头和下筒体的焊接装配简图。根据计算，这个部件所用的材料应具有抗拉强度 $\sigma_b=1667\pm98$MPa。根据该部件的结构、工作条件和性能指标的要求，只能考虑在超高强度钢中来选择。为保证该部件质量，其加工方法应是模锻、机械加工和焊接。因此选材时，除考虑材料强度外，还要考虑工艺性的好坏。

查阅材料手册，有三种抗拉强度达到 1667MPa 的航空常用结构钢，它们的热处理状态和性能比较，列于表 1-1-19 中。

由表可知，虽然所列三种钢的强度相同，但 30CrMnSiNi2A 的冲击韧性和塑性指标均优于其他两种钢。塑性和冲击韧性指标对超高强度钢非常重要，可以起到一定安全保证作用。

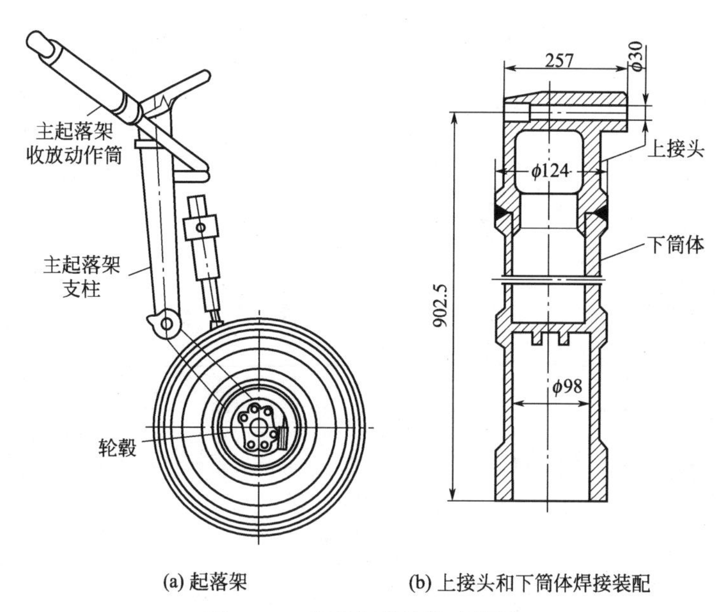

图 1-1-5　起落架焊接装配简图

表 1-1-19　三种结构钢的力学性能比较

牌　号	状　态	σ_b/MPa	σ_s/MPa	δ/%	ψ/%	α_K/(MJ/m^2)
30CrMnSiNi2A	900℃油淬，180～230℃等温 60min	1667	—	≥9	≥45	≥0.6
30CrMnSiA	800～900℃油淬，250℃回火	1667	约 1275	＜8	＜40	＜0.5
40CrNiMoA	850℃油淬，250℃回火	1667	—	＜9	＜30	＜0.5

三种钢的疲劳极限和断裂韧性，由于实验条件的差异和数据的分散性，很难在一起进行比较，30CrMnSiNi2A 钢在抗拉强度为 1667MPa 时，悬臂弯曲疲劳极限为 700～740MPa；缺口悬臂弯曲疲劳极限为 490MPa；缺口拉-拉疲劳极限为 650MPa；而断裂韧性为 73～108MPa·$m^{1/2}$。说明这种钢具有较好的抗疲劳断裂和抗脆断的能力。

再从工艺性方面比较，由材料手册和资料分析可得出如下结论：

(1) 淬透性　30CrMnSiNi2A 在三种钢中最大。当淬火双面冷却时，筒形零件的厚度不超过 40mm 均可以淬透，因而满足了起落架支柱的淬透性要求。

(2) 焊接性　30CrMnSiNi2A 钢虽然不及 30CrMnSiA，但比 40CrNiMoA 钢好，可用电弧焊焊接，氢原子焊接性更好，可满足焊接生产要求。

(3) 切削加工性　三种钢中 30CrMnSiA 在退火状态最好，但 30CrMnSiNi2A 钢在不完全退火状态下，具有可行的切削加工性。

从抵抗失效的力学性能指标和工艺性方面综合分析，上述起落架支柱应当选用 30CrMnSiNi2A 钢。

应当指出，以上关于起落架的选材分析，是针对具体机种、具体零件而言的。30CrMnSiNi2A 钢在起落架上应用也十分广泛。美国根据不同条件，在起落架上选用了 4340 超高强度钢、7075 高强度铝合金等材料。

2. 发动机涡轮轴

(1) 涡轮轴工作条件及失效形式　某发动机涡轮轴工作示意图如图 1-1-6 所示。图中由两根涡轮轴，外轴即高压涡轮轴与第一级涡轮盘、高压压气机相连接；内轴即低压涡轮轴与第二级涡轮盘、低压压气机相连接。轴与涡轮盘相接的一端，工作温度约为 350℃，其余部位接近室温；两根轴接触的介质为大气，不受燃气腐蚀。

涡轮轴是高速旋转的零件，向压气机传递功率，承受着巨大的转矩。涡轮轴还承受着转子的重力、转子不平衡的惯性力以及飞机俯冲、爬高时所造成的力矩。此外两根轴的结构特点是壁薄、细而长。轴间间隙小。旋转时由于承受弯矩和振动，并且还由于发动机每经一次起动和停车，涡轮轴所受的各种力，都将经历一次循环（交变）。

综上所述，该涡轮轴的失效形式为：

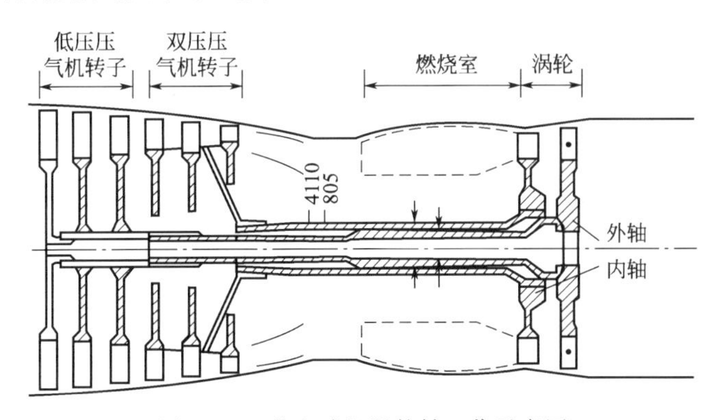

图 1-1-6　某发动机涡轮轴工作示意图

① 高速旋转和振动所引起的交变载荷和起动、停车所引起的循环载荷，导致涡轮轴的疲劳断裂；

② 轴在涡轮盘连接端因受温度和应力的共同作用，导致过量塑性变形；

③ 轴因刚度不足，在旋转振动中引起过量弹性变形（因相互摩擦、碰撞）。

（2）选材分析　主要从以下两方面进行分析。

① 涡轮轴的失效抗力性能指标。包括：

• 根据工作条件和失效分析，涡轮轴应具有高的综合力学性能，即应具有高的抗拉强度、屈服强度、塑性和韧性，同时应具有高的疲劳强度。

• 涡轮轴材料在350℃温度下应具有较高的屈服强度，以防止过载时产生过量的塑性变形。

• 内、外轴应具有足够的刚度，以防止振动时产生过量弹性变形而相互摩擦。

② 满足失效抗力性能指标的材料。根据涡轮轴工作应力的核算，要求抗拉强度1100MPa±100MPa。由于该零件是发动机最重要的零件之一，还必须综合地考虑其他性能指标以及有关的加工工艺性。材料的选择只能从优质合金结构钢中考虑，而且主要成形工艺应是锻造和机械加工。表1-1-20是一些预选材料的热处理状态和常规力学性能的比较，由表可以看出，在强度（σ_b）相近的情况下，38CrA和30CrMnSiA钢的室温屈服强度和350℃下的瞬时屈服强度以及韧性或塑性不及40CrNiMoA和18Cr2Ni4WA。

表1-1-20　几种结构钢的性能比较

材　料	热处理	实验温度/℃	σ_b/MPa	$\sigma_{0.2}$/MPa	δ_5/%	ψ/%	α_K/(MJ/m^2)	HB
38CrA	860℃油冷；570℃油冷	20	约900	约800	12	50	0.98	—
		350	约890	约790	18	68	0.90	—
30CrMnSiA	880℃油冷；560℃油冷	20	约1100	约850	10	45	0.50	3.4
		350	约1100	约830	16	57	1.20	—
40CrNiMoA	850℃油冷；620℃油冷	20	约1100	约950	12	50	0.80	3.25
		350	约1050	约830	17	53	0.93	—
18Cr2Ni4WA	950℃空冷；865℃油冷；550℃油冷	20	约1050	约800	12	50	1.20	3.25
		350	约1160	约1030	15	—	1.20	—

表1-1-21是四种预选材料的疲劳极限比较。由表可知，不论光滑试样或带缺口的试样，均是40CrNiMoA和18Cr2Ni4WA的疲劳极限高。

关于涡轮轴的结构刚度问题，因为考虑的材料都是钢，它们之间的差别不十分明显，因此不再从材料的角度进行比较。实际上在材料类型相近的情况下，构件的刚度主要取决于几何形状和尺寸。

综上所述，可以得出这样的结论。

表1-1-21　几种预选材料的疲劳极限比较

材　料	抗拉强度σ_b/MPa	对称循环弯曲疲劳极限	
		试样类型	σ_{-1}/MPa
38CrA	1030	光滑	490
		缺口	324
30CrMnSiA	900	光滑	470
		缺口	216
40CrNiMoA	1160	光滑	520
		缺口	382
18Cr2Ni4WA	1090	光滑	510
	1170	缺口	314

• 40CrNiMoA 钢，具有较高的抗疲劳性能，在 350℃以下时强度无明显下降，而且淬透性大，可在调质后获得高的综合力学性能，加之在适当热处理后，有可行的机械加工性，因此该钢可选用作为外轴材料。

• 18Cr2Ni4WA（属于渗碳钢）往往用于调质状态并具有很高的综合力学性能，特别是冲击韧性高，缺口敏感性小。在 350℃下强度也无明显下降，而且在振动载荷下表现出很高的强度和抗疲劳性能，因此适合用来制造细长的内轴。

3. 航空零部件复合材料的应用

(1) 飞机零部件　由于纤维增强的复合材料具有重量轻、强度高、成形性较好，而且具有耐蚀性和优良电波穿透性等特性，已应用于飞机的结构部件。例如某远程侦察机早在 20 世纪 50 年代，玻璃纤维聚酯复合材料已用来制造机头罩、垂直尾翼、水平尾翼和机翼翼尖部件。采用玻璃纤维复合材料，除结构重量减轻外，在力学性能上与铝合金相近，但还比不上钛合金。

随着纤维复合材料的发展，玻璃纤维复合材料由于强度和比模量不高，在飞机结构件上已被碳纤维或硼纤维复合材料所取代。由表 1-1-22 可以看出，碳纤环氧、硼纤环氧比玻纤聚酯的性能要优越得多，同时也比铝合金（2014）好得多。

表 1-1-22　几种材料的性能比较

材　　料	密度 $\gamma/(g/cm^3)$	比强度(σ_b/γ)	比模量(E/γ)
铝合金(2014)	2.8	170	26×10^3
钛合金	4.5	210	25×10^3
玻璃纤维聚酯	1.75	170	—
高强度碳纤维环氧	1.55	930	87×10^3
硼纤维环氧	2.05	670	101.2×10^3

(2) 发动机零部件　压气机转子叶片，以往都选用铝合金、钛合金和钢制造。若选用高性能碳纤维树脂复合材料，其力学性能，特别是比强度、比刚度都更为优越，而且疲劳性能也较好。例如，选用高模量碳纤维环氧复合材料制造叶片，与钢叶片相比，其重量可减小 40%，离心力可减小到原来的五分之一。这种复合材料叶片与钛合金叶片比较，加工成本可降低 12%。

硼硅增强铝合金的复合材料是转子叶片更为重要的选材对象。因为这种材料的比强度较高，比模量大，而且在一定温度下的比强度优于铝合金和钛合金，故可用来制造压气机叶片。

工程材料学总结与复习指导

(一) 本课程内容可归纳为四大部分

第一部分为基本理论基础。它主要说明工程材料的化学成分、组织结构与性能之间的相互关系与变化规律。

第二部分为工程材料的强韧化（钢的热处理）。它说明强化工程材料的主要途径有两个：一是通过优化成分设计来发展高性能水平的新材料，另一是通过变更材料的加工工艺来充分发挥现有材料的性能潜力。而本章则主要讨论了后一途径——变更加工工艺，主要是指钢的热处理。材料的所有性能都是其化学成分和组织结构在一定的外界因素（载荷性质、应力状态、电场、磁场等）作用下的综合反映，它们构成了相互联系的系统。对材料结构和性能之间相互关系的了解不仅能正确地认识材料结构的形成规律，而且也为正确地选择材料加工工艺和发展新材料提供了基础。例如，钢的化学成分对钢的强韧性的影响是通过影响钢的组织结构来实现的；当钢的化学成分一定时，还可通过不同的热处理工艺改变材料的组织结构，而导致钢在力学性能上有较大的差异。

第三部分为常用工程金属材料介绍。它包括碳钢、合金钢、有色金属及其合金等。

第四部分为工程材料的合理选用。主要介绍了工程材料合理选用的基本原则，有关失效分析的基本概念。

工程材料学课程内容相继可简化为理论基础、加工工艺、常用工程金属材料和合理选材四大部分。理论基础的核心是调整成分和结构；加工工艺强化的关键是控制组织；常用材料介绍的最重要依据是力学性能的确定；合理选材是最重要的应用。所以，贯穿本课程的纲是“成分-组织（结构）-性能-应用”。因此，在进行系统复习和总结时，不论对整个课程各个部分，还是各个章节，都可以用这一纲来引导，做到纲举目张。

由于机械工程中机械零件的用材主要以金属材料特别是钢铁为主，所以金属材料特别是钢，其基本原理、热处理与应用当属本课程的重点。具体说来，该课程的四大部分各有一个重点，即第一部分的铁碳合金相图一节为重点；第二部分的钢的热处理原理与工艺为重点；第三部分中的工业用钢一节为重点；第四部分以工程材料的合理选用为重点。

在复习中，只要掌握该课程的这一总体结构，理顺各章关系，注意各章节之间的内在联系，紧紧抓住各重点，掌握基本概念和基本内容，是完全能够达到本课程的基本要求与目的的。

（二）工程材料学是一门叙述性很强的课程，特别强调对问题的理解

1. 要切实搞清一些重要的名词、术语和图表的含义

例如相、组织、马氏体、回火马氏体、索氏体、回火索氏体等的含义究竟是什么，铁碳合金相图中的含碳量对钢力学性能的影响图说明了什么等。

2. 弄明白一些基本概念

例如结晶、重结晶及再结晶的概念与区别，奥氏体、过冷奥氏体与残余奥氏体等概念应明确与区分开来等。

3. 要能深刻领悟一些重要的规律

例如钢的组织转变规律，加热转变的依据就在铁碳相图中，冷却转变的依据则在钢的过冷奥氏体的两个冷却转变曲线（即 TTT 与 CCT 曲线）中。深刻领悟并掌握了这些规律，就能把握住本课程的精髓。

4. 学会运用理论观点解释生产实际中的现象

例如加工硬化在生产实际中的应用实例，具体某种工业用钢经热处理后的组织等，都要求将所学到的理论观点活学活用，具体分析生产中的实际问题。

5. 透彻理解

所谓透彻理解，实际上就是要搞清这些概念、规律、公式、图表等的内涵、适用条件等。例如，杠杆定律的应用一定要在两相区内，再结晶温度经验公式仅适用于纯金属而且温度是热力学温度等。

总之，把每章的基本术语、概念、规律和观点都深刻透彻理解了，本课程的内容自然就基本掌握了。

（三）在理解基础上应强化记忆一些主要东西

1. 一些重要概念的定义

例如相、组织、加工硬化、淬透性、淬硬性等的定义。

2．钢的基本组织特征

例如铁素体、珠光体、渗碳体的五种形态、针状马氏体、板条马氏体、下贝氏体等形貌图像。

3．一些基本图形数据

例如铁碳合金相图及其上特性点、线的含碳量与温度，共析碳钢的 TTT 与 CCT 曲线以及其上的各条线含义、各区域的组织，常用钢 45、T10、W18Cr4V 等的淬火、回火温度等。

4．一些重要公式与计算

如杠杆定律的应用与平衡状态下钢的相组分、组织组分相对百分含量的计算，确定再结晶温度、再结晶退火温度的经验公式及计算等。

总之，要掌握科学的复习方法，进行科学的思维，积极主动地做好系统复习。

第二部分　工程材料学课堂讨论指导

总　　述

一、课堂讨论的目的

① 巩固深化所学的重点知识；

② 解决课堂上没有完全解决的课程难点；

③ 综合性、实践性较强的实例分析和材料选择的综合题目。

二、课堂讨论的要求

（1）准备　包括教师命题，以讨论提纲的形式发给学生及学生对讨论题作出详细的发言提纲。

（2）组织课堂讨论　一般以 1～2 个班为单位讨论。让学习基础好、组织能力较强、口头表达能力较好的学生或教师主持，以学生自由发言为主，也可以由主持人指定某个学生发言，然后大家补充。除布置的题目外，学生也可以自由提出问题进行讨论。

（3）总结　每个题目讨论完毕及整个讨论课结束时，教师应根据讨论情况及时总结，使一些尚未解决的问题得到解决。课后，每个学生对讨论题目进行整理、总结。

课堂讨论一　铁碳相图

一、讨论目的

① 巩固深化所学的重点知识，加深对 $Fe\text{-}Fe_3C$ 相图的理解和记忆，解决一些共同的疑难问题，初步学会使用相图；

② 熟悉铁碳相图，进一步明确相图中各重要的点、线的意义，各相区（共存线）存在的相，以及各种相的本质；

③ 会计算给定成分铁碳合金在一定温度下的组织组成物和相组成物的相对量。

二、讨论题

1-1. 默画出 $Fe\text{-}Fe_3C$ 相图，并填上各区域的组织，标明 *C*、*S*、*E*、*P* 点的成分及 *ECF*、*PSK* 线的温度。

1-2. 写出相图中 *C*、*S* 两点进行的相变反应式，指出各是什么反应？说明 *ECF*、*PSK*、*ES*、*GS* 线的意义。

1-3. 分析含碳为 0.2%、0.77%、1.2%、3.5%铁碳合金的平衡结晶过程。

要求：a. 画出冷却曲线和组织转变示意图；

b. 用杠杆定律计算 727℃时各合金的组织组成物和相组成物的相对量。

1-4. 分析 $Fe_3C_{Ⅰ}$、$Fe_3C_{Ⅱ}$、$Fe_3C_{Ⅲ}$、共晶 Fe_3C、共析 Fe_3C 的形成条件，结构形态、多少、分布等特点及对合金性能的影响。

1-5. 分析铁碳合金随含碳量增加组织和性能的变化规律。

1-6. 下列哪些是相？哪些是组织？

F、P、Le、A、F+P、Fe_3C、$Fe_3C_{Ⅱ}$、Le ＋ $Fe_3C_{Ⅰ}$

1-7. a. 要求高的塑性；b. 要求高的强度；c. 要求优良的铸造性能各应选什么成分范围

的合金？

1-8. 某合金相图如下图 1-2-1 所示，已知区 L 为液相，α、β_{I}、β_{II} 为固相。

要求：a. 填上①～④区的组织；

b. 指出该相图包括那几种转变类型？

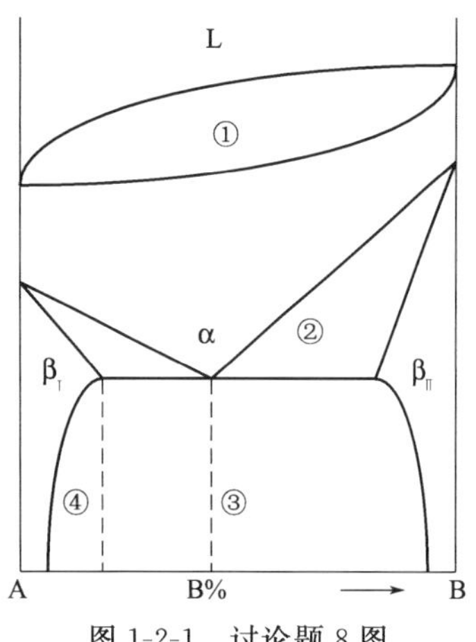

图 1-2-1　讨论题 8 图

三、讨论要求

① 讨论课前，学生可只对 1-1～1-5 题写出详细发言提纲，其余各题只做一般准备；

② 教师应对学生的发言提纲进行检查；

③ 讨论开始时，可先由学生在黑板上默画出铁碳相图，其他同学修改补充，然后对各题进行讨论，采取自由发言的形式。学生也可以自己提出一些问题进行分析讨论。教师应积极引导，调动学生的积极性，启发学生积极发言。最后由教师或同学进行总结；

④ 讨论后学生应交 1-1～1-5 题修改补充后的发言提纲，作为一次作业，教师进行批阅，其余各题学生可以自己做适当总结。

课堂讨论二　钢的热处理

热处理工艺在产品的生产过程中是很重要的一环，热处理工件质量的好坏在很大程度上取决于热处理工艺制订的正确性。因此，对机械制造类各专业技术人员来讲，不但要了解各种工程材料，而且要了解材料的各种加工处理过程，尤其是热处理工艺过程。这样才能在生产实践中合理地选用材料，正确地选定热处理的工艺方法，合理地安排工艺路线。

钢的热处理是本课程的重点章节之一，要求学生必须掌握。因此，学生应认真进行预习，上好本次课堂讨论课。

一、讨论目的

① 消化和巩固课堂讲解的有关热处理原理，主要是等温冷却转变曲线（C 曲线）的来源和意义；运用 C 曲线分析冷却条件下得到的组织及其特征，以及组织与性能的关系。掌握这些内容，有利于分析不同材料在各种热处理条件下所得到的组织和大致性能。

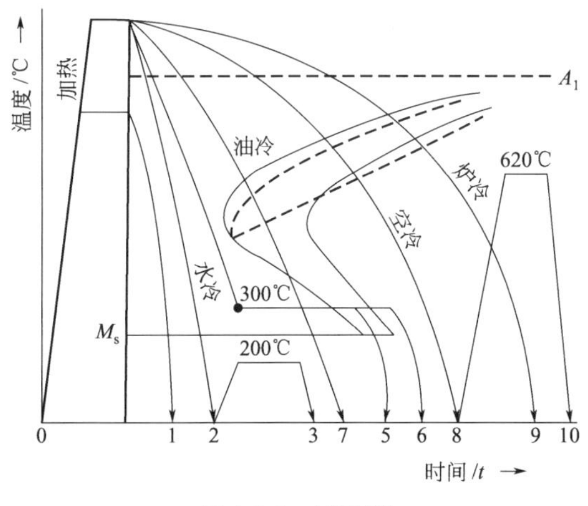

图 1-2-2　讨论题

② 搞清几种基本热处理工艺的目的和应用，并初步学会选用热处理工艺的基本方法。

③ 掌握各种热处理工艺中，工艺、组织、性能与应用这一总规律的具体内容。

二、讨论题

2-1. 共析钢按图示曲线加热、冷却，试分析图 1-2-2 各点所得到的组织是什么？

2-2. 直径为 10mm 的 45 钢和 T12 钢试样在不同热处理条件下得到的硬度值如表 1-2-1所示，请说明：

a. 不同热处理条件下的显微组织（填入

表 1-2-1 的显微组织栏中)；

b. 冷却速度、淬火加热温度、碳含量对钢硬度的影响及其原因；

c. 回火温度对钢硬度的影响及其原因。

2-3. 在共析钢中，过冷奥氏体在不同温度等温冷却后将得到什么组织？其特征和性能如何？和连续冷却转变相比有何差别？

表 1-2-1　讨论题 2-2 表

材　料	热处理工艺			硬　　度			显微组织
	加热温度/℃	冷却方式	回火温度/℃	*HRB*	*HRC*	*HB*	
45 钢	860	炉冷		85		148	
		空冷			13	196	
		油冷			38	349	
		水冷			55	538	
		水冷	200		53	515	
		水冷	400		40	369	
		水冷	600		24	243	
	760	水冷			45	422	
T12 钢	760	炉冷		93		176	
		空冷			26	257	
		油冷			46	437	
		水冷			66	693	
		水冷	200		63	652	
		水冷	400		51	495	
		水冷	600		30	283	
	860	水冷			61	637	

注：此表所列硬度值仅供参考，讨论时最好用同学们自己的实验数据。

2-4. 一根由 40Cr 钢制成的直径为 45mm 的轴，要求淬火后 (3/4) R (R 为轴的半径) 处的硬度为 45HRC，1/2R 处的硬度为 40HRC，问该轴用油淬能否符合要求？若不符合要求应采用什么方法解决？

2-5. 现有一零件，要求耐磨，若不受冲击，可选用什么材料？采用什么热处理方法达到要求？如果零件受冲击要求好的韧性，选用什么材料？采用何种热处理方法？

2-6. 什么是钢的淬透性和淬硬性？淬透性的好坏对钢热处理后的组织和性能有什么影响？试比较下列钢种的淬透性和淬硬性的高低：T8、40Cr、20CrMnTi、40。

2-7. 为改善切削加工性能，20、45、T12 三种钢各应进行何种热处理？

2-8. 表 1-2-2 中零件的技术条件有原则错误，请改正，并说明理由。

表 1-2-2　讨论题 2-8 表

零件名称	材　料	技 术 条 件	零件名称	材　料	技 术 条 件
凸轮	45	淬硬 63～65HRC	齿轮	20	高频淬火 58～62HRC
短轴	45	调质 45～50HRC	螺栓	40Cr	渗碳淬火 23～32HRC
蜗杆	20	淬硬 58～62HRC			

三、讨论要求

① 讨论前，每个同学要先复习有关热处理原理和热处理工艺的内容，然后准备 2-1～2-4 题的详细发言提纲。建议做完实验后结合实验结果进行讨论；

② 讨论时，在每个同学充分准备的基础上自由讨论，相互启发，相互补充。最后由同学或教师进行总结；

③ 讨论后，每个同学对 2-1～2-4 题进行补充、修改和总结，作为一次作业，交教师审阅。

课堂讨论三　合金钢与选材

一、讨论目的

① 了解合金钢的分类和编号方法；

② 掌握合金元素对钢的组织和性能的影响规律；

③ 通过对典型钢种的分析，熟悉各类钢的成分特点、热处理工艺、使用状态组织、性能特点及应用范围，为选材打下基础；

④ 掌握常用零件的选材分析步骤，做到正确和合理地选定材料，安排加工工艺路线。

二、讨论题

3-1. 讨论合金钢的分类及编号。

a. 合金钢按用途分为哪三类？各类钢都包括什么钢种？

b. 总结各类钢的编号方法。

c. 分析下列各钢号的种类及各合金元素的含量：20Cr2Ni4WA、9Mn2V、GCr15、Cr12、0Cr18Ni9Ti、W18Cr4V。

3-2. 分析下列钢的种类、碳含量、合金元素主要作用、热处理工艺特点、使用状态的组织、性能特点及应用举例。

a. 1Cr13、W18Cr4V、3Cr2W8V、16Mn、GCr15、60Si2Mn；

b. 20CrMnTi、40CrNiMo、15MnVN、20Cr、65Si2MnWA、38CrMoAlA；

c. 50CrMnV、GCr9、1Cr17、Cr12MoV、5CrMnMo、1Cr18Ni9Ti；

d. 9SiCr、20Cr2Ni4、40MnVB、ZGMn13、CrWMn、1Cr11MoV。

3-3. 为下列零件从括号内选择合适的制造材料，说明理由，并指出应采用的热处理方法及最终组织。

汽车板簧（45、60Si2Mn、LY1）

机床床身（A3、T10A、HT150）

受冲击载荷的齿轮（40MnB、20CrMnTi、HT250）

桥梁构件（16Mn、40、3Cr13）

滑动轴承（GCr9、ZChSnSb11-6、耐磨铸铁）

热作模具（CrWMn、Cr11MoV、5CrNiMo）

高速切削刀具（W6Mo5Cr4V2、T8、20Cr）

凸轮轴（9SiCr、QT800-2、40Cr）

装载机铲斗（HT200、ZGMn13、Q255）

耐酸容器（5CrMnMo、Cr12MoV、1Cr18Ni9Ti）

连杆螺栓（35CrMo、20Cr2Ni4A、1Cr13）

手工锯条（15MnVN、40Mn8、T10）

3-4. 有一个 45 钢制造的机床床头箱齿轮，其工艺路线为锻造→正火→机加工→高频表面淬火→低温回火→精磨，试分析各热处理工序的目的、工艺参数、组织性能。

3-5. 汽车半轴是传递转矩的典型零件，工作应力较大，且受一定的冲击载荷，其结构和主要尺寸如图 1-2-3 所示。对它的性能要求是：屈服强度 $\sigma_s \geqslant 600$MPa，疲劳强度 $\sigma_{-1} \geqslant 300$MPa，硬度 30～35HRC，冲击韧性 α_k 为 60～80J/cm^2。试选择合适的材料和热处理工艺，并制定相应的加工工艺路线。

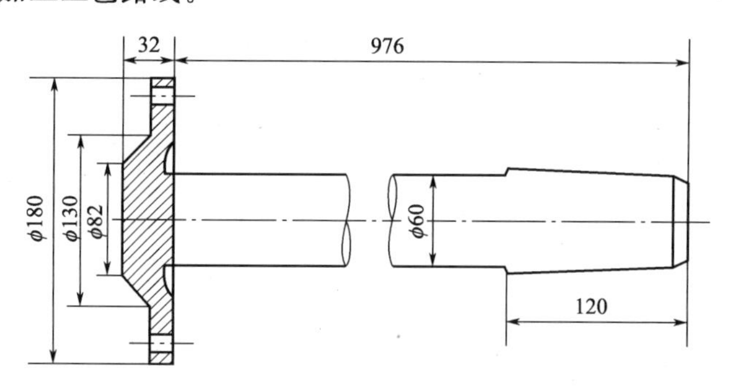

图 1-2-3 汽车半轴简图

3-6. 一汽车后桥被动圆柱斜齿轮，其形状及尺寸见图 1-2-4，要求齿轮表面耐磨，硬度为 58～62HRC，轮齿中心的硬度为 25～30HRC，变形量要求尽可能的小，齿中心的冲击韧性 α_k不小于 700kJ/m^2（齿轮节圆直径 125mm，模数 $m=5$）。试选择合适的材料，制定加工工艺路线，说明每步热处理的目的、工艺规范及组织。

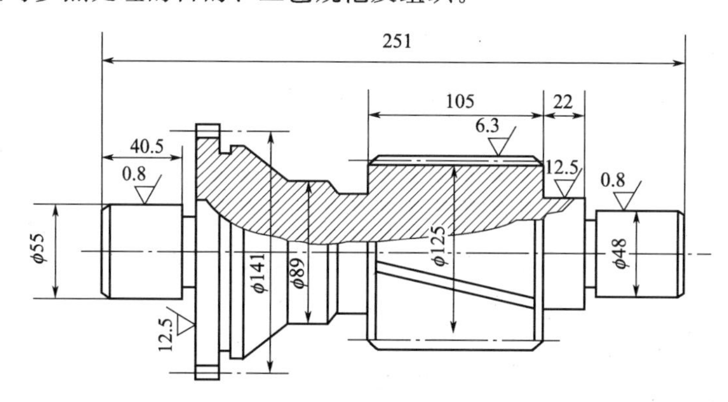

图 1-2-4 汽车后桥被动传动圆柱伞齿轮

三、讨论要求

① 讨论前，学生要充分复习常用工程金属材料和工程材料的选择，然后按讨论题目准备较详细的发言提纲；

② 讨论时，每个题目先由一个同学发言，其他同学补充；

③ 讨论后，同学对自己的发言提纲进行修改整理。

第三部分　复习思考题与自测题

第一章　材料的性能

一、名词解释

σ_b、σ_s、$\sigma_{0.2}$、σ_{-1}、δ_5、α_k、HB、HRC。

二、填空题

1. 材料常用的塑性指标有（　　）和（　　）两种，其中用（　　）表示塑性更接近材料的真实变形。

2. 检验淬火钢成品件的硬度一般用（　　），而布氏硬度适用于测定（　　）材料的硬度。

3. 零件的表面加工质量对其（　　）性能有很大影响。

4. 材料的工艺性能是指（　　），（　　），（　　），（　　），（　　）。

5. 表征材料抵抗冲击载荷能力的性能指标是（　　），其单位是（　　）。

6. 在外力作用下，材料抵抗（　　）和（　　）的能力称为强度。屈服强度与（　　）的比值，在工程上叫做（　　）。

三、选择题

1. 在设计拖拉机缸盖螺钉时应选用的强度指标是　（　　）

(a) σ_b　　(b) σ_s　　(c) σ_e

2. 有一碳钢支架刚性不足，解决的办法是　（　　）

(a) 用热处理方法强化　　(b) 另选合金钢　　(c) 增加截面积

3. 材料的脆性转化温度应在使用温度　（　　）

(a) 以上　　(b) 以下　　(c) 与使用温度相等

4. 汽车后半轴热处理后冷校直，造成力学性能指标降低，主要是　（　　）

(a) σ_b　　(b) δ　　(c) σ_{-1}

5. 在图纸上出现如下几种硬度技术条件的标注，其中哪种是对的？　（　　）

(a) HB500　　(b) 800HV　　(c) HRC12～15

四、综合分析题

1. 在设计机械时多用哪两种强度指标？为什么？

2. 设计刚度好的零件，应根据何种指标选择材料？材料的 E 越大，其塑性越差，这种说法是否正确？为什么？

3. 标距不同的延伸率能否进行比较？为什么？

4. 一根直径为 2.5mm 的 3m 长钢丝受载荷 4900N 后，有多大的变形？（钢丝的弹性模量 E＝205GPa）

第二章　金属的晶体结构

一、名词解释

致密度、晶体、单晶体的各向异性、位错。

二、填空题

1. 同非金属相比，金属的主要特性是（　　）。

2. 晶体与非晶体最根本的区别是（　　）。

3. 金属晶体中最主要的面缺陷是（　　）和（　　）。

4. 位错分两种，它们是（　　）和（　　），多余半原子面是（　　）位错所特有的。

5. 在立方晶系中，{110} 晶面族包括（　　）等晶面。

6. 点缺陷有（　　）和（　　）两种。

7. γ-Fe、α-Fe 的一个晶胞内的原子数分别为（　　）和（　　）。

8. 金属中晶粒越细小，晶界面积越（　　）。

三、是非题

1. 因为单晶体是各向异性的，所以实际应用的金属材料在各个方向上的性能也是不相同的。（　　）

2. 金属多晶体是由许多结晶方向相同的单晶体组成的。（　　）

3. 因为面心立方晶格的配位数大于体心立方晶格的配位数，所以面心立方晶格比体心立方晶格更致密。（　　）

4. 在立方晶系中，(123) 晶面与 $[12\bar{3}]$ 晶向垂直。（　　）

5. 在立方晶系中，(111) 与 $(1\bar{1}\bar{1})$ 是互相平行的两个晶面。（　　）

6. 在立方晶系中，原子密度最大的晶面间的距离也最大。（　　）

7. 金属理想晶体的强度比实际晶体的强度稍高一些。（　　）

8. 晶体缺陷的共同之处是它们都能引起晶格畸变。（　　）

四、选择题

1. 在立方晶系中指数相同的晶面和晶向（　　）

(a) 互相平行　　(b) 互相垂直　　(c) 无必然联系

2. 晶体中的位错属于（　　）

(a) 点缺陷　　(b) 面缺陷　　(c) 线缺陷

3. 亚晶界是由（　　）

(a) 点缺陷堆积而成

(b) 位错垂直排列成位错墙而构成

(c) 晶界间的相互作用构成

4. 在面心立方晶格中，原子密度最大的晶向是（　　）

(a) [100]　　(b) [110]　　(c) [111]

5. 工程上使用的金属材料一般都呈（　　）

(a) 各向异性　　(b) 伪各向同性　　(c) 伪各向异性

6. α-Fe 和 γ-Fe 分别属于什么晶格类型（　　）

(a) 面心立方和体心立方　(b) 体心立方和面心立方　(c) 均为面心立方

五、综合分析题

1. 标出图 1-3-1 中给定的晶面与晶向：

$OO'B'B$：（　　）；$\overrightarrow{OB}$：（　　）；

ODC'：（　　）；$\overrightarrow{OC}$：（　　）；

$AA'C'C$：（　　）；$\overrightarrow{OD}$：（　　）；

$AA'D'D$：（　　）；$\overrightarrow{OD'}$（　　）。

2. 作图表示立方晶系中的 (110)、(112)、(234)、($1\bar{3}2$) 晶面和 [111]、[132]、[210]、[$1\bar{2}1$] 晶向。

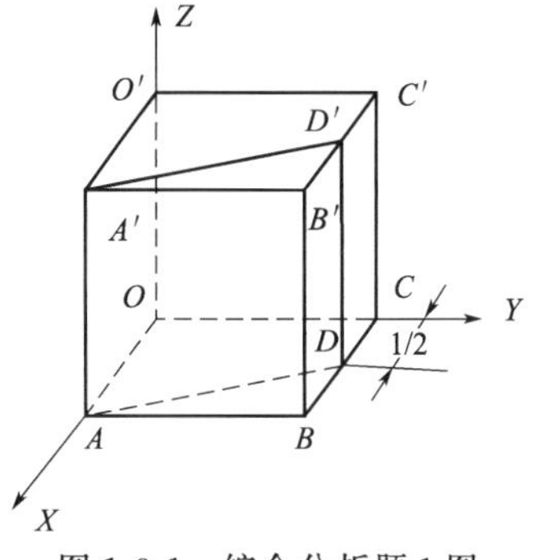

图 1-3-1 综合分析题 1 图

3. 常见的金属晶体结构有哪几种？它们的原子排列和晶格常数各有什么特点？α-Fe、γ-Fe、Al、Cu、Ni、Pb、Cr、V、Mg、Zn 各属何种晶体结构？

4. 画出体心立方和面心立方晶体中原子最密的晶面和晶向，写出它们的晶面和晶向指数并求出单位面积及单位长度上的原子数。

5. 已知 α-Fe 的晶格常数 $a=0.287$nm，γ-Fe 的晶格常数 $a=0.364$nm，试求出 α-Fe 和 γ-Fe 的原子半径和致密度。

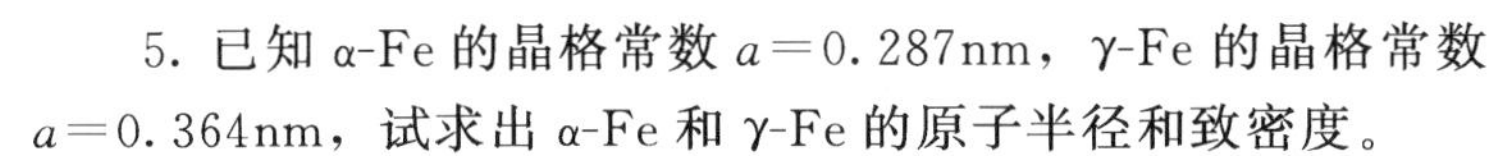

6. 在常温下，已知铁的原子直径 $d=0.254$nm，铜的原子直径 $d=0.255$nm，求铁和铜的晶格常数。

7. 实际金属晶体中存在哪些晶体缺陷？它们对性能有什么影响？

8. 立方晶系中，下列晶面、晶向表示法是否正确？不正确的请改正。

$(1, -1, 2)$　　$\left(\frac{1}{2}, 1, \frac{1}{3}\right)$　　$[-1, 1.5, 2]$　　$[1\bar{2}1]$

第三章　金属的结晶

一、名词解释

结晶、过冷度、非自发生核、变质处理。

二、填空题

1. 结晶过程是依靠两个密切联系的基本过程来实现的，这两个过程是（　　）和（　　）。

2. 在金属学中，通常把金属从液态过渡为固体晶态的转变称为（　　）；而把金属从一种固体晶态过渡为另一种固体晶态的转变称为（　　）。

3. 当对金属液体进行变质处理时，变质剂的作用是（　　）。

4. 液态金属结晶时，结晶过程的推动力是（　　），阻力是（　　）。

5. 过冷度是指（　　），其表示符号为（　　）。

6. 过冷是结晶的（　　）条件。

7. 典型铸锭结构的三个晶区分别为（　　）、（　　）和（　　）。

8. 金属在结晶过程中，冷却速度越大，则过冷度越（　　），强度越（　　），塑性越（　　）。

三、是非题

1. 凡是由液体凝固成固体的过程都是结晶过程。（　　）

2. 所有的铸锭都有三层晶区。（　　）

3. 金属由液态转变成固态的结晶过程，就是由短程有序状态向长程有序状态转变的过程。（　　）

4. 在实际金属和合金中，自发形核常常起着优先和主导的作用。（　　）

5. 纯金属结晶时，形核率随过冷度的增加而不断增加。（　　）

6. 当晶核长大时，随过冷度增大，晶核的长大速度增大。但当过冷度很大时，晶核长大的速度很快减小。（　　）

7. 当过冷度较大时，纯金属晶体主要以平面状方式长大。 ( )

8. 过冷度的大小取决于冷却速度和金属的本性。 ( )

四、选择题

1. 金属结晶时，冷却速度越快，其实际结晶温度将 ( )

(a) 越高 (b) 越低 (c) 越接近理论结晶温度

2. 铸造条件下，冷却速度越大，则 ( )

(a) 过冷度越大，晶粒越细

(b) 过冷度越大，晶粒越粗

(c) 过冷度越小，晶粒越细

3. 从液态转变为固态时，为了细化晶粒，可采用 ( )

(a) 快速浇注 (b) 加变质剂 (c) 以砂型代金属型

4. 实际金属结晶时，通过控制形核速率 N 和长大速率 G 的比值来控制晶粒大小，在下列情况下获得粗大晶粒 ( )

(a) N/G 很大时 (b) N/G 很小时 (c) N/G 居中时

五、综合分析题

1. 试画出纯金属的冷却曲线，分析曲线中出现“平台”的原因。

2. 金属结晶的基本规律是什么？晶核的形成率和成长速度受到哪些因素的影响？

3. 在实际应用中，细晶粒金属材料往往具有较好的常温力学性能，试从过冷度对结晶基本过程的影响，分析细化晶粒、提高金属材料使用性能的措施。

4. 如果其他条件相同，试比较在下列铸造条件下铸件晶粒的大小：

(1) 金属型浇注与砂模浇注；

(2) 变质处理与不变质处理；

(3) 铸成薄件与铸成厚件；

(4) 浇注时采用震动与不采用振动。

5. 为什么钢锭希望尽量减少柱状晶区？而铜锭、铝锭往往希望扩大柱状晶区？

第四章　金属的塑性变形与再结晶

一、名词解释

加工硬化、回复、再结晶、热加工、滑移系。

二、填空题

1. 加工硬化现象是指（ ），加工硬化的结果，使金属对塑性变形的抗力（ ），造成加工硬化的根本原因是（ ）。

2. 滑移的实质是（ ）。

3. 单晶体塑性变形的基本方式有（ ）和（ ）两种，它们都是在（ ）作用下发生的，常沿晶体中原子密度（ ）和（ ）发生。

4. α-Fe 发生塑性变形时，其滑移面和滑移方向分别为（ ）和（ ）。

5. 影响多晶体塑性变形的两个主要因素是（ ）和（ ）。

6. 变形金属的最低再结晶温度与金属熔点间的大致关系为（ ）。

7. 钢在常温下的变形加工为（ ）加工，而铅在常温下的变形加工为（ ）加工。

8. 冷变形金属在加热时组织与性能的变化，随加热温度不同，大致分为（ ）、

(　　) 和 (　　) 三个阶段。

9. 再结晶后晶粒的大小主要取决于 (　　) 和 (　　)。

10. 体心立方与面心立方晶格具有相同的滑移系，其塑性变形能力好的是 (　　)，原因是 (　　)。

三、是非题

1. 在体心立方晶格中，滑移面为 {111}×6，滑移方向为〈110〉×2，所以滑移系为 12。 (　　)

2. 滑移变形不会引起金属晶体结构的变化。 (　　)

3. 因为 bcc 晶格与 fcc 晶格具有相同数量的滑移系，所以两种晶体的塑性变形能力完全相同。 (　　)

4. 孪生变形所需要的切应力要比滑移变形时所需的小得多。 (　　)

5. 金属的预先变形度越大，其开始再结晶的温度越高。 (　　)

6. 变形金属的再结晶退火温度越高，退火后得到的晶粒越粗大。 (　　)

7. 金属铸件可以通过再结晶退火来细化晶粒。 (　　)

8. 热加工是指在室温以上的塑性变形加工。 (　　)

9. 再结晶能够消除加工硬化效果，是一种软化过程。 (　　)

10. 再结晶过程是有晶格类型变化的结晶过程。 (　　)

四、选择题

1. 能使单晶体产生塑性变形的应力为 (　　)

(a) 正应力　(b) 切应力　(c) 复合应力

2. 面心立方晶格的晶体在受力时的滑移方向为 (　　)

(a)〈111〉　(b)〈110〉　(c)〈100〉

3. 体心立方与面心立方晶格具有相同数量的滑移系，但其塑性变形能力是不相同的，其原因是面心立方晶格的滑移方向较体心立方晶格的滑移方向 (　　)

(a) 少　(b) 多　(c) 相等

4. 金属的最低再结晶温度可用下式计算 (　　)

(a) $T_{再}$(℃)≈0.4$T_{熔}$(℃)　(b) $T_{再}$(K)≈0.4$T_{熔}$(K)　(c) $T_{再}$(K)≈0.4$T_{熔}$(℃)+273

5. 变形金属再加热时发生的再结晶过程是一个新晶粒代替旧晶粒的过程，这种新晶粒的晶型是 (　　)

(a) 与变形前的金属相同　(b) 与变形后的金属相同　(c) 形成新的晶型

6. 加工硬化使金属的 (　　)

(a) 强度增大、塑性降低　(b) 强度增大、塑性增大

(c) 强度减小、塑性增大　(d) 强度减小、塑性减小

7. 再结晶后 (　　)

(a) 形成等轴晶，强度增大　(b) 形成柱状晶，塑性下降

(c) 形成柱状晶，强度升高　(d) 形成等轴晶，塑性升高

8. 随冷塑性变形量增加，金属的 (　　)

(a) 强度下降，塑性提高　(b) 强度和塑性都下降

(c) 强度和塑性都提高　(d) 强度提高，塑性下降

9. 多晶体的晶粒越细，则其 (　　)

(a) 强度越高，塑性越好　(b) 强度越高，塑性越差

(c) 强度越低，塑性越好　(d) 强度越低，塑性越差

10. 钢丝在室温下反复弯折，会越弯越硬，直到断裂，而铅丝在室温下反复弯折，则始终处于软态，其原因是 （　　）

(a) Pb 不发生加工硬化，不发生再结晶；Fe 发生加工硬化，不发生再结晶

(b) Fe 不发生加工硬化，不发生再结晶；Pb 发生加工硬化，不发生再结晶

(c) Pb 发生加工硬化，发生再结晶；Fe 发生加工硬化，不发生再结晶

(d) Fe 发生加工硬化，发生再结晶；Pb 发生加工硬化，不发生再结晶

五、综合分析题

1. 说明下列现象产生的原因：

(1) 晶界处滑移的阻力最大；

(2) 实际测得的晶体滑移所需的临界切应力比理论计算得到的数值小；

(3) Zn，α-Fe，Cu 的塑性不同。

2. 为什么细晶粒钢强度高，塑性、韧性也好？

3. 与单晶体的塑性变形相比较，多晶体的塑性变形有何特点？

4. 金属塑性变形后组织和性能会有什么变化？

5. 在图 1-3-2 所示的晶面、晶向中，哪些是滑移面，哪些是滑移方向？就图中情况能否构成滑移系？

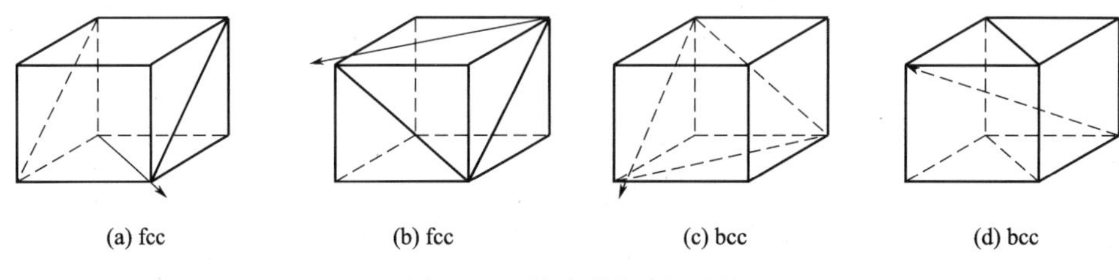

图 1-3-2　综合分析题 5 图

6. 用低碳钢板冷冲压成形的零件，冲压后发现各部位的硬度不同，为什么？如何解决？

7. 已知金属钨、铁、铅、锡的熔点分别为 3380℃、1538℃、327℃和 232℃，试计算这些金属的最低再结晶温度，并分析钨和铁在 1100℃下的加工、铅和锡在室温（20℃）下的加工各为何种加工？

8. 某厂用冷拉钢丝绳吊运出炉热处理工件去淬火，钢丝绳承载能力远超过工件的重量，但在工件吊运过程中，钢丝绳发生断裂，分析断裂原因。

9. 某厂生产的起吊用钢丝绳的钢丝，用直径为 8mm 的细盘条经多次预拉（冷拉）到直径 1.7mm；在多次预拉中间穿插再结晶退火。预拉后铅淬，再通过 6～8 次冷拉，最后一次将钢丝拉拔到直径 0.75mm，最终进行去应力退火。这样材料的抗拉强度由原来的 700～890MPa 提高到 1500MPa 左右，试分析：

(1) 中间退火的作用；

(2) 强度成倍提高的原因；

(3) 钢丝使用时的组织特征。

10. 测硬度时，为什么要求两个压痕之间有一定距离？如果两点距离太近，会对硬度有何影响？

11. 一辆高档自行车的车架，是冷拔合金钢管制作的。由于使用不当而断裂，用常规的电弧焊将它修复。但正常使用短时间后又断了，这次断在焊缝附近，并且明显看出断裂之前此部分被拉长了。试分析造成第二次断裂的可能原因。

12. 某变速箱齿轮由下列方法制造，哪一种最合理？为什么？

(1) 厚钢板切出圆饼，再加工成齿轮；

(2) 用粗钢棒切下圆饼，再加工成齿轮；

(3) 用圆棒热镦成圆饼，再加工成齿轮。

第五章　合金的结构与二元合金相图

一、名词解释

相、组织、固溶体、金属间化合物、间隙相、枝晶偏析、固溶强化。

二、填空题

1. 合金的相结构有（　　）和（　　）两大类，其中前者具有较高的（　　）性能，适宜做（　　）；后者具有较高的（　　），适宜做（　　）。

2. 能提高金属材料强度、硬度的同时，又不明显降低其塑性、韧性的强化方法称（　　）。

3. 固溶体的强度和硬度比溶剂的强度和硬度（　　）。

4. Cu-Ni 合金进行塑性变形时，其滑移面为（　　）。

5. 固溶体出现枝晶偏析后，可用（　　）加以消除。

6. 以电子浓度因素起主导作用而生成的化合物称（　　）。

7. 共晶反应表达式为（　　），共晶反应的特点是（　　）。

8. 二元合金在进行共晶反应时，其组成是以（　　）相共存。

9. 具有匀晶型相图的单相固溶体合金（　　）性能好。

10. 固溶体的晶体结构取决于（　　），金属间化合物的晶体结构（　　）。

三、是非题

1. 间隙固溶体一定是无限固溶体。（　　）

2. 间隙相不是一种固溶体，而是一种金属间化合物。（　　）

3. 平衡结晶获得的 20%Ni 的 Cu-Ni 合金比 40%Ni 的 Cu-Ni 合金的硬度和强度高。（　　）

4. 在共晶相图中，从 L 中结晶出来的 β 晶粒与从 α 中析出的 β_{I} 晶粒具有相同的晶体结构。（　　）

5. 一个合金的室温组织为 $\alpha+\beta_{\text{I}}+(\alpha+\beta)$，它由三相组成。（　　）

6. 杠杆定律只适用于两相区。（　　）

7. 凡组织组成物都是以单相状态存在于合金系中。（　　）

8. 在合金结晶过程中析出的初生晶和二次晶均具有相同的晶体结构，但具有不同的组织形态。（　　）

四、选择题

1. 固溶体的晶体结构与（　　）

(a) 溶剂相同　(b) 溶质相同　(c) 其他晶型相同

2. 间隙固溶体与间隙化合物的（　　）

(a) 结构相同，性能不同　(b) 结构与性能都不同　(c) 结构与性能都相同

3. 固溶体的性能特点是（　　）

(a) 塑性韧性高、强度硬度低

(b) 塑性韧性低、强度硬度高

(c) 综合性能高

4. 间隙相的性能特点是 (　　)

(a) 熔点高、硬度低　　(b) 硬度高、熔点低　　(c) 硬度高、熔点高

5. 在发生 L→(α+β) 共晶反应时，三相的成分 (　　)

(a) 相同　　(b) 确定　　(c) 不定

6. 共析成分的合金在共析反应 γ→(α+β) 刚结束时，其组成相为 (　　)

(a) γ+α+β　　(b) α+β　　(c) (α+β)

7. 一个合金的组织为 $\alpha+\beta_{I}+(\alpha+\beta)$，其组织组成物为 (　　)

(a) α、β　　(b) α、β_{I}、(α+β)　　(c) α、β、β_{I}

8. 二元合金在发生 L→(α+β) 共晶转变时，其相组成是 (　　)

(a) 液相　　(b) 单一固相

(c) 两相共存　　(d) 三相共存

9. 在固溶体合金结晶过程中，产生枝晶偏析的原因是由于 (　　)

(a) 液固相线间距很小，冷却缓慢

(b) 液固相线间距很小，冷却速度大

(c) 液固相线间距大，冷却极慢

(d) 液固相线间距大，冷却速度也大

10. 二元合金中，铸造性能最好的合金是 (　　)

(a) 固溶体合金　　(b) 共晶合金

(c) 共析合金　　(d) 包晶成分合金

五、综合分析题

1. 什么是固溶强化？造成固溶强化的原因是什么？

2. 间隙固溶体和间隙相有什么不同？

3. 将 20kg 纯铜与 30kg 纯镍熔化后慢冷至如图 1-3-3 温度，求此时：

(1) 两相的成分；

(2) 两相的质量比；

(3) 两相的相对质量。

4. 图 1-3-4 为 Pb-Sn 相图，

(1) 用冷却曲线表示 96%Pb 的 Pb-Sn 合金的平衡结晶过程，画出室温平衡组织示意图、标上各组织组成物；

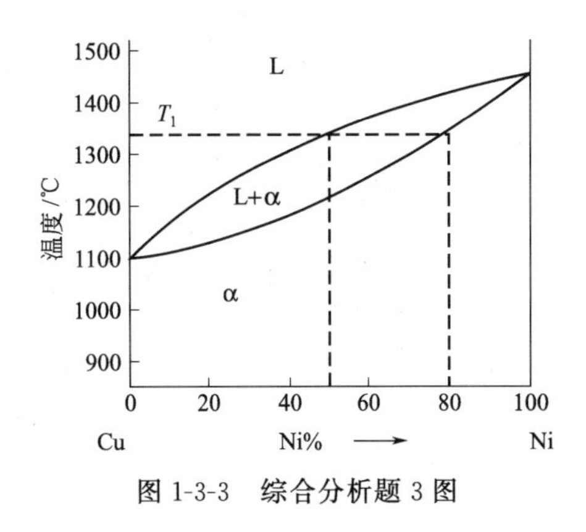

图 1-3-3　综合分析题 3 图

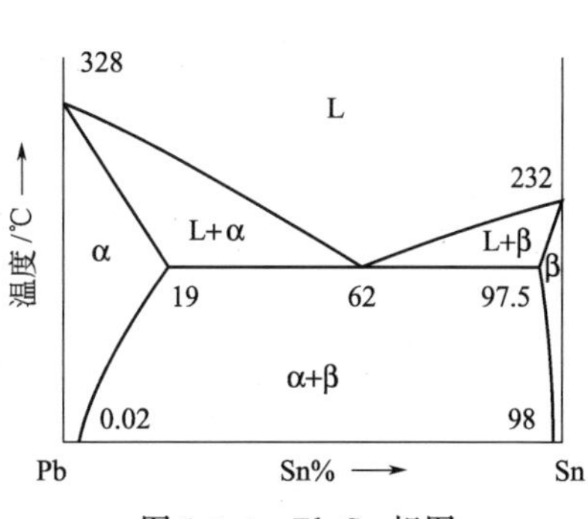

图 1-3-4　Pb-Sn 相图

(2) 计算该合金室温组织中组成相的相对质量；

(3) 计算该合金室温组织中组织组成物的相对质量；

(4) 指出该合金系室温组织中含 β_{II} 最多的合金成分；

(5) 指出该合金系室温组织中共晶体最多和最少的合金的成分或成分范围。

5. 某合金相图如图 1-3-5 所示。

(1) 标上（1）～（3）区域中存在的相；

(2) 标上（4）、(5) 区域中的组织；

(3) 相图中包括哪几种转变？写出它们的反应式。

6. 发动机活塞用 Al-Si 合金铸件制成，根据相图（见图 1-3-6），选择铸造用 Al-Si 合金的合适成分，简述原因。

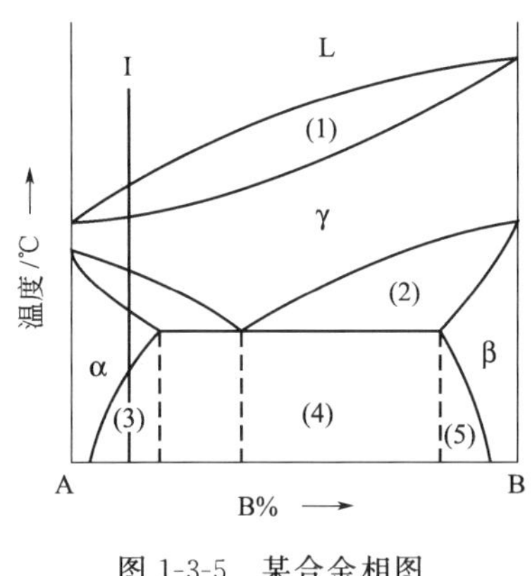

图 1-3-5　某合金相图

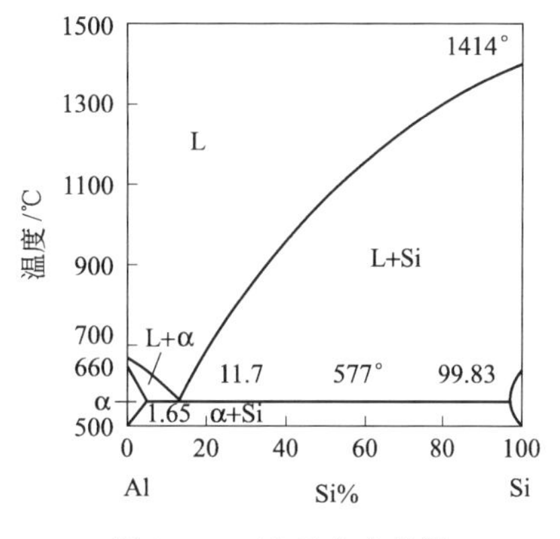

图 1-3-6　Al-Si 合金相图

7. 一个二元共晶反应如下：

L（75％B）→α(15％B)＋β(95％B)

(1) 含 50％B 的合金凝固后求：

① 初晶 α 与共晶体（α＋β）的质量百分数；

② α 相与 β 相的质量百分数。

(2) 若共晶反应后 β 初晶和（α＋β）共晶各占一半，求该合金的成分。

8. 已知 A 组元（熔点 600℃）与 B 组元（熔点 500℃）在液态无限互溶，在固态时 A 在 B 中的最大溶解度为 30％，室温时为 10％，但 B 在固态和室温时均不溶于 A；在 300℃ 时，含 40％B 的液态合金发生共晶反应，试做出 A-B 合金相图，并分析含 20％A、45％A、80％A 合金的结晶过程。

第六章　铁碳合金相图

一、名词解释

同素异构转变、α-Fe、铁素体、珠光体。

二、填空题

1. 珠光体的本质是（　　）。

2. Fe_3C 的本质是（　　）。

3. F 的晶体结构为（　　）；A 的晶体结构为（　　）。

4. 共析成分的铁碳合金室温平衡组织是（ ），其组成相为（ ）。

5. 在铁碳合金室温平衡组织中，含 Fe_3C_{II} 最多的合金成分为（ ），含 Le′最多的合金成分为（ ），含三次渗碳体最多的合金成分为（ ）。

6. 用显微镜观察某亚共析钢，若估算其中的珠光体含量为 80%，则此钢的碳含量为（ ）。

7. 含碳量大于 0.77%的铁碳合金从 1148℃冷至 727℃时，将从奥氏体中析出（ ），其分布特征为（ ）。

8. 在缓慢冷却条件下，含碳 0.8%的钢比含碳 1.2%的钢硬度（ ），强度（ ）。

9. 在实际生产中，若要将钢热锻或热轧时，必须把钢加热到（ ）相区。

10. 在图 1-3-7 所示的铁碳合金相图中：

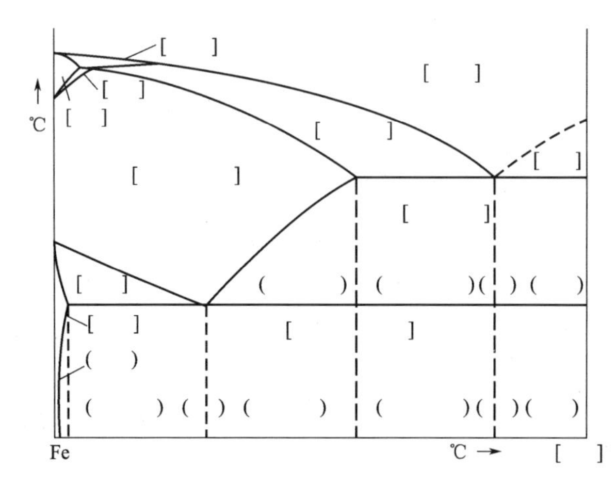

图 1-3-7 铁碳合金相图

（1）标上各点的符号；

（2）填上各区域的组成相（写在方括号内）；

（3）填上各区域的组织组成物（写在圆括号内）；

（4）指出下列各点的含碳量：*E*（ ）、*C*（ ）、*P*（ ）、*S*（ ）、*K*（ ）；

（5）在表 1-3-1 中填出水平线的温度、反应式、反应产物的名称。

表 1-3-1 填空题 10 表

水 平 线	温 度	反 应 式	产物名称
线			
线			
线			

三、是非题

1. 铁素体的本质是碳在 α-Fe 中的间隙相。（ ）

2. 20 钢比 T12 钢的碳含量要高。（ ）

3. Fe_3C_I 与 Fe_3C_{II} 的形态与晶体结构均不相同。（ ）

4. 在退火状态（接近平衡组织），45 钢比 20 钢的硬度和强度都高。（ ）

5. 在铁碳合金平衡结晶过程中，只有成分为 4.3%C 的铁碳合金才能发生共晶反应。（ ）

6. 碳素钢在平衡冷却条件下所形成的奥氏体的塑性好。 (　　)

7. 在铁碳合金中，只有共析成分的合金结晶时，才能发生共析转变，形成共析组织。 (　　)

8. 在铁碳合金中，只有过共析钢的平衡组织中才有二次渗碳体存在。 (　　)

四、选择题

1. 奥氏体是 (　　)

(a) 碳在 γ-Fe 中的间隙固溶体　(b) 碳在 α-Fe 中的间隙固溶体

(c) 碳在 α-Fe 中的有限固溶体

2. 珠光体是一种 (　　)

(a) 单相固溶体　(b) 两相混合物　(c) Fe 与 C 的化合物

3. T10 钢的平均含碳量为 (　　)

(a) 0.10%　(b) 1.0%　(c) 10%

4. 铁素体的力学性能特点是 (　　)

(a) 强度高、塑性好、硬度低　(b) 强度低、塑性差、硬度低

(c) 强度低、塑性好、硬度低

5. 下列能进行锻造的铁碳合金是 (　　)

(a) 亚共析钢　(b) 共晶白口铸铁　(c) 亚共晶白口铸铁

五、综合分析题

1. 默画出 $Fe-Fe_3C$ 相图，填出各区域的组织，并分析含 0.4%C、0.77%C、1.2%C、3.0%C、4.3%C、5.0%C 合金的结晶过程，并画出室温下的显微组织示意图。

2. 计算平衡状态下 45、T8、T12 三种钢室温下组织组成物的相对质量（$Fe_3C_{Ⅲ}$ 忽略不计），比较三种钢的硬度、强度、塑性和冲击韧性哪种最大，哪种最小？原因是什么？

3. 计算铁碳合金中二次渗碳体与三次渗碳体的最大可能含量。

4. 根据铁碳相图，分析产生下列现象的原因：

(1) 含碳量为 1.0%的钢比含碳量为 0.5%的钢硬度高；

(2) 在室温下，含碳 0.8%的钢的强度比含碳 1.2%的钢高；

(3) 在 1100℃时，含碳为 0.4%的钢能进行锻造，而含碳为 4.0%的白口铁不能进行锻造。

5. 某工厂的材料仓库，两种碳钢相混，原来钢号不清楚，为了分辨这两种材料，实验人员截取两块试样 A 和 B，加热到 850℃保温后缓冷至室温（接近平衡状态），制成金相试样，在显微镜下观察，结果：

(1) A 试样中先共析铁素体的面积占 40%，珠光体的面积占 60%；

(2) B 试样中二次渗碳体（网状）面积占 7%，珠光体的面积占 93%。

假定珠光体与铁素体的密度相同，铁素体的含碳量为零，试求 A、B 两种钢的含碳量是多少？并估计出钢号。

6. 对某一碳钢（平衡状态）进行相分析，得知其组成相为 80%F 和 20%Fe_3C，求此钢的成分及其硬度。

7. 用冷却曲线表示 *E* 点成分的铁碳合金的平衡结晶过程，画出室温组织示意图，标上组织组成物，计算室温平衡组织中组成相和组织组成物的相对质量。

8. 同样形状的两块铁碳合金，其中一块是 15 钢，一块是白口铸铁，用什么简便方法可迅速区分它们？

9. 说出 Q235A、15、45、65、T8、T12 等钢的类别、含碳量，各举出一个应用实例。

10. 下列零件或工具应选用何种碳钢制造：手锯锯条、普通螺钉、车床主轴。

第七章　钢的热处理

一、名词解释

本质晶粒度、临界冷却速度、马氏体、淬透性、淬硬性、调质处理。

二、填空题

1. 钢加热时奥氏体形成是由（　　）、（　　）、（　　）和（　　）四个基本过程所组成。

2. 在过冷奥氏体等温转变产物中，珠光体与屈氏体的主要相同点是（　　），不同点是（　　）。

3. 用光学显微镜观察，上贝氏体的组织特征呈（　　）状，而下贝氏体则呈（　　）状。

4. 与共析钢相比，非共析钢C曲线的特征是（　　）。

5. 马氏体的显微组织形态主要有（　　）、（　　）两种，其中（　　）的韧性较好。

6. 钢的淬透性越高，则其C曲线的位置越（　　），说明临界冷却速度越（　　）。

7. 钢的热处理工艺是由（　　）、（　　）、（　　）三个阶段组成。一般来讲，它不改变被处理工件的（　　），但却改变其（　　）。

8. 利用 Fe-Fe_3C 相图确定钢完全退火的正常温度范围是（　　），它只适应于（　　）钢。

9. 球化退火的主要目的是（　　），它主要适用于（　　）。

10. 钢的正常淬火温度范围，对亚共析钢是（　　），对过共析钢是（　　）。

11. 当钢中发生奥氏体向马氏体的转变时，原奥氏体中碳含量越高，则 M_s 点越（　　），转变后的残余奥氏体量就越（　　）。

12. 在正常淬火温度下，碳素钢中共析钢的临界冷却速度比亚共析钢和过共析钢的临界冷却速度都（　　）。

13. 钢热处理确定其加热温度的依据是（　　），而确定过冷奥氏体冷却转变产物的依据是（　　）。

14. 淬火钢进行回火的目的是（　　），回火温度越高，钢的强度与硬度越（　　）。

15. 钢在回火时的组织转变过程是由（　　）、（　　）、（　　）和（　　）四个阶段所组成。

16. 化学热处理的基本过程包括（　　）、（　　）和（　　）三个阶段。

17. 索氏体和回火索氏体在形态上的区别是（　　），在性能上的区别是（　　）。

18. 参考铁碳合金相图，将45钢及T10钢（已经过退火处理）的小试样经850℃加热后水冷、850℃加热后空冷、760℃加热后水冷、720℃加热后水冷等处理，把处理后的组织填入表1-3-2。

表 1-3-2　填空题 18 表

	850℃水冷	850℃空冷	760℃水冷	720℃水冷
45钢				
T10钢				

三、是非题

1. 经加热奥氏体化后，在任何情况下，奥氏体中碳的含量均与钢中碳的含量相等。（ ）

2. 所谓本质细晶粒钢就是一种在任何加热条件下晶粒均不发生粗化的钢。（ ）

3. 马氏体是碳在 α-Fe 中的过饱和固溶体，当奥氏体向马氏体转变时，体积要收缩。（ ）

4. 当把亚共析钢加热到 A_{c_1} 和 A_{c_3} 之间的温度时，将获得由铁素体和奥氏体构成的两相组织，在平衡条件下，其中奥氏体的碳含量总是大于钢的碳含量。（ ）

5. 当原始组织为片状珠光体的钢加热奥氏体化时，细片状珠光体的奥氏体化速度要比粗片状珠光体的奥氏体化速度快。（ ）

6. 当共析成分的奥氏体在冷却发生珠光体转变时，温度越低，其转变产物组织越粗。（ ）

7. 贝氏体是过冷奥氏体中温转变产物，在转变过程中，碳原子能进行短距离的扩散，而铁原子不能进行扩散。（ ）

8. 不论碳含量高低，马氏体的硬度都很高，脆性都很大。（ ）

9. 在正常热处理加热条件下，随碳含量的增高，过共析钢的过冷奥氏体越稳定。（ ）

10. 因为过冷奥氏体的连续冷却转变曲线位于等温转变曲线的右下方，所以连续冷却转变曲线的临界冷却速度比等温转变曲线的大。（ ）

11. 高合金钢既具有良好的淬透性，也具有良好的淬硬性。（ ）

12. 经退火后再高温回火的钢，能得到回火索氏体组织，具有良好的综合力学性能。（ ）

13. 钢的淬透性越高，则其淬透层的深度也越大。（ ）

14. 钢中未溶碳化物的存在，将使钢的淬透性降低。（ ）

15. 在正常加热淬火条件下，亚共析钢的淬透性随碳的增高而增大，过共析钢的淬透性随碳的增高而减小。（ ）

16. 表面淬火既能改变钢的表面化学成分，也能改善心部的组织和性能。（ ）

17. 同一钢材，在相同的加热条件下，水冷比油冷的淬透性好，小件比大件的淬透性好。（ ）

18. 为了调整硬度，便于机械加工，低碳钢、中碳钢和低碳合金钢在锻造后应采用正火处理。（ ）

四、选择题

1. 钢在淬火后获得的马氏体组织的粗细主要取决于（ ）

(a) 奥氏体的本质晶粒度 (b) 奥氏体的实际晶粒度 (c) 奥氏体的起始晶粒度

2. 奥氏体向珠光体的转变是（ ）

(a) 扩散型转变 (b) 非扩散型转变 (c) 半扩散型转变

3. 钢经调质处理后获得的组织是（ ）

(a) 回火马氏体 (b) 回火屈氏体 (c) 回火索氏体

4. 过共析钢的正常淬火加热温度是（ ）

(a) A_{c_1} +30～50℃ (b) $A_{c_{cm}}$ +30～50℃ (c) A_{c_3} +30～50℃

5. 影响碳钢淬火后残余奥氏体量的主要因素是（ ）

(a) 钢材本身的碳含量 (b) 钢中奥氏体的碳含量 (c) 钢中碳化物的含量

6. 共析钢过冷奥氏体在550～350℃的温度区间等温转变时，所形成的组织是 (　　)

(a) 索氏体　　(b) 下贝氏体　　(c) 上贝氏体

7. 若合金元素能使C曲线右移，钢的淬透性将 (　　)

(a) 降低　　(b) 提高　　(c) 不改变

8. 马氏体的硬度取决于 (　　)

(a) 奥氏体的冷却速度　　(b) 奥氏体的转变温度　　(c) 奥氏体的碳含量

9. 淬硬性好的钢 (　　)

(a) 奥氏体中的合金元素含量高　　(b) 奥氏体中的碳含量高

(c) 奥氏体中的碳含量低

10. 对形状复杂，截面变化大的零件进行淬火时，应选用 (　　)

(a) 高淬透性钢　　(b) 中淬透性钢　　(c) 低淬透性钢

11. 对形状复杂，截面变化大的零件进行淬火时，应采用 (　　)

(a) 水中淬火　　(b) 油中淬火　　(c) 盐水中淬火

12. 若要提高淬火时的淬硬层深度，应采取 (　　)

(a) 选择高淬透性钢　　(b) 增大工件的截面尺寸　　(c) 选用比较缓和的冷却介质

13. 直径为10mm的40钢的常规淬火温度大约为 (　　)

(a) 750℃　　(b) 850℃　　(c) 920℃

14. 45钢为得到回火索氏体组织，应进行 (　　)

(a) 淬火＋低温回火　　(b) 等温淬火　　(c) 淬火＋高温回火

15. 完全退火主要适用于 (　　)

(a) 亚共析钢　　(b) 共析钢　　(c) 过共析钢

16. 扩散退火的目的是 (　　)

(a) 消除和改善晶内偏析

(b) 消除冷塑性变形后产生的加工硬化

(c) 降低硬度以便于加工

17. 钢的回火处理是在 (　　)

(a) 退火后进行　　(b) 正火后进行　　(c) 淬火后进行

18. 钢的渗碳温度范围是 (　　)

(a) 600～650℃　　(b) 800～850℃

(c) 900～950℃　　(d) 1000～1050℃

19. 过共析钢正火的目的是 (　　)

(a) 调整硬度，改善切削加工性能

(b) 细化晶粒，为淬火作组织准备

(c) 消除网状二次渗碳体

(d) 消除内应力，防止淬火变形和开裂

20. T12钢正常淬火的组织是 (　　)

(a) 马氏体＋残余奥氏体

(b) 马氏体＋球状碳化物

(c) 马氏体

(d) 马氏体＋残余奥氏体＋球状碳化物

五、综合分析题

1. 指出A_1、A_3、A_{cm}、A_{c_1}、A_{c_3}、$A_{c_{cm}}$、A_{r_1}、A_{r3}、$A_{r_{cm}}$各临界点的意义。

2. 本质细晶粒钢的奥氏体晶粒是否一定比本质粗晶粒钢的细，为什么？

3. 低碳钢板硬度低，可否用淬火方法提高硬度？用什么办法能显著提高硬度？

4. 20 钢采用表面淬火是否合适？为什么？45 钢进行渗碳处理是否合适？为什么？

5. 再结晶和重结晶有何不同？

6. 指出影响奥氏体形成速度和影响奥氏体实际晶粒度的因素。

7. 说明共析钢 C 曲线各个区、各条线的物理意义，并指出影响 C 曲线形状和位置的主要因素。

8. 试比较共析钢过冷奥氏体等温转变曲线和连续转变曲线的异同点。

9. 何谓钢的临界冷却速度？它的大小受哪些因素影响？它与钢的淬透性有何关系？

10. 亚共析钢热处理时快速加热可显著地提高屈服强度和冲击韧性，是何道理？

11. 加热使钢完全转变为奥氏体时，原始组织是以粗粒状珠光体为好，还是以细片状珠光体为好？为什么？

12. 热轧空冷的 45 钢钢材在重新加热到超过临界点后再空冷下来时，组织为什么能细化？

13. 简述各种淬火方法及其适用范围。

14. 试述马氏体转变的基本特点。

15. 试比较索氏体、屈氏体和回火索氏体、回火屈氏体之间在形成条件、组织形态与性能上的主要区别。

16. 马氏体的本质是什么？它的硬度为什么很高？是什么因素决定了它的脆性？

17. 淬透性和淬透层深度有何联系与区别？影响钢件淬透层深度的主要因素是什么？

18. 分析图 1-3-8 的实验曲线中硬度随碳含量变化的原因。图中曲线 1 为亚共析钢加热到 A_{c_3} 以上，过共析钢加热到 $A_{c_{cm}}$ 以上淬火后，随钢中碳含量的增加钢的硬度变化曲线；曲线 2 为亚共析钢加热到 A_{c_3} 以上，过共析钢加热到 A_{c_1} 以上淬火后，随钢中碳含量的增加钢的硬度变化曲线；曲线 3 表示随碳含量增加，马氏体硬度的变化曲线。

19. 共析钢加热到相变点以上，用图 1-3-9 所示的冷却曲线冷却，各应得到什么组织？各属于何种热处理方法？

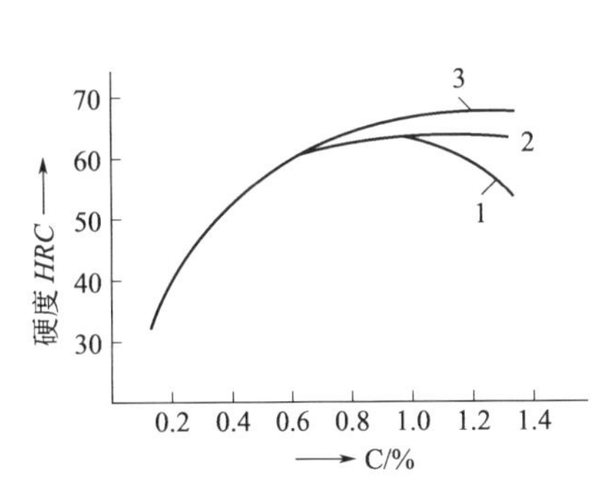

图 1-3-8 硬度随碳含量变化曲线

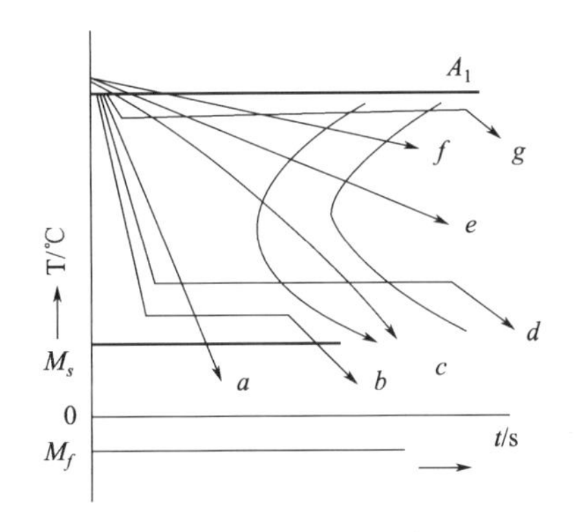

图 1-3-9 冷却转变曲线

20. T12 钢加热到 A_{c_1} 以上，用图 1-3-10 所示各种方法冷却，分析其所得到的组织。

21. 某钢的连续冷却转变曲线如图 1-3-11 所示，试指出该钢按图中 (a) (b) (c) (d) 速度冷却后得到的室温组织。

22. 正火与退火的主要区别是什么？生产中应如何选择正火与退火？

23. 确定下列钢件的退火方法，并指出退火目的及退火后的组织：

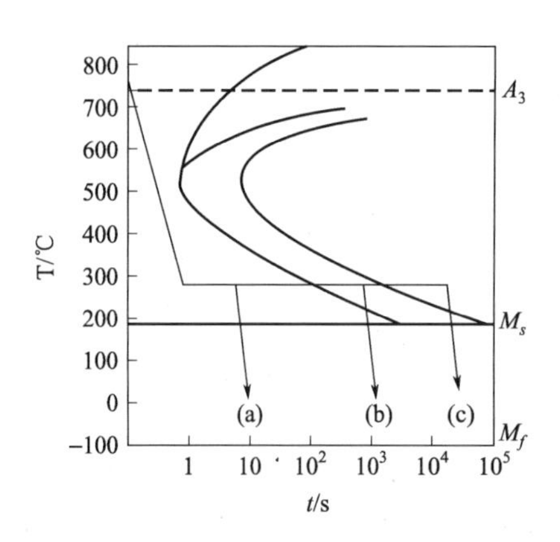

图 1-3-10 冷却转变曲线

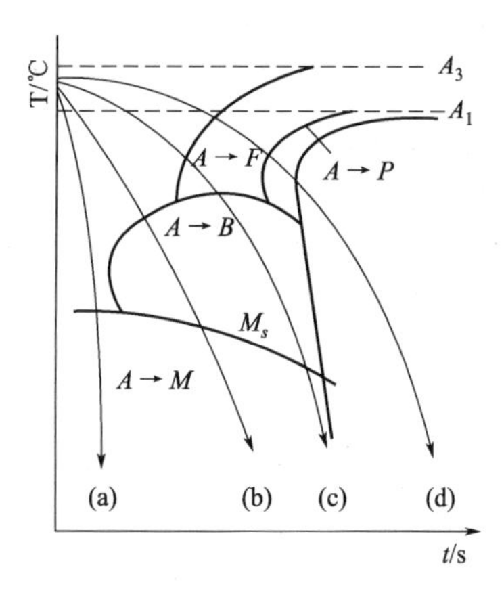

图 1-3-11 连续冷却转变曲线

(1) 经冷轧后的 15 钢钢板，要求降低硬度；

(2) ZG35 钢的铸造齿轮；

(3) 锻造过热的 60 钢锻坯；

(4) 改善 T12 钢的切削加工性能。

24. 说明直径为 10mm 的 45 钢试样经下列温度加热、保温并在水中冷却得到的室温组织：700℃、760℃、840℃、1100℃。

25. 两个碳含量为 1.2%的碳钢薄试样，分别加热到 780℃和 900℃并保温相同时间奥氏体化后，以大于淬火临界冷却速度冷至室温。试分析：

(1) 哪个温度加热淬火后马氏体晶粒较粗大？

(2) 哪个温度加热淬火后马氏体碳含量较多？

(3) 哪个温度加热淬火后残余奥氏体较多？

(4) 哪个温度加热淬火后未溶碳化物较少？

(5) 哪个温度加热淬火合适？为什么？

26. 指出下列工件的淬火及回火温度，并说出回火后获得的组织。

(1) 45 钢小轴（要求综合力学性能好）；

(2) 60 钢弹簧；

(3) T12 钢锉刀。

27. 用 T10 钢制造形状简单的车刀，其工艺路线为：锻造→热处理→机加工→热处理加工。

(1) 写出其中热处理工序的名称及作用；

(2) 制定最终热处理（即磨加工前的热处理）的工艺规范，并指出车刀在使用状态下的组织和大致硬度。

28. 甲、乙两厂生产同一种零件，均选用 45 钢，硬度要求 *HB*220～250，甲厂采用正火，乙厂采用调质处理，均能达到硬度要求，试分析甲、乙两厂产品的组织和性能差别。

29. 试说明表面淬火、渗碳、氮化处理工艺在选用钢种、性能、应用范围等方面的差别。

30. 两个 45 钢工件，一个用电炉加热（加热速度约为 0.3℃/s），另一个用高频感应加热（加热速度约为 400℃/s），问两者淬火温度有何不同？淬火后组织和力学性能有何差别？

31. 低碳钢（0.2%C）小件经 930℃，5h 渗碳后，表面碳含量增至 1.0%，试分析以下处理后表层和心部的组织：

(1) 渗碳后慢冷；

(2) 渗碳后直接水淬并低温回火；

(3) 由渗碳温度预冷到 820℃，保温后水淬，再低温回火；

(4) 渗碳后慢冷至室温，再加热到 780℃，保温后水淬，再低温回火。

32. 调质处理后的 40 钢齿轮，经高频加热后的温度分布如图 1-3-12 所示，试分析高频水淬后，轮齿由表面到中心各区（Ⅰ，Ⅱ，Ⅲ）的组织变化。

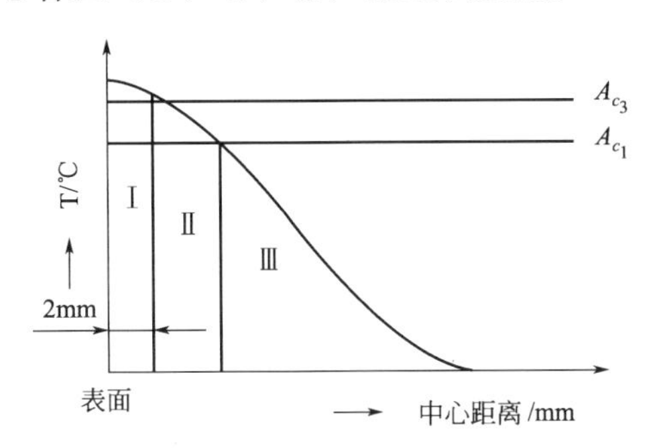

图 1-3-12　综合分析题 32 图

第八章　工业用钢

一、名词解释

合金元素、回火稳定性、二次硬化、固溶处理、回火脆性、红硬性。

二、填空题

1. 按钢中合金元素含量，可将合金钢分为（　　）、（　　）和（　　）三类（分别写出合金元素含量范围）。

2. 合金元素中，碳化物形成元素有（　　）。

3. 使奥氏体稳定化的元素有（　　）。

4. 促进晶粒长大的合金元素有（　　）。

5. 除（　　）和（　　）外，几乎所有的合金元素都使 M_s、M_f 点（　　），因此淬火后相同碳含量的合金钢比碳钢的（　　）增多，使钢的硬度（　　）。

6. 热强钢主要包括（　　）、（　　）和（　　）。

7. 合金钢按用途可以分为（　　）、（　　）和（　　）三类钢。

8. 强烈阻止奥氏体晶粒长大的元素有（　　）。

9. 除（　　）外，其他的合金元素都使 C 曲线向（　　）移动，即使钢的临界冷却速度（　　），淬透性（　　）。

10. 合金钢中最常用来提高淬透性的合金元素有（　　）五种，其中作用最大的是（　　）。

11. 一些含有（　　）、（　　）、（　　）元素的合金钢，容易产生回火脆性。消除第二类回火脆性的方法是（　　），（　　）。

12. 20CrMnTi 是（　　）钢，Cr、Mn 的作用是（　　）；Ti 的作用是（　　）。热处理工艺是（　　）。

13. W18Cr4V 是（　　）钢，含碳量是（　　），W 的主要作用是（　　），Cr 的主要作用是（　　），V 的主要作用是（　　）。热处理工艺是（　　），最后的组织是（　　）。

14. 0Cr18Ni9Ti 是（　　），Cr、Ni 和 Ti 的作用分别是（　　）。

15. 金属材料中能有效地阻止位错运动的方法有（　　）、（　　）、（　　）和（　　）四种，因而（　　）相变和（　　）转变是钢中最有效、最经济的综合强化手段。

16. 从合金化的角度出发，提高钢的耐蚀性的主要途径有：（　　）；（　　）；（　　）。

17. 钢的淬透性主要决定于（　　），钢的淬硬性主要决定于（　　）。

18. 拖拉机和坦克履带板受到严重的磨损及强烈的冲击，应选用（　　）钢，采用（　　）处理。

三、是非题

1. 所有的合金元素都能提高钢的淬透性。（　　）

2. 调质钢的合金化主要是考虑提高其红硬性。（　　）

3. 合金元素对钢的强化效果主要是固溶强化。（　　）

4. T8 钢比 T12 和 40 钢有更好的淬透性和淬硬性。（　　）

5. 提高奥氏体不锈钢的强度，只能采用冷塑性变形予以强化。（　　）

6. 高速钢反复锻造是为了打碎鱼骨状共晶莱氏体，使其均匀分布于基体中。（　　）

7. T8 与 20MnVB 相比，淬硬性和淬透性都较低。（　　）

8. 18-4-1 高速钢采用很高温度淬火，其目的是使碳化物尽可能多的溶入奥氏体中，从而提高钢的红硬性。（　　）

9. 奥氏体不锈钢的热处理工艺是淬火后稳定化处理。（　　）

10. 所有的合金元素均使 M_s、M_f 下降。（　　）

11. 20CrMnTi 与 1Cr18Ni9Ti 中的 Ti 都是起细化晶粒的作用。（　　）

12. 4Cr13 钢的耐蚀性不如 1Cr13 钢。（　　）

四、选择题

1. 钢的淬透性主要取决于（　　）

(a) 含碳量　　(b) 冷却介质　　(c) 合金元素

2. 钢的淬硬性主要取决于（　　）

(a) 含碳量　　(b) 冷却介质　　(c) 合金元素

3. 要制造直径 25mm 的螺栓，要求整个截面上具有良好的综合力学性能，应选用（　　）

(a) 45 钢经正火处理

(b) 60Si2Mn 钢经淬火和中温回火

(c) 40Cr 钢经调质处理

4. 制造手用锯条应当选用（　　）

(a) T12 钢经淬火和低温回火

(b) Cr12Mo 钢经淬火和低温回火

(c) 65 钢淬火后中温回火

5. 高速钢的红硬性取决于（　　）

(a) 马氏体的多少

(b) 淬火加热时溶于奥氏体中的合金元素的量

(c) 钢中的碳含量

6. 汽车、拖拉机的齿轮要求表面高耐磨性，中心有良好的强韧性，应选用（　　）

(a) 20 钢渗碳淬火后低温回火　　(b) 40Cr 淬火后高温回火

(c) 20CrMnTi 渗碳淬火后低温回火

7. 下列钢种中，以球化退火作为预备热处理的钢种是 （　　）

(a) 40Cr (b) 20Cr

(c) 16Mn (d) GCr15

8. 60Si2Mn 钢的热处理工艺是 （　　）

(a) 淬火和低温回火 (b) 淬火和中温回火 (c) 再结晶退火

9. 热锻模应选用 （　　）

(a) Cr12MoV 淬火和低温回火 (b) 5CrNiMo 调质处理

(c) 40Cr 调质处理

10. GCr15 钢中 Cr 的平均含量为 （　　）

(a) 15% (b) 1.5% (c) 没有表示出来

11. 二次硬化属于 （　　）

(a) 固溶强化 (b) 细晶强化

(c) 位错强化 (d) 第二相强化

12. 欲制一耐酸容器，选用的材料和相应的热处理工艺应为 （　　）

(a) W18Cr4V，固溶处理 (b) 1Cr18Ni9，稳定化处理

(c) 1Cr18Ni9Ti，固溶处理 (d) 1Cr17，固溶处理

13. 0Cr18Ni9 钢固溶处理的目的是 （　　）

(a) 增加塑性 (b) 提高强度 (c) 提高耐蚀性

14. 下列钢中最易发生晶间腐蚀的是 （　　）

(a) 00Cr18Ni9Ti (b) 1Cr18Ni9 (c) 1Cr18Ni9Ti

五、综合分析题

1. 试述固溶强化、加工硬化和弥散强化的强化原理，并说明三者的区别。

2. 合金元素提高钢的回火稳定性的原因何在？

3. 什么是钢的回火脆性？下列几种钢中，哪类钢的回火脆性严重，如何避免？(45、40Cr、35SiMn、40CrNiMo)

4. 为什么说得到马氏体随后回火处理是钢中最经济而又最有效的强韧化方法？

5. 解释下列现象：

(1) 在相同含碳量下，除了含镍、锰的合金钢外，大多数合金钢的热处理温度都比碳钢高；

(2) 含碳量相同时，含碳化物形成元素的合金钢比碳钢具有较高的回火稳定性；

(3) 含碳量≥0.4%，含铬量12%的铬钢属于过共析钢；而含碳1.0%，含铬12%的钢属于莱氏体钢；

(4) 高速钢在热锻或热轧后，经空冷获得马氏体组织；

(5) 在相同含碳量下，合金钢的淬火变形和开裂现象不易产生；

(6) 调质钢在回火后需快冷至室温；

(7) 高速钢需高温淬火和多次回火。

6. 从资源情况分析我国合金结构钢的合金化方案的特点。

7. 为什么低合金高强钢用锰作为主要的合金元素？

8. 试述渗碳钢和调质钢的合金化及热处理特点。

9. 有两种高强螺栓，一种直径为10mm，另一种直径为30mm，都要求有较高的综合力学性能：$\sigma_b \geqslant 800$MPa，$\alpha_k \geqslant 25$J/cm^2。试问应选择什么材料及热处理工艺？

10. 为什么合金弹簧钢以硅为重要的合金元素？为什么要进行中温回火？

11. 轴承钢为什么要用铬钢？为什么对非金属夹杂限制特别严格？

12. 简述高速钢的化学成分、热处理特点和性能特点，并分析合金元素的作用。

13. W18Cr4V 钢的 Ac_1 约为 820℃，若以一般工具钢 Ac_1＋30～50℃的常规方法来确定其淬火加热温度，最终热处理后能否达到高速切削刀具所要求的性能？为什么？其实际淬火温度是多少？W18Cr4V 钢刀具在正常淬火后都要进行 560℃三次回火，这又是为什么？

14. 不锈钢的固溶处理与稳定化处理的目的各是什么？

15. 试分析 30CrMnTi 钢和 1Cr18Ni9Ti 钢中 Ti 的作用。

16. 试分析珠光体、马氏体和奥氏体耐热钢提高强度的主要手段。

17. 试分析合金元素 Cr 在 40Cr、GCr15、CrWMn、1Cr13、1Cr18Ni9Ti、4Cr9Si2 等钢中的作用。

18. 试就下列四个钢号：20CrMnTi、65、T8、40Cr 讨论如下问题：

（1）在加热温度相同的情况下，比较其淬透性和淬硬性，并说明理由；

（2）各种钢的用途，热处理工艺，最终的组织。

19. 指出表 1-3-3 各类钢中的合金元素的主要作用。

表 1-3-3　综合分析题 19 图

钢　　号	元　　素	合金元素的主要作用	钢　　号	元　　素	合金元素的主要作用
20CrMnTi	Ti		40CrNiMo	Mo	
GCr15	Cr		ZGMn13	Mn	
60Si2Mn	Si		1Cr18Ni9	Ni	
W18Cr4V	V		40MnB	B	

20. 20Cr 钢渗碳零件，表层的金相组织为马氏体和网状渗碳体，心部为马氏体和大量块状铁素体，试问：

（1）表层和心部的马氏体形态如何？

（2）经过何种热处理才能得到这种组织？

21. 用 20CrMnTi 制造的齿轮，经渗碳、淬火低温回火后，进行磨削加工。磨完后发现表面有很多磨削裂纹。在检查渗碳层金相组织时，发现表面有一薄层白色的马氏体组织，次层为回火索氏体，试解释这一现象。

22. 吊环零件，原用进口图纸，选材为 35 钢，正火后使用，吊环尺寸庞大，达 296kg，十分笨重。现改用低碳马氏体钢 20CrMn2MoVA，淬火、低温回火后使用，质量较前减轻了两倍，只有 98kg，深受用户的欢迎。试从改进前后两种钢材热处理后的组织、性能分析大大减轻重量的原因。

第九章　铸　　铁

一、名词解释

石墨化、孕育（变质）处理、球化处理、石墨化退火。

二、填空题

1. 白口铸铁中碳主要以（　　）的形式存在，灰口铸铁中碳主要以（　　）形式存在。

2. 普通灰铸铁、可锻铸铁、球墨铸铁及蠕墨铸铁中石墨的形态分别为（　　）状、（　　）状、（　　）状和（　　）状。

3. 铸铁的基体有（　　）、（　　）、（　　）三种。

4. QT500-05 牌号中，QT 表示（　　），数字 500 表示（　　），数字 05 表示（　　）。
5. HT250 是（　　）铸铁，250 表示（　　）。
6. 促进石墨化的元素有（　　）、（　　），阻碍石墨化的元素有（　　）、（　　）。
7. 铸铁的石墨化过程分为三个阶段，分别为（　　）、（　　）、（　　）。
8. 可锻铸铁件的生产方法是先（　　），然后再进行（　　）。
9. 生产孕育（变质）铸铁选用（　　）作为孕育（变质）剂。
10. 生产球墨铸铁选用（　　）作为球化剂。
11. 灰口铸铁的力学性能主要取决于（　　）。
12. 机架和机床床身应选用（　　）铸铁。
13. 影响石墨化的主要因素有（　　）和（　　）。
14. 球墨铸铁的强度、塑性和韧性均较普通灰口铸铁高，这是因为（　　）。

三、是非题

1. 铸铁可以经过热处理改变基体组织和石墨形态。（　　）
2. 可锻铸铁在高温时可以进行锻造加工。（　　）
3. 石墨化的第三阶段不易进行。（　　）
4. 可以通过球化退火使普通灰口铸铁变成球墨铸铁。（　　）
5. 球墨铸铁可以通过调质处理和等温淬火工艺提高其力学性能。（　　）
6. 采用热处理方法，可以使灰铸铁中的片状石墨细化，从而提高其力学性能。（　　）
7. 铸铁可以通过再结晶退火使晶粒细化，从而提高其力学性能。（　　）
8. 灰铸铁的减振性能比钢好。（　　）

四、选择题

1. 铸铁石墨化过程的第一、二、三阶段完全进行，其显微组织为（　　）
(a) F+G　　(b) F+P+G　　(c) P+G
2. 铸铁石墨化过程的第一、二阶段完全进行，第三阶段部分进行，其显微组织为（　　）
(a) F+G　　(b) P+G　　(c) F+P+G
3. 铸铁石墨化过程的第一、二阶段完全进行，第三阶段未进行，其显微组织为（　　）
(a) F+P+G　　(b) P+G　　(c) F+G
4. 提高灰口铸铁的耐磨性应采用（　　）
(a) 整体淬火　　(b) 渗碳处理　　(c) 表面淬火
5. 普通灰铸铁的力学性能主要取决于（　　）
(a) 基体组织　　(b) 石墨的大小和分布　　(c) 石墨化程度
6. 现有下列灰口铸铁，请按用途选材
(a) HT250　　(b) KTH350-10　　(c) QT600-02
①机床床身（　　）　　②汽车前后轮壳（　　）　　③柴油机曲轴（　　）
7. 灰口铸铁磨床床身薄壁处出现白口组织，造成切削加工困难。解决的办法是（　　）
(a) 改用球墨铸铁　　(b) 正火处理
(c) 软化退火　　(d) 等温淬火
8. 在下列铸铁中可采用调质、等温淬火工艺方法获得良好综合力学性能的是（　　）
(a) 灰铸铁　　(b) 球墨铸铁
(c) 可锻铸铁　　(d) 蠕墨铸铁

五、综合分析题

1. 试述铸铁的石墨形态对性能的影响。

2. 某工厂轧制用的轧辊，采用铸铁制造，根据轧辊的工作条件，表面要求高硬度，因而希望表层为白口铁，由于轧辊还承受很大的弯曲应力，要求材料具有足够的强度和韧性，故希望心部为灰口铸铁，为了满足这些要求，铸铁的化学成分应如何选择？应采用什么方法铸造？

3. 生产中出现下列不正常现象，应采取什么有效措施加以防止或改善？

(1) 灰口铸铁的磨床床身铸造后就进行切削加工，加工后发生了不允许的变形；

(2) 灰口铸铁件薄壁处出现白口组织，造成切削加工困难。

4. 试比较各类铸铁之间性能的优劣顺序，与钢相比较铸铁性能有什么优缺点？

5. 白口铸铁、灰口铸铁和碳钢的成分、组织和性能有何主要区别？

6. 为什么一般机器的支架、机床的床身常用灰口铸铁制造？

7. 指出下列铸铁的类别、用途及性能的主要指标。

(1) HT250、HT350。

(2) QT420-10、QT1200-1。

8. 下列工件宜选择何种特殊性能的铸铁制造？

(1) 磨床导轨；(2) 用于1000～1100℃加热炉的底板；(3) 耐蚀容器。

第十章　有色金属及其合金

一、名词解释

固溶处理、时效硬化、黄铜、锡青铜、巴氏合金。

二、填空题

1. ZL110是（　　）合金，其组成元素为（　　）。

2. HSn70-1是（　　）合金，其含Sn量为（　　）%。

3. QA17是（　　）合金，其组成元素为（　　）。

4. TC4是（　　）型的（　　）合金。

三、选择题

1. HMn58-2中含Mn量为（　　）

(a) 0%　　(b) 2%

(c) 58%　　(d) 40%

2. ZChSnSb8-4是（　　）

(a) 铸造铝合金　　(b) 铸造黄铜

(c) 铸造青铜　　(d) 滑动轴承合金

3. 5A06 (LF6) 的（　　）

(a) 铸造性能好　　(b) 强度高

(c) 耐蚀性好　　(d) 时效强化效果好

4. 对于可热处理强化的铝合金，其热处理方法为（　　）

(a) 淬火+低温回火　　(b) 完全退火

(c) 水韧处理　　(d) 固溶+时效

四、是非题

1. 所有的铝合金都可以通过热处理予以强化。（　　）

2. 铅黄铜加铅是为了提高合金的切削加工性。（　　）

3. ZChSnSb8-4 是在软基体上分布硬颗粒的滑动轴承合金。（　　）

4. 若铝合金的晶粒粗大，可以重新加热予以细化。（　　）

五、综合分析题

1. 铝合金性能有哪些特点？

2. 分析 4%Cu 的 Al-Cu 合金固溶处理与 45 钢淬火两种工艺的不同点及相同点。

3. 什么是硅铝明？为什么硅铝明具有良好的铸造性能？硅铝明采用变质处理的目的是什么？

4. ZL102 铸态（未变质处理）、ZL102 铸态（变质处理后）、H62 退火状态、锡基巴氏合金 ZChSnSb11-6 铸态的组织各是什么？

5. 说出下列材料常用的强化方法：H70、45 钢、HT150、0Cr18Ni9、2A12。

6. 说出下列材料的类别，各举一个应用实例：2A12、ZL102、H62、ZChSnSb11-6、QBe2。

例如：5A05，防锈铝合金，可制造油箱。

第十一章　其他工程材料

一、名词解释

单体、链段、聚合度、塑料、橡胶、纤维、热塑性塑料、热固性塑料、陶瓷、玻璃陶瓷、复合材料、玻璃钢、纤维复合材料。

二、填空题

1. 线型无定形高聚物的三种物理力学状态为（　　）、（　　）、（　　）。

2. 在高分子材料中，大分子链中原子之间的结合键是（　　），而大分子链之间的结合键是（　　）。

3. 橡胶在液氮温度（−170℃）呈现（　　）物理状态。

4. 塑料按合成树脂的特性可分为（　　）和（　　），按照用途可分为（　　）和（　　）。

5. 陶瓷材料中存在（　　）、（　　）和（　　）三种基本相；其中对性能影响最大的是（　　）相。

6. 根据合成方法的不同，聚乙烯可分为（　　）、（　　）、（　　）和（　　）四种。

7. 四大通用塑料为（　　）、（　　）、（　　）和（　　）。

8. 陶瓷材料大致可分为（　　）、（　　）和（　　）。

9. 复合材料的增强材料主要是纤维，最常用的纤维为（　　），另外还有（　　）、（　　）等。

10. 复合材料按基体材料分类可分为（　　）、（　　）和（　　）。

11. 复合材料一般由（　　）相和（　　）相组成。影响复合材料性能的因素很多，主要有（　　）材料的性能、含量及分布情况，（　　）材料的性能、含量，以及它们之间的界面结合情况。

12. 复合材料中基体有三种主要作用（　　）、（　　）和（　　）。

13. 颗粒复合材料中增强相和基体相的作用分别为（　　）和（　　）；颗粒复合材料的强度通常取决于颗粒的（　　）、（　　）和（　　）。

三、是非题

1. 聚合物由单体组成，聚合物的成分就是单体的成分。（ ）
2. 分子量大于500的化合物称高分子化合物。（ ）
3. 合成大分子链的最小的基本结构单元称为单体。（ ）
4. 高分子材料按其结构可分为塑料、橡胶、纤维、涂料、胶黏剂等。（ ）
5. 橡胶材料的玻璃化温度高于室温。（ ）
6. 陶瓷材料中有晶体相、固溶体相和气相共存。（ ）
7. 高聚物的结晶度增加，与链运动有关的性能，如弹性、延伸率等则提高。（ ）
8. 凡在室温下处于玻璃态的高聚物就称为塑料。（ ）
9. 聚四氟乙烯的摩擦系数很小，在无润滑或少润滑的工作条件下是极好的耐磨减磨材料。（ ）
10. 高分子的一次结构主要指化学结构，除非化学键遭到破坏，一般这种结构形态不会改变。（ ）
11. 玻璃钢是玻璃和钢组成的复合材料。（ ）
12. 纤维和基体之间的结合强度越高越好。（ ）
13. 纤维增强复合材料中，纤维直径越小，增强效果越明显。（ ）
14. 复合材料中，通常有一相为连续相，称为基体，另一相为分散相，称为增强材料。（ ）

四、选择题

1. 用来合成高聚物的低分子化合物称为（ ）

(a) 链节　(b) 单体　(c) 链段

2. 塑料制品的玻璃化温度（ ）为好，橡胶制品的玻璃化温度（ ）为好

(a) 低，高　(b) 高，低　(c) 高，高

3. 聚氯乙烯是一种（ ）

(a) 热固性塑料，可制作化工排污管道

(b) 热塑性塑料，可制作导线外皮等绝缘材料

(c) 合成橡胶，可制作轮胎

4. 陶瓷材料的弹性模量一般比低碳钢（ ）而比橡胶（ ）

(a) 小，大　(b) 大，小　(c) 大，大

5. Al_2O_3陶瓷材料可制作（ ）

(a) 瓷瓶　(b) 坩埚　(c) 刀具

6. 下列塑料中密度最小的是

(a) 聚乙烯　(b) 聚丙烯　(c) 聚氯乙烯

7. 橡胶的弹性极高，其弹性变形量可达（ ）

(a) 30%　(b) 100%　(c) 100%～1000%

8. 下列属于热固性塑料的有（ ）

(a) PA　(b) PP　(c) 环氧树脂

9. 哪种橡胶适合做油箱的密封垫圈（ ）

(a) 丁苯橡胶　(b) 丁腈橡胶　(c) 氯丁橡胶

10. 颗粒增强复合材料中，颗粒直径为（ ）时增强效果最好

(a) $<0.01\mu m$　(b) $0.01\sim0.1\mu m$　(c) $>0.1\mu m$

五、简答题

1. 聚合物的近程结构主要影响材料的哪些性能？

2. 高分子的构型与构象有何不同？

3. 与低分子化合物相比，聚合物在结构上有哪些主要特征？

4. 陶瓷性能的主要缺点是什么？分析其原因，并指出改进方法。

5. 塑料的主要成分都是什么？它们各起什么作用？

6. 下列材料中哪些具有各向异性，那些没有各向异性？
单晶体纯铁、多晶体铜、玻璃、结晶性塑料、经拉伸后的高聚物纤维（形变量400%）。

7. ABS树脂是由哪些单体合成的？这些单体带给ABS树脂哪些优良的性能？

8. 复合材料有哪些特点？

9. 复合材料有哪些优越的性能？

10. 叙述树脂基、金属基、陶瓷基三种基体的纤维增强复合材料的性能特点及用途。

第十二章　机器零件的失效与选材

一、名词解释

失效、失效分析、变形失效、断裂失效、表面损伤、韧-脆转变温度、断裂韧性。

二、填空题

1. 零件失效形式的三种基本类型是（　　）、（　　）、（　　）。

2. 机器零件选材的三大基本原则是（　　）、（　　）、（　　）。

3. 弹性失稳失效的选材指标为（　　），过量塑性变形失效的选材指标为（　　），快速断裂失效的选材指标为（　　）。

4. 尺寸较大（分度圆直径 d＞400～600mm）、形状较复杂而不能锻造的齿轮可用（　　）制造；在无润滑条件下工作的低速无冲击齿轮可用（　　）制造；要求表面硬、心部强韧的重载齿轮必须用（　　）制造。

5. 对承载不大、要求传递精度较高的机床齿轮，通常选用（　　）材料经（　　）热处理制造。而对要求表面高硬度、耐磨性好，心部强韧性好的重载齿轮，则通常选用（　　）材料经（　　）热处理制造。

6. 汽轮机水冷壁管（爆管失效）用（　　）制造；汽车发动机连杆（过量变形或断裂失效）用（　　）制造；燃气轮机叶片（蠕变失效）用（　　）制造。

7. 连杆螺栓工作条件繁重，要求较高的强度和较高的冲击韧性，应选用（　　）材料。

8. 木工刀具应选（　　）材料，进行（　　）热处理。

三、是非题

1. 最危险的、会带来灾难性后果的失效形式是低应力脆断、疲劳断裂和应力腐蚀开裂，因为在这些断裂之前没有明显的征兆，很难预防。（　　）

2. 零件失效的原因可以从设计不合理、选材错误、加工不当和安装使用不良四个方面去找。（　　）

3. 武汉长江大桥用碳素结构钢Q195建造，虽16Mn钢比碳素结构钢Q195贵，但南京长江大桥采用16Mn钢是符合选材的经济性原则的。（　　）

4. 只要零件尺寸和处理条件相同，手册中给出的数据是可以采用的。（　　）

5. 某工厂某年发生汽轮机叶片飞出的严重事故。该汽轮机由多段转子组成。检查发现，

飞出叶片转子的槽发生了明显的变形，而未飞出叶片的转子的槽没有变形。因此可以断定，失效转子的钢材用错了。（　　）

6. 火箭发动机壳体选作某超高强度钢制造，总是发生脆断，所以应该选用强度更高的钢材。（　　）

7. 载重汽车变速箱齿轮选用20CrMnTi钢制造，其工艺路线是：下料→锻造→渗碳→预冷淬火→低温回火→机加工→正火→喷丸→磨齿。（　　）

8. C618机床变速箱齿轮选用45钢制造，其工艺路线为：下料→锻造→正火→粗加工→调质→精加工→高频表面淬火→低温回火→精磨。（　　）

四、选择题

1. 弹性失稳属于（　　）失效，热疲劳属于（　　）失效，接触疲劳属于（　　）失效，应力腐蚀属于（　　）失效，蠕变属于（　　）失效。

(a) 变形类型　　(b) 断裂类型　　(c) 表面损伤类型

2. 某化肥厂由国外进口的30万吨氨合成塔，在吊装时吊耳与塔体连接的12个螺栓全部突然断裂。经检验，螺栓材料为与热轧20钢相近的碳钢，强度不高。显然，事故是由（　　）引起的，原因乃（　　）错误。

(a) 塑性断裂　　(b) 脆性断裂

(c) 选材　　(d) 热处理

3. C618机床变速箱齿轮工作转速较高，性能要求：齿的表面硬度50～56HRC，齿心部硬度22～25HRC，整体强度$\sigma_b=760\sim800\text{MPa}$，整体韧性$\alpha_k=40\sim60\text{J/cm}^2$。应选（　　）钢并进行（　　）处理。

(a) 45　　(b) 20CrMnTi

(c) 调质＋表面淬火＋低温回火　　(d) 渗碳＋淬火＋低温回火

4. 大功率内燃机曲轴选用（　　）；中吨位汽车曲轴选用（　　）；C620车床主轴选用（　　）；精密镗床主轴应选用（　　）。

(a) 45　　(b) 球墨铸铁

(c) 38CrMoAl　　(d) 合金球墨铸铁

5. 高精度磨床主轴用38CrMoAl制造，试在其加工工艺路线上，填入热处理工序名称。

锻造→（　　）→粗机加工→（　　）→精机加工→（　　）→粗磨加工→（　　）→精磨加工。

(a) 调质　　(b) 氮化

(c) 消除应力　　(d) 退火

6. 现有下列钢号：①Q235；②W18Cr4V；③5CrNiMo；④60Si2Mn；⑤ZGMn13；⑥Q345（16Mn）；⑦1Cr13；⑧20CrMnTi；⑨9SiCr；⑩1Cr18Ni9Ti；⑪T12；⑫40Cr；⑬GCr15；⑭Cr12MoV；⑮12Cr1MoV。

请按用途选择钢号：

(1) 制造机床齿轮应选用（　　）；

(2) 制造汽车板簧应选用（　　）；

(3) 制造滚动轴承应选用（　　）；

(4) 制造高速车刀应选用（　　）；

(5) 制造桥梁应选用（　　）；

(6) 制造大尺寸冷模具应选用（　　）；

(7) 制造耐酸容器应选用（　　）；

（8）制造锉刀应选用（　　）。

五、综合分析题

1. 机器零件或试样的尺寸越大，在相同的热处理条件下力学性能越低，此即所谓尺寸效应。请解释其道理，并在选材时予以注意。

2. 机器零件的图纸上，在标题栏中注明材料的同时，常在适当的地方注明其热处理技术条件，包括热处理的工艺和要求达到的硬度（例如：调质处理，硬度220～240HB）。请问这是什么意思？有什么根据？

3. 图1-3-13为W18Cr4V钢制螺母冲头，材料和热处理都无问题，但使用中从A处断裂。请分析原因，并提出改进意见。

4. 一从动齿轮，用20CrMnTi钢制造，使用一段时间后严重磨损，齿已磨光，如图1-3-14所示。从齿轮A、B、C三点取样进行化学、金相和硬度分析，结果如下：

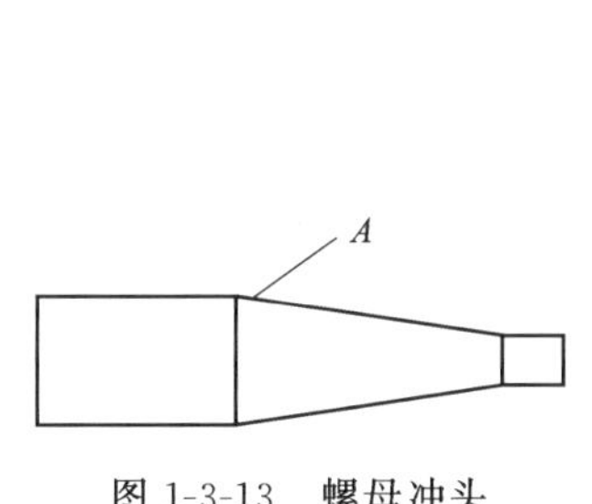

图1-3-13　螺母冲头

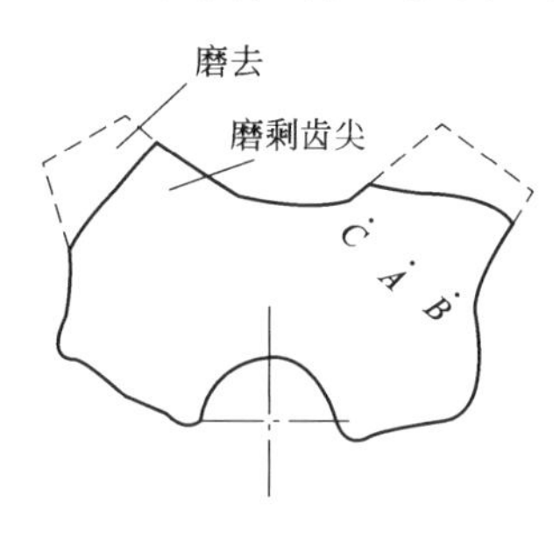

图1-3-14　磨损了的从动齿轮

A点　碳含量1.0%　组织S+碳化物　硬度30HRC

B点　碳含量0.8%　组织S　硬度26HRC

C点　碳含量0.2%　组织F+S　硬度86HRB

据查，齿轮的制造工艺是：锻造→正火→机加工→渗碳→预冷淬火→低温回火→磨加工，并且与该齿轮同批加工的其他齿轮没有这种情况。试分析该齿轮失效的原因。

5. 一尺寸为ϕ30mm×250mm的轴，用30钢制造，经高频表面淬火（水冷）和低温回火，要求摩擦部分表面硬度达50～55HRC，但使用过程中摩擦部分严重磨损。试分析失效原因，并提出解决问题的办法。

6. 某工厂用T10钢制造钻头，给一批铸铁件打ϕ10mm的深孔，但打几个孔后钻头即很快磨损。据检验，钻头的材质、热处理、金相组织和硬度都合格。问失效的原因和解决问题的方案。

7. 高精度磨床主轴，要求变形小，表面硬度高（$HV>900$），心部强度好，并有一定的韧性。问应选用什么材料，采用什么工艺路线？

8. 有一用45钢制作的轴，最终热处理为淬火（水淬）和低温回火，使用过程中摩擦部分严重磨损，在其表面取样进行金相分析，其金相组织为不规则的白色区域和黑色区域。根据显微硬度分析，白色区域为80HB，黑色区域为630HBW（已将显微硬度值换算为布氏硬度值），试分析此轴失效原因。

9. 有一个45钢制造的变速箱齿轮，其加工工序为：下料→锻造→正火→粗机加工（车）→调质→精机加工（车、插）→高频表面淬火→低温回火→磨加工。说明各热处理工序的目的及使用状态下的组织。

10. 用15钢制作一要求耐磨的小轴（直径20mm），其工艺路线为：下料→锻造→正火→机加工→渗碳→淬火→低温回火→磨加工。说明各热处理工序的目的及使用状态下的组织。

11. 指出下列零件在选材和制定热处理技术条件中的错误，并提出改正意见。

(1) 表面耐磨的凸轮，材料用45号钢，热处理技术条件：淬火+回火，60～50HRC；

(2) 直径300mm，要求良好综合力学性能的传动轴，材料用40Cr，热处理技术条件40～45HRC；

(3) 弹簧（ϕ15mm），材料45钢，热处理技术条件：淬火+中温回火，55～50HRC；

(4) 转速低，表面耐磨及心部要求不高的齿轮，材料用45钢，热处理技术条件为：渗碳、淬火+低温回火，58～62HRC；

(5) 要求拉杆（ϕ70mm）截面上的性能均匀，心部σ_b>900MPa，材料用40Cr，热处理技术条件为：调质200～300HB。

12. 已知下面零件的工作条件，试确定和分析如下几个问题：

(1) 选择材料；

(2) 提出热处理技术要求；

(3) 拟定零件加工工艺路线；

(4) 分析热处理工序的作用；

(5) 分析零件最终的组织特征和性能特点。

(一) C6140车床变速箱齿轮，$m=2$，$Z=36$，如图1-3-15所示

工作条件：中速、中载、工作平稳；

主要损坏形式：断齿、齿面磨损，齿面接触疲劳剥落。

(二) AC-400A型水泥车变速箱齿轮，$m=7$，$Z=39$，如图1-3-16所示

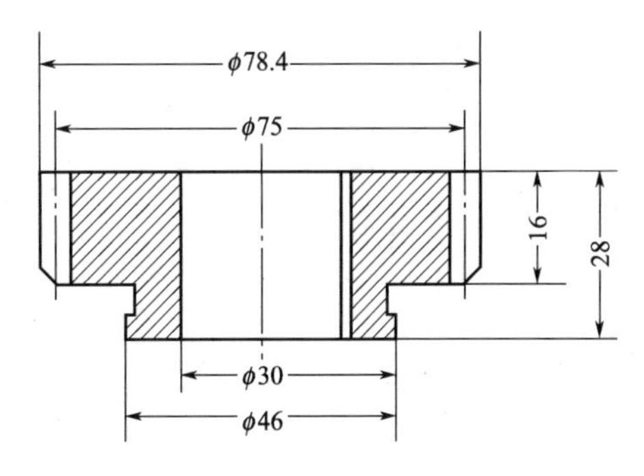

图1-3-15 C6140车床变速箱齿轮

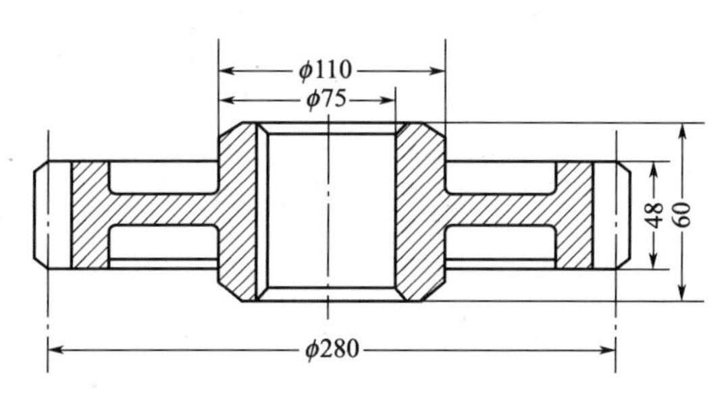

图1-3-16 AC-400A型水泥车变速箱齿轮

工作条件：高速、中载、较大冲击；

主要损坏方式：断齿、齿面磨损，齿面接触疲劳剥落。

(三) 图1-3-17所示为某压缩机的连杆螺栓

工作条件：承受较重的交变拉伸载荷，冲击负荷也较大；

主要损坏方式：过量塑性变形或疲劳断裂。

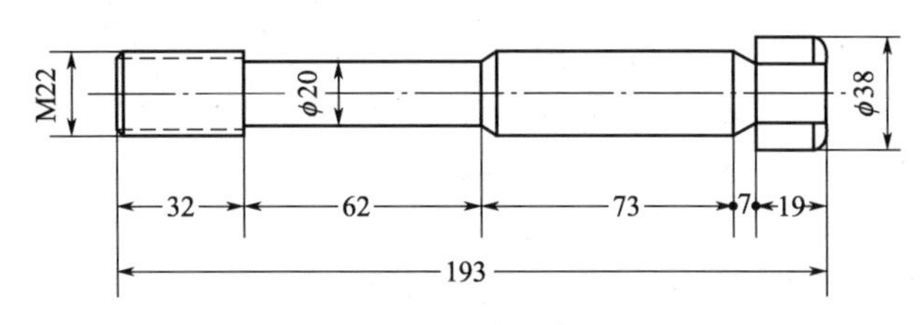

图1-3-17 连杆螺栓

（四）图 1-3-18 所示为某压缩机十字头销

工作条件：承受较轻的非对称交变负荷，有一定冲击，表面受严重的磨损；

主要损坏方式：表面磨损，有时有断裂现象。

（五）有一变速轴，如图 1-3-19 所示

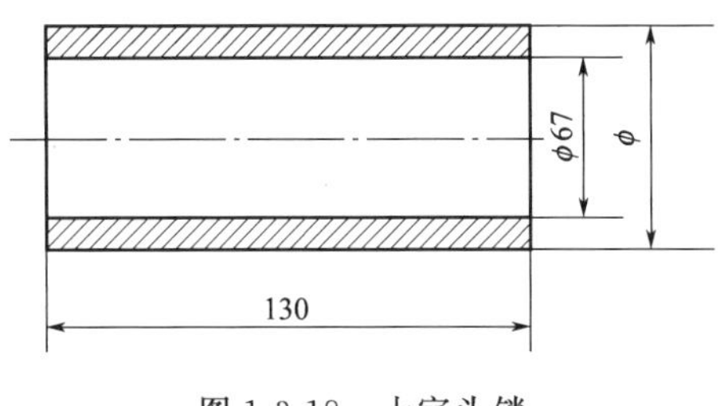

图 1-3-18　十字头销

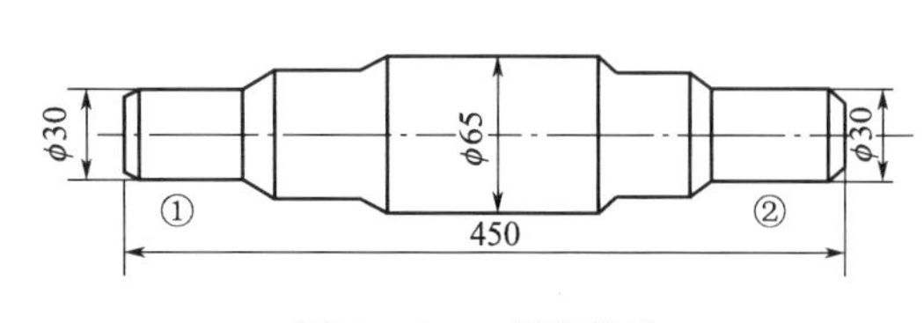

图 1-3-19　变速箱轴

工作条件：在中速中载下传递转矩，受弯扭联合作用，有较大冲击，表面①、②受很大的压应力，并有较严重滑动摩擦；

主要损坏方式：疲劳断裂、过度磨损。

工程材料学自测题一

（一）填空题

1. 绝大多数金属的晶体结构都属于（　　）、（　　）和（　　）三种典型的紧密结构。

2. 液态金属结晶时，过冷度的大小与其冷却速度有关，冷却速度越大，金属的实际结晶温度越（　　），此时，过冷度越（　　）。

3.（　　）和（　　）是金属塑性变形的两种基本方式。

4. 形变强化是一种非常重要的强化手段，特别是对那些不能用（　　）方法来进行强化的材料。通过金属的（　　）可使其（　　）、（　　）显著提高。

5. 球化退火是使钢中（　　）球状化的退火工艺，主要用于（　　）和（　　）钢，其目的在于（　　），改善（　　）性能，并可为后面的（　　）工序作准备。

6. 共析碳钢奥氏体化过程包括（　　）、（　　）、（　　）和（　　）。

7. 高速钢需要反复进行锻造的目的是（　　）。

8. 材料的失效形式包括（　　）、（　　）和（　　）失效三种。

9. 共析钢等温转变在高温区、中温区和低温区的转变产物各是（　　）、（　　）和（　　）。

（二）是非题（请在正确的题后标出“√”，在错误的题后标出“×”）

1. 金属晶体各向异性的产生，与不同晶面和晶向上原子排列的方式和密度不同，致使原子的结合力大小不同等因素密切相关。（　　）

2. 合金的基本相包括固溶体、金属化合物和这两者的机械混合物三大类。（　　）

3. 在铸造生产中，为使铸件的晶粒细化，可通过降低金属型的预热温度来实现。（　　）

4. 淬火加高温回火处理称为调质处理。处理后获得回火索氏体组织，具有综合力学性能好的特点。（　　）

5. 固溶＋时效处理是铝合金的主要强化手段之一。（　　）

6. 65Mn 是低合金结构钢。（　　）

7. 马氏体是碳在 α-Fe 中的过饱和固溶体，由奥氏体直接转变而来，因此，马氏体与转变前的奥氏体的含碳量相同。 （ ）

8. 钢中合金元素含量越多，则淬火后钢的硬度越高。 （ ）

9. 某钢材加热条件相同时，小件比大件的淬透性好。 （ ）

10. 铸铁中的可锻铸铁是可以进行锻造的。 （ ）

（三）画图和计算题

1. 分别画出纯铁（110）、（111）晶面及［111］、［110］晶向。并指出当纯铁在室温下进行拉伸加工时应该沿着上述的哪个晶面、晶向产生变形（即滑移）？

2. 按照下面给出的条件，示意画出二元合金的相图，并填出各区域的相组分或者组织组分（只填一种即可）。根据相图画出合金的硬度与成分的关系曲线。

已知：A、B 组元在液态时无限溶解，在固态时能形成共晶，共晶成分为含 B35%；A 组元在 B 组元中有限固溶、溶解度在共晶温度时为 15%，在室温时为 10%；B 组元在 A 组元中不能溶解。B 组元比 A 组元的硬度高。

3. 现有 A、B 两种铁碳合金。A 的显微组织为珠光体占 75%，铁素体占 25%；B 的显微组织为珠光体占 92%，二次渗碳体占 8%。请计算并回答：

（1）这两种铁碳合金按显微组织的不同分属于哪一类钢？

（2）这两种铁碳合金的含碳量各为多少？

4. 在拉拔铜材的过程中，需要进行中间退火时，其退火温度约为多少？（即确定其再结晶退火的温度，铜的熔点为 1083℃。）

（四）问答题

1. 某汽车齿轮选用 20CrMnTi 材料制作，其工艺路线如下：

下料 →锻造→正火①→切削加工→渗碳②、淬火③、低温回火④→喷丸→磨削加工

请分别说明上述①、②、③和④四项热处理工艺的目的及工艺参数。

2. 简答零件选材的原则。

3. 已知下列四种钢的成分，请按序号填出表格。

序　　号	C/%	Cr/%	Mn/%
1	0.42	1.00	—
2	1.05	1.50	—
3	0.20	1.00	—
4	0.16	—	1.40

序　　号	钢　　号	热处理方法	主要用途举例
1			
2			
3			
4			

工程材料学自测题二

（一）是非题（请在正确的题后标出“√”，在错误的题后标出“×”）

1. 金属面心立方晶格的致密度比体心立方晶格的致密度高。 （ ）

2. 实际金属在不同的方向上性能是不一样的。 ( )

3. 金属理想晶体的强度比实际晶体的强度高得多。 ( )

4. 金属结晶时，冷却速度越大，则晶粒越细。 ( )

5. 金属的加工硬化是指金属冷变形后强度和塑性提高的现象。 ( )

6. 在室温下，金属的晶粒越细，则强度越高和塑性越低。 ( )

7. 金属中的固溶体一般说塑性比较好，而金属化合物的硬度比较高。 ( )

8. 白口铸铁在高温时可以进行锻造加工。 ( )

9. 不论含碳量高低，马氏体的硬度都很高，脆性都很大。 ( )

10. 合金元素能提高 α 固溶体的再结晶温度，使钢的回火稳定性增大。 ( )

（二）画图和计算题

1. 在立方晶胞中，用影线和箭头表示出（110）、（111）和 [100]、[110]、[111]。

2. 工业纯铝在生活用具上应用很广。试根据纯铝的熔点（660℃）与再结晶温度的实验关系，确定工业纯铝的再结晶退火温度。（一般再结晶退火温度在最低再结晶温度以上100～200℃。）

3. 根据显微分析，某铁碳合金的组织中，珠光体的量约占 56%，铁素体的量约占 44%。请估算此合金的含碳量和大致的硬度。（已知珠光体的硬度为 200HBS，铁素体的硬度为 80HBS。）

（三）问答题

1. 在铁碳相图中存在着三种重要的固相，请说明它们的本质和晶体结构（如 δ 相是碳在 δ-Fe 中的固溶体，具有体心立方结构）。

α 相是（ ）；

γ 相是（ ）；

Fe_3C 相是（ ）。

2. 在铁碳相图中有四条重要线，请说明这些线上所发生的转变并指出生成物。（如：*HJB* 水平线，冷却时发生包晶转变，$L_B + \delta_H \Longleftrightarrow \gamma_J$ 形成 *J* 点成分的 γ 相。）

ECF 水平线，（ ）；

PSK 水平线，（ ）；

ES 线，（ ）；

GS 线，（ ）。

3. 画出三种钢的显微组织示意图，并标出其中的组织组成物。

4. 车床主轴要求轴颈部位的硬度为 56～58HRC，其余地方为 20～24HRC，其加工路线如下：锻造→正火→机加工→轴颈表面淬火→低温回火→磨加工。请说明：

（1）主轴应采用何种材料；

（2）正火的目的和大致处理工艺；

（3）表面淬火的目的和大致处理工艺；

（4）低温回火的目的和大致处理工艺；

（5）轴颈表面的组织和其余地方的组织。

（四）选择题

1. 钢的本质晶粒度 ( )

（a）是指钢在加热过程中刚完成奥氏体转变时的奥氏体的晶粒度

（b）是指钢在各种具体热加工后的奥氏体的晶粒度

（c）是指钢在规定的加热条件下奥氏体的晶粒度，它反映奥氏体晶粒长大的倾向性

2. 共析碳钢加热为奥氏体后，冷却时所形成的组织主要决定于 (　　)

(a) 奥氏体加热时的温度

(b) 奥氏体在加热时的均匀化程度

(c) 奥氏体冷却时的转变温度

3. 马氏体是 (　　)

(a) 碳在 α-Fe 中的固溶体　　(b) 碳在 α-Fe 中的过饱和固溶体

(c) 碳在 γ-Fe 中的固溶体　　(d) 碳在 γ-Fe 中的过饱和固溶体

4. 马氏体的硬度决定于 (　　)

(a) 冷却速度　　(b) 转变温度　　(c) 含碳量

5. 回火马氏体与马氏体相比，其综合力学性能 (　　)

(a) 好些　　(b) 差不多　　(c) 差些

6. 回火索氏体与索氏体相比，其综合力学性能 (　　)

(a) 好些　　(b) 差不多　　(c) 差些

7. 为使低碳钢便于机械加工，常预先进行 (　　)

(a) 淬火　　(b) 正火

(c) 球化退火　　(d) 回火

8. 为使高碳钢便于机械加工，可预先进行 (　　)

(a) 淬火　　(b) 正火

(c) 球化退火　　(d) 回火

9. 为使 45 钢得到回火索氏体，应进行 (　　)

(a) 淬火＋中温回火　　(b) 淬火＋高温回火　　(c) 等温淬火

10. 为使 65 钢得到回火托氏体，应进行 (　　)

(a) 淬火＋中温回火　　(b) 淬火＋高温回火

(c) 淬火＋低温回火　　(d) 直接油冷

11. 直径为 10mm 的 40 钢其常规整体淬火温度大约为 (　　)

(a) 750℃　　(b) 850℃　　(c) 920℃

12. 40 钢正确淬火后的组织为 (　　)

(a) 马氏体　　(b) 马氏体＋残余奥氏体

(c) 马氏体＋渗碳体　　(d) 铁素体＋马氏体

13. 直径为 10mm 的 T10 钢其常规整体淬火温度大约为 (　　)

(a) 760℃　　(b) 850℃　　(c) 920℃

14. T10 钢正确淬火后的组织为 (　　)

(a) 马氏体　　(b) 马氏体＋残余奥氏体

(c) 马氏体＋渗碳体　　(d) 马氏体＋渗碳体＋残余奥氏体

15. 钢的淬透性主要取决于 (　　)

(a) 含碳量　　(b) 合金元素含量　　(c) 冷却速度

16. 钢的淬硬性主要取决于 (　　)

(a) 含碳量　　(b) 合金元素含量　　(c) 冷却速度

17. T12 钢与 18CrNiW 钢相比 (　　)

(a) 淬透性低而淬硬性高些　　(b) 淬透性高而淬硬性低些

(c) 淬透性高，淬硬性也高　　(d) 淬透性低，淬硬性也低些

18. 用低碳钢制造在工作中受较大冲击载荷和表面磨损较大的零件，应该 (　　)

(a) 采用表面淬火处理　(b) 采用渗碳处理　　(c) 采用氮化处理

(五) 填空题

1. W18Cr4V 钢的含碳量是（　　）；W 的主要作用是（　　）；Cr 的主要作用是（　　）；V 的主要作用是（　　）。

2. 指出下列牌号的钢是哪种类型钢（填空），并举出应用实例。

(1) 16Mn 是（　　），可制造（　　）。

(2) 20CrMnTi 是（　　），可制造（　　）。

(3) 40Cr 是（　　），可制造（　　）。

(4) 60Si2Mn 是（　　），可制造（　　）。

(5) GCr15 是（　　），可制造（　　）。

3. 铸铁的应用（填空和用选择题后给出的合适实例填空，只填一种）。

(1) 白口铸铁中碳主要以（　　）形式存在，这种铸铁可以制造（　　）(曲轴，底座，犁铧)。

(2) 灰口铸铁中碳主要以（　　）的形式存在，这种铸铁可以制造（　　）(机床床身，曲轴，管接头)。

(3) 可锻铸铁可以制造（　　）(机床床身，管接头，暖气片)。

(4) 球墨铸铁可以制造（　　）(曲轴，机床床身，暖气片)。

第四部分　复习思考题与自测题参考答案

第一章　材料的性能

一、名词解释

σ_b：抗拉强度。

σ_s：屈服强度。

$\sigma_{0.2}$：条件屈服强度。

σ_{-1}：疲劳强度。

δ_5：延伸率（$l_0=5d_0$）。

α_k：冲击韧性。

HB：布氏硬度。

HRC：洛氏硬度。

二、填空题

1. δ；ψ；ψ；
2. 洛氏硬度 *HRC*；较软；
3. 疲劳；
4. 铸造；锻压；焊接；热处理；切削加工；
5. α_k；J/m^2；
6. 塑性变形；断裂；抗拉强度；屈强比。

三、选择题

1. （b）σ_s；
2. （c）增加截面积；
3. （b）以下；
4. （b）δ；
5. （b）800HV。

四、综合分析题

1. 答　在设计机械时多用 σ_b 和 σ_s 两种强度指标。因为绝大多数机器零件，如紧固螺栓等，在工作时都不允许产生明显塑性变形，常用 σ_s 或 $\sigma_{0.2}$ 作为设计依据。但从保证零件不产生断裂的安全角度出发，同时考虑到 σ_b 的测量方便，也往往将 σ_b 作为零件设计的依据，但要采用更大的安全系数。

2. 答　设计刚度好的零件，一般应根据弹性模量来选择材料。按照使用条件的不同，可选用金属材料和复合材料等。材料的 E 值越大，其塑性越差，这种说法不完全正确，因为零件的刚度除取决于材料的 E 外，还与零件的结构因素有关。

3. 答　标距不同的延伸率不能进行比较。对于拉伸时形成缩颈的材料来说，δ 值大小包括均匀变形部分延伸率和缩颈部分的集中变形延伸率两个部分。对同一材料制成的几何形状相似的试样，均匀变形延伸率和试样尺寸无关，集中变形延伸率和 $\sqrt{F_0}/L_0$ 比值有关。用 $l_0=10d_0$ 及 $l_0=5d_0$（d_0 为试样的原始直径）两种圆形试样所测得的延伸率 δ_{10}（通常就表示为 δ）和 δ_5 数值是不同的，$\delta_5\approx1.2\delta_{10}$。在用延伸率比较材料的塑性大小时，只有相同符号的延伸率才有可比性。

4. 答　已知：$d_0=2.5\text{mm}$；$l_0=3000\text{mm}$；$P=4900\text{N}$；$E=205\text{GPa}$。

所受的应力为
$$\sigma=\frac{P}{F_0}=\frac{P}{\pi\times\left(\frac{d_0}{2}\right)^2}=\frac{4900}{3.14\times\left(\frac{2.5}{2}\right)^2}=998.73\text{N/mm}^2$$

假定钢丝的变形在弹性变形范围内，则

由 $E=\frac{\sigma}{\varepsilon}$ 得　　$\varepsilon=\frac{\sigma}{E}=\frac{998.73}{205000}=4.872\times10^{-3}$

由 $\varepsilon=\frac{\Delta l}{l_0}=\frac{l_1-l_0}{l_0}$ 得　$\Delta l=l_0\times\varepsilon=3000\times4.872\times10^{-3}=14.616\text{mm}$

即钢丝伸长了 14.616mm。

第二章　金属的晶体结构

一、名词解释

致密度：金属晶胞中原子本身所占有的体积百分数称为晶格的致密度。

晶体：原子（或分子）在三维空间作有规律的周期性重复排列的固体，具有固定的熔点、规则的几何外形和各向异性的特性。

单晶体的各向异性：由原子排列位向或方式完全一致的晶格组成的晶体，称为单晶体。单晶体在不同方向上性能不同的现象，叫做单晶体的各向异性。

位错：一种线缺陷，两维尺度很小而第三维尺度很大的缺陷。

二、填空题

1. 原子以金属键结合，原子排列具有规律性，形成晶体；
2. 晶体有固定的熔点，原子排列具有规律性，各向异性；
3. 晶界；亚晶界；
4. 刃型位错；螺型位错；刃型位错；
5. (110)；(101)；(011)；$(\bar{1}10)$；$(\bar{1}01)$；$(0\bar{1}1)$；
6. 空位；间隙原子；
7. 4；2；
8. 大。

三、是非题

1. ×；2. ×；3. √；4. ×；5. ×；6. √；7. √；8. √。

四、选择题

1. (b) 互相垂直；
2. (c) 线缺陷；
3. (b) 位错垂直排列成位错墙而构成；
4. (b) [110]；
5. (b) 伪各向同性；
6. (b) 体心立方和面心立方。

五、综合分析题

1. $OO'B'B$：$(\bar{1}10)$；$\overrightarrow{OB}$：[110]；

ODC'：$(2\bar{1}1)$；$\overrightarrow{OC}$：[010]；

$AA'C'C$：(110)：$\overrightarrow{OD}$：[120]；

$AA'D'D$：(210)：$\overrightarrow{OD}$：[122]。

2. 如图 1-4-1 所示晶面：(110)；(112)；(120)；(234)；$(1\bar{3}2)$。

如图 1-4-2 所示晶向：[111]；[132]；[210]；$[12\bar{1}]$。

3. 答　常见的金属晶体结构有以下几种。

(1) 体心立方：晶胞中的原子数为 2，原子直径 $d=\dfrac{\sqrt{3}}{2}a$，如 α-Fe，Cr，V；

(2) 面心立方：晶胞中的原子数为 4，原子直径 $d=\dfrac{\sqrt{2}}{2}a$，如 γ-Fe，Al，Cu，Ni，Pb；

(3) 密排六方：晶胞中的原子数为 6，原子直径 $d=a$，如 Mg，Zn。

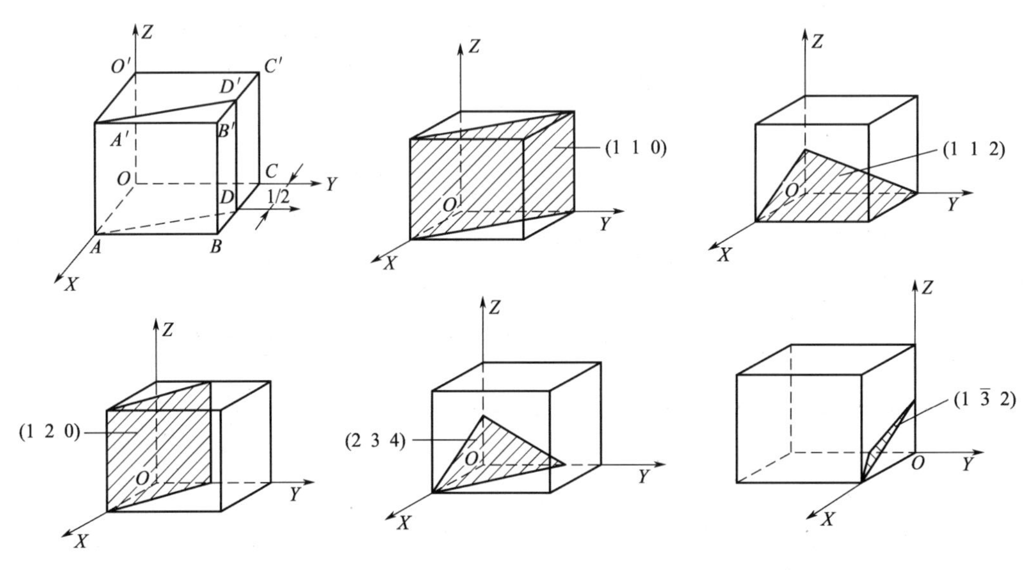

图 1-4-1　各晶面示图

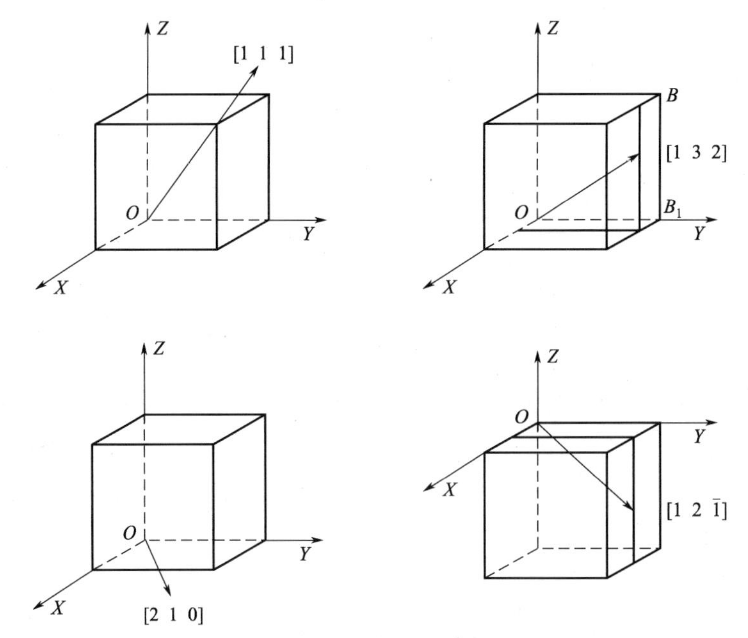

图 1-4-2　各晶向示图

4. 答　(1) 体心立方

原子最密排晶面 $\{110\}$，晶面密度（原子数/面积）$=\dfrac{4\times\dfrac{1}{2}}{\sqrt{2}a\times a}=\dfrac{\sqrt{2}}{a^2}$；

原子最密排晶向 $\langle 111\rangle$，晶向密度（原子数/长度）$=\dfrac{1+2\times\dfrac{1}{2}}{\sqrt{3}a}=\dfrac{2}{\sqrt{3}a}$。

(2) 面心立方

原子最密排晶面 $\{111\}$，晶面密度（原子数/面积）$=\dfrac{3\times\dfrac{1}{2}+3\times\dfrac{1}{6}}{\dfrac{1}{2}\times\dfrac{\sqrt{3}}{2}a\times a}=\dfrac{8}{\sqrt{3}a^2}$；

原子最密密晶向 $\langle 110\rangle$，晶向密度（原子数/长度）$=\dfrac{1+2\times\dfrac{1}{2}}{\sqrt{2}a}=\dfrac{\sqrt{2}}{a}$。

5. 答　α-Fe；$a=0.287\text{nm}$

$$r=\frac{\sqrt{3}}{4}a=\frac{\sqrt{3}}{4}\times 0.287=0.124\text{nm}$$

$$\text{致密度 } K=\frac{nv}{V}=\frac{2\times\frac{4}{3}\pi r^3}{a^3}=\frac{2\times\frac{4}{3}\pi\left(\frac{\sqrt{3}}{4}a\right)^3}{a^3}=0.68$$

γ-Fe：$a=0.364\text{nm}$

$$r=\frac{\sqrt{2}}{4}a=\frac{\sqrt{2}}{4}\times 0.364=0.129\text{nm}$$

$$\text{致密度 } K=\frac{nv}{V}=\frac{4\times\frac{4}{3}\pi r^3}{a^3}=\frac{4\times\frac{4}{3}\pi\left(\frac{\sqrt{2}}{4}a\right)^3}{a^3}=0.74$$

6. 答　在常温下，铁为体心立方晶格的 α-Fe，$d=0.254\text{nm}$

由 $d=\dfrac{\sqrt{3}}{2}a$，得 $a=\dfrac{2}{\sqrt{3}}\times d=\dfrac{2}{\sqrt{3}}\times 0.254=0.293\text{nm}$

在常温下，铜为面心立方晶格，$d=0.255\text{nm}$

由 $d=\dfrac{\sqrt{2}}{2}a$，得 $a=\dfrac{2}{\sqrt{2}}\times d=\dfrac{2}{\sqrt{2}}\times 0.255=0.361\text{nm}$

7. 答　实际金属晶体中存在的晶体缺陷有：

(1) 点缺陷（空位、间隙原子）——产生晶格畸变，使电阻、强度提高，原子扩散变得容易；

(2) 线缺陷（刃型位错、螺型位错）——产生晶格畸变，位错密度达到一定程度，产生位错强化；

(3) 面缺陷（晶界、亚晶界）——原子排列紊乱，处于较高能量状态，使原子易于扩散，晶界易受到腐蚀，晶界阻碍位错运动，产生晶界强化（细晶强化）。

8. 答　$(1, -1, 2)$ 改为 $(1\bar{1}2)$；$\left(\dfrac{1}{2}, 1, \dfrac{1}{3}\right)$改为 (362)；$[-1, 1.5, 2]$ 改为 $[\bar{2}34]$；$[1\bar{2}1]$ 正确。

第三章　金属的结晶

一、名词解释

结晶：金属与合金自液态冷却转变为固态的过程。

过冷度：实际结晶温度与理论结晶温度的差。

非自发形核：依附于杂质而生成的晶核称为非自发形核。

变质处理：在液态金属中加入孕育剂或变质剂，以细化晶粒和改善组织的处理。

二、填空题

1. 形核；核长大；
2. 结晶；同素异构转变；
3. 增加晶核数目，阻碍晶核长大；
4. 晶体与液体的体积自由能差值（ΔF）；固体表面自由能的增加；
5. 实际开始结晶温度（T_n）与理论结晶温度的差值（T_m）；$\Delta T = T_m - T_n$；
6. 必要；
7. 表层细晶区；中间柱状晶区；中心等轴晶区；
8. 大；高；好。

三、是非题

1. ×；2. ×；3. √；4. ×；5. ×；6. √；7. ×；8. √。

四、选择题

1. (b) 越低；
2. (a) 过冷度越大，晶粒越细；
3. (b) 加变质剂；
4. (b) N/G 很小时。

五、综合分析题

1. 答　纯金属的冷却曲线如图 1-4-3 所示，曲线中出现“平台”的原因：结晶时释放的结晶潜热与向外界散失的热量达到平衡。

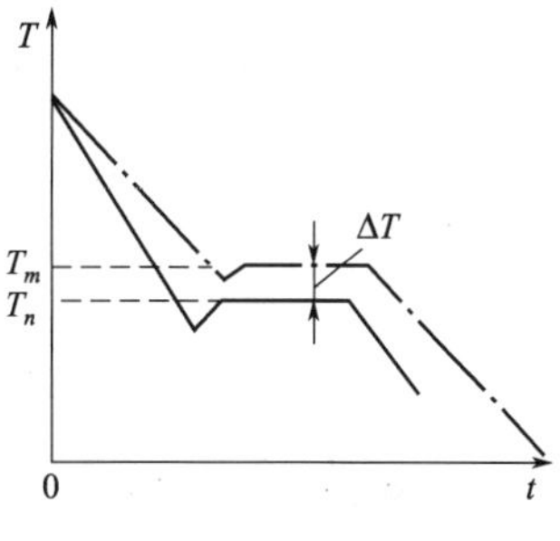

图 1-4-3　纯金属的冷却曲线

2. 答　金属结晶的一般过程为：形核和核长大，过冷是金属结晶的必要条件。

晶核的形成率和成长速度主要受到以下因素影响：

(1) 冷却速度，冷却速度越大，过冷度越大。在一般过冷度情况下，随过冷度的增大，晶核的形成率和成长速度都增大，且晶核形成率的增长率大于成长速度的增长率；但当过冷度很大时，晶核的形成率和成长速度反而随过冷度的增大而减小，原因是过冷度很大时，液体温度已很低，原子扩散困难。

(2) 液体中的不溶杂质。当液体中存在未溶杂质时，金属可以沿着这些现成的固体质点表面产生晶核，起异质形核作用，如实际生产中的变质处理。

3. 答　细化晶粒、提高金属材料使用性能的措施有：

(1) 增大冷却速度即增大过冷度；

(2) 变质处理；

(3) 附加振动。

4. 答　(1) 金属型浇注铸件晶粒小，金属铸型导热性好，增大冷却速度；

(2) 变质处理晶粒小，增加形核数目；

(3) 铸成薄件晶粒小，薄件的冷却速度快；

(4) 浇注时采用振动晶粒小，破碎的晶块也能到晶核作用。

5. 答　钢锭一般不希望得到柱状晶组织，因为钢的塑性较差，而且柱状晶平行排列呈现各向异性，在锻造或轧制时容易发生开裂，尤其在柱状晶层的前沿及柱状晶彼此相遇处，当存在低熔点杂质而形成一个明显的脆弱界面时，更容易发生开裂。

但对于具有良好塑性的有色金属（如铜、铝等）希望得到柱状晶组织。因为这种组织较致密，对力学性能有利，而在压力加工时，由于这些金属本身具有良好的塑性，并不至于发生开裂。

第四章　金属的塑性变形与再结晶

一、名词解释

加工硬化：随着冷变形的进行，材料的强度与硬度增加，塑性与韧性下降的现象。

回复：将冷变形金属重新加热时，当加热温度低，变形金属的组织和力学性能不发生明显的变化，只是电阻和内应力明显下降，这就是回复阶段。

再结晶：将冷变形金属重新加热时，当加热温度较高，变形金属的强度硬度明显降低，而塑性韧性明显升高，加工硬化被消除，这就是再结晶阶段。

热加工：在再结晶温度以上的变形加工。

滑移系：滑移面与其上滑移方向的乘积。

二、填空题

1. 随着塑性变形程度的增加，材料的强度和硬度提高、塑性和韧性下降的现象；增大；位错密度增加，形成亚结构；

2. 滑移面上位错的运动；

3. 滑移；孪生；切应力；最密的晶面；最密的晶向；

4. {110}；〈111〉；

5. 晶界；不同位向的晶粒；

6. $T_{再}(K) \approx 0.4 T_{熔}(K)$；

7. 冷；热；

8. 回复；再结晶；晶体长大；

9. 加热温度和保温时间；变形程度；

10. 面心立方；滑移方向多，起的作用大。

三、是非题

1. ×；2. √；3. ×；4. ×；5. ×；6. √；7. ×；8. ×；9. √；10. ×。

四、选择题

1. (b) 切应力；

2. (b) 〈110〉；

3. (b) 多；

4. (b) $T_{再}(K) \approx 0.4 T_{熔}(K)$；

5. (a) 与变形前的金属相同；

6. (a) 强度增大、塑性降低；

7. (d) 形成等轴晶，塑性升高；

8. (d) 强度提高，塑性下降；

9. (a) 强度越高，塑性越好；

10. (c) Pb发生加工硬化，发生再结晶；Fe发生加工硬化，不发生再结晶。

五、综合分析题

1. 答 (1) 晶界对位错运动具有阻碍作用；

(2) 滑移变形是位错在滑移面上沿切应力方向的顺序运动；

(3) Zn为密排六方晶格（滑移系数目3个，滑移方向3个），α-Fe为体心立方晶格（滑移系数目12个，滑移方向2个），Cu为面心立方晶格（滑移系数目12个，滑移方向3个），塑性大小依次为Zn＜α-Fe＜Cu。

2. 答 晶粒越细，晶界数目越多，由于晶界对位错运动具有阻碍作用，因此，钢的晶粒越细，强度硬度越高（细晶强化）；由于钢的晶粒越细小，即晶粒数目越多，在外力作用下，有利于滑移和能参加滑移的晶粒数越多。在一定变形量时，塑性变形由更多的晶粒分散承担，同时也不会造成不均匀变形而引起应力集中，因而也不会导致开裂，所以晶粒越细，塑性、韧性越好。

3. 答 与单晶体的塑性变形相比较，多晶体的塑性变形特点主要考虑：

(1) 晶界作用；(2) 晶粒位向的作用。

4. 答 金属塑性变形后组织和性能的变化：

(1) 晶粒沿变形方向拉长，性能趋于各向异性，形成纤维组织；

(2) 晶粒破碎，位错密度增加，产生加工硬化；

(3) 织构现象的产生，形成所谓“板织构”、“丝织构”；

(4) 残余内应力（宏观内应力、微观内应力、晶格畸变内应力）。

5. 答 (a) 面心立方，箭头所指方向为滑移方向，不在滑移面上，不构成滑移系；

(b) 面心立方，箭头所指方向为滑移方向，在滑移面上，构成滑移系；

(c) 体心立方，箭头所指方向为滑移方向，不在滑移面上，不构成滑移系；

(d) 体心立方，箭头所指方向为滑移方向，在滑移面上，构成滑移系。

6. 答 不同部位的变形程度不同，产生加工硬化效果不同，因此各部位硬度不同。要使各部位硬度相同，可采用再结晶退火方法，以消除加工硬化效应。

7. 答 W：$T_{熔}=3380℃$，由 $T_{再}(K)\approx 0.4T_{熔}(K)$，

得 $T_{再}(℃)\approx 0.4T_{熔}(K)-273=0.4\times(3380+273)-273=1188.2$

所以，在1100℃加工属于冷加工。

Fe：$T_{熔}=1538℃$，由 $T_{再}(K)\approx 0.4T_{熔}(K)$，

得 $T_{再}(℃)\approx 0.4T_{熔}(K)-273=0.4\times(1538+273)-273=451.4$

所以，在1100℃加工属于热加工。

Pb：$T_{熔}=327℃$，由 $T_{再}(K)\approx 0.4T_{熔}(K)$，

得 $T_{再}(℃)\approx 0.4T_{熔}(K)-273=0.4\times(327+273)-273=-33$

所以，在室温（20℃）加工属于热加工。

Sn：$T_{熔}=232℃$，由 $T_{再}(K)\approx 0.4T_{熔}(K)$，

得 $T_{再}(℃)\approx 0.4T_{熔}(K)-273=0.4\times(232+273)-273=-71$

所以，在室温（20℃）加工属于热加工。

8. 答 冷拉钢丝绳具有加工硬化效应，所以其承载能力远超过工件的重量。当采用该

钢丝绳去吊运出炉热处理工件时，温度迅速提高，达到甚至超过钢丝绳的再结晶温度，加工硬化效果消除，使其承载能力大大下降，导致钢丝绳断裂。

9. 答 （1）中间退火的作用：消除加工硬化，恢复塑性；

（2）强度成倍提高的原因：产生并保留加工硬化效果；

（3）纤维组织，形成流线。

10. 答 压头压过以后，压坑部位材料变得致密，局部产生加工硬化，使材料的强度硬度提高，如果两个测量点之间靠得太近，还可能使后一次测量时压头滑落到前一次测量造成的压坑中，导致影响测量的精确度。

11. 答 由于该自行车的车架是采用冷拔合金钢管制成，在制造过程中产生了加工硬化效应并保持其中。采用电弧焊方法对断裂部位进行修复时，由于电弧热的高温作用，使焊接部位发生了再结晶过程，加工硬化效果消除，虽然局部塑性得到恢复，但造成了该部位强度硬度下降，承载能力减小，因而发生断裂。

12. 答 采用第（3）种方法制造最合理。因为采用圆棒热镦成圆饼，在压力加工过程中，进行了较大的塑性变形和发生了再结晶，原材料中粗大的铸态组织被新的等轴细晶粒组织所代替，同时材料内部的气孔、缩松、缩孔等被压合，夹杂物会获得较好的分布，形成纤维流线组织，偏析也会得到某种程度的消除，从而使金属组织更加致密，金属的力学性能得到提高，因此，加工成的齿轮性能最好。

第五章 合金的结构与二元合金相图

一、名词解释

相：合金中具有相同化学成分、相同晶体结构和相同的物理或化学性能并与该系统的其余部分以界面相互隔开的均匀组成部分称做“相”。

组织：指用肉眼或显微镜所观察到的材料的微观形貌。

固溶体：合金组元通过溶解形成一种成分和性能均匀的、且结构与组元之一相同的固相称为固溶体。

金属间化合物：合金组元相互作用形成的晶格和特性完全不同于任一组元的新相称为金属间化合物。

间隙相：非金属原子半径与金属原子半径之比小于 0.59 时形成的一种具有简单晶格的间隙化合物称为间隙相。

枝晶偏析：一个晶粒内的化学成分不均匀性。

固溶强化：通过形成固溶体使合金的强度硬度提高的现象。

二、填空题

1. 固溶体；金属化合物；塑性；基本相；硬度；强化相；

2. 固溶强化；

3. 高；

4. {111}；

5. 扩散退火；

6. 电子化合物；

7. $L \xrightarrow{T} (\alpha+\beta)$；恒温，三个相的成分是固定的，产物为共晶体；

8. 三相；

9. 塑性；

10. 溶剂；与组成它的任何组元都不同，是一个新相。

三、是非题

1. ×；2. √；3. ×；4. √；5. ×；6. √；7. ×；8. √。

四、选择题

1. (a) 溶剂相同；

2. (b) 结构与性能都不同；

3. (a) 塑性韧性高、强度硬度低；

4. (c) 硬度高、熔点高；

5. (b) 确定；

6. (a) $\gamma+\alpha+\beta$；

7. (c) α，β，β_1；

8. (d) 三相共存；

9. (d) 液固相线间距大，冷却速度也大；

10. (b) 共晶合金。

五、综合题

1. 答　通过在溶剂中溶入某种元素形成固溶体而使合金强度、硬度提高的效应，称为固溶强化。其原因是溶入溶质元素后，溶剂晶格产生畸变，使位错运动的阻力增大。

2. 答　间隙固溶体属于固溶体，形成固溶体时，溶质原子分布于溶剂晶格间隙之中。间隙相属于金属化合物，这类化合物是由原子半径较大的过渡族金属元素与原子半径较小的碳、氮、氢、硼等非金属元素形成的。因非金属原子分布于化合物间隙中，因而称为间隙化合物。当 $\gamma_{非金属}/\gamma_{金属}<0.59$ 时，金属原子形成一种与本身晶格类型不同的新的较简单的晶格类型化合物，即简单间隙化合物（也称间隙相）。

3. 答　依题意，$Ni\%=\frac{30}{20+30}\times100\%=60\%$

慢冷至图 1-3-3 所示的温度时，为 L 和 α 两相共存。

(1) 由图中可知，此时 L 中含 50%Ni，α 中含 80%Ni；

(2) $\frac{L}{\alpha}=\frac{80\%-60\%}{60\%-50\%}=2$；

(3) $\alpha\%=\frac{60\%-50\%}{80\%-50\%}=33.3\%$，$L\%=1-\alpha\%=66.7\%$。

4. 答　含 96%Pb 的 Pb-Sn 合金中含有 4%Sn

(1) 冷却曲线和室温下的组织示意图分别如图 1-4-4 和图 1-4-5 所示：

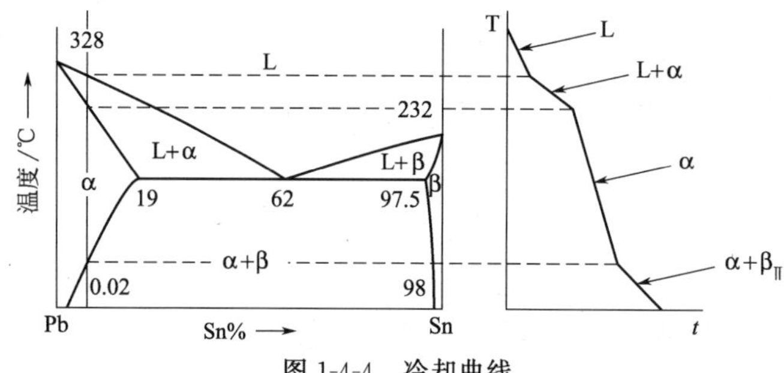

图 1-4-4　冷却曲线

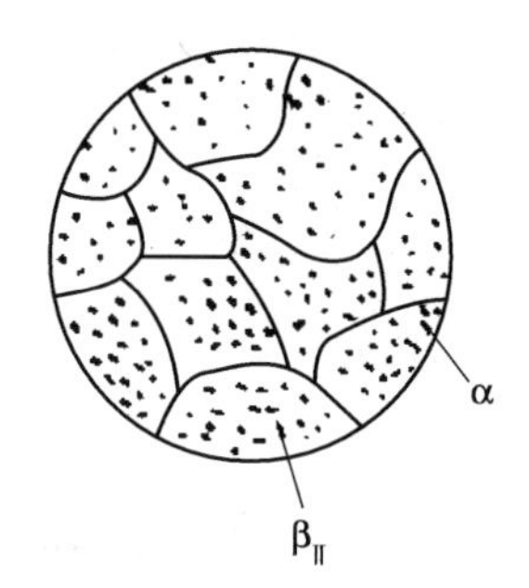

图 1-4-5　室温下的组织示意图

(2) 相组成物相对质量：

$\alpha\% = \dfrac{98-4}{98-0.02}\times 100\% = 95.94\%$，$\beta\% = 1-\alpha\% = 4.06\%$；

(3) 组织组成物相对质量：

$\beta_{II}\% = \dfrac{4-0.02}{98-0.02}\times 100\% = 4.06\%$，$\alpha\% = 1-\beta_{II}\% = 95.94\%$；

(4) 含 19%Sn 的 Pb-Sn 合金中 β_{II} 量最多；

(5) 含 62%Sn 的 Pb-Sn 合金中含共晶体量最多，<19%Sn 或>97.5%Sn 的 Pb-Sn 合金中含共晶体量最少，为 0。

5. 答　(1) 相：L+γ；(2) β+γ；(3) α+β；

(2) 组织：$\beta+(\alpha+\beta)+\alpha_{II}$；(5) $\beta+\alpha_{II}$；

(3) 相图中的转变：

匀晶转变：L→γ；γ→α；γ→β

共析转变：$\gamma \xrightarrow{T} (\alpha+\beta)$。

6. 答　选用共晶成分或近共晶成分的合金即含 11.7%Si 的 Al-Si 合金或接近含 11.7% Si 的 Al-Si 合金制造。因为共晶合金的液固相结晶温度间隔最小，合金的熔点低、流动性能好，结晶时主要形成集中缩孔，易获得致密铸件。

7. 答　共晶反应为：L(75%) →α(15%B) +β(95%B)

(1) 含 50%B 的合金

1) $\alpha_{初}\% = \dfrac{75-50}{75-15}\times 100\% = 41.67\%$；$(\alpha+\beta)\% = 1-\alpha_{初}\% = 58.33\%$

2) $\alpha\% = \dfrac{95-50}{95-15}\times 100\% = 56.25\%$；$\beta\% = 1-\alpha\% = 43.75\%$

(2) 假设该合金的成分为含 x%B，依题意得：

$\beta_{初}\% = \dfrac{x-75}{95-75}\times 100\% = \dfrac{95-x}{95-75}\times 100\% = (\alpha+\beta)\%$

解上述方程可得：$x=85$

即该合金的成分为含 85%B。

8. 答　A-B 合金相图如图 1-4-6 所示。

含 20% A、45% A、80% A 的合金即为含 80%B、55%B、20%B 的合金，分别如图中的曲线 1、2、3 所示，合金的结晶过程如下。

合金 1：$L \to L+\beta \to \beta \to \beta+A_{II}$；

合金 2：$L \to L+\beta \to \beta+(A+\beta)$；

合金 3：$L \to L+A \to A+(A+\beta)$。

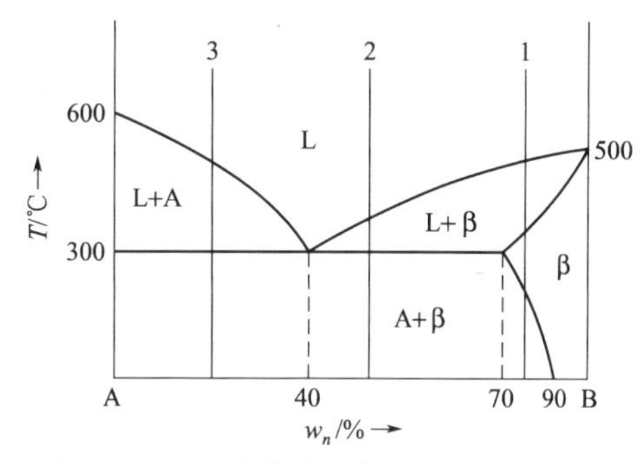

图 1-4-6　具有共晶反应的二元合金相图

第六章　铁碳合金相图

一、名词解释

同素异构转变：固态下随着温度的改变，晶体结构发生变化的现象。

α-Fe：在 912℃以下具有体心立方晶格的铁。

铁素体：碳在 α-Fe 中的间隙固溶体。

珠光体：铁素体与渗碳体呈片层状分布的机械混合物。

二、填空题

1. F 与 Fe_3C 组成的呈层片状分布的机械混合物；

2. Fe 与 C 组成的一种复杂间隙化合物；

3. bcc；fcc；

4. P；F＋Fe_3C；

5. 2.11％C；4.3％C；0.0218％C；

6. 0.62％；

7. Fe_3C_{II}；呈网状分布；

8. 低；高；

9. 单相 A；

10. 图 1-4-7 所示的铁碳合金相图中：

(a)（b)（c）如图 1-4-7 中所示。

(d) E（2.11％)、C（4.3％)、P（0.0218％)、S（0.77％)、K（6.69％)

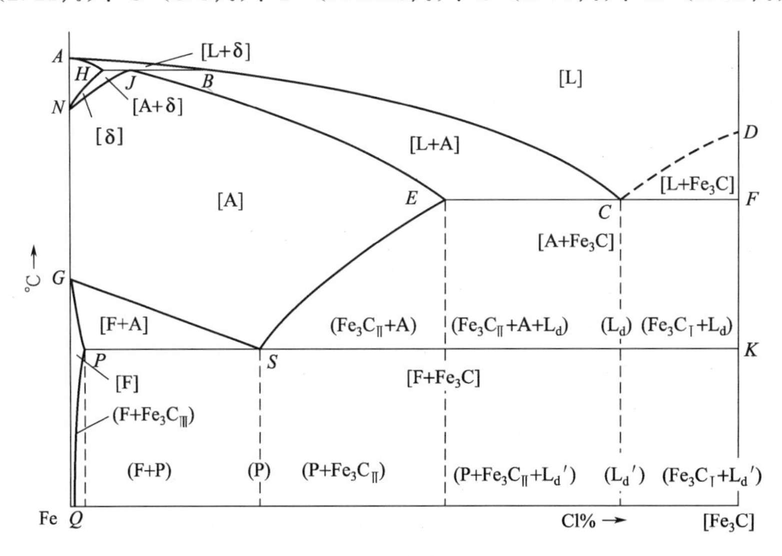

图 1-4-7　铁碳合金相图

(e) 在表 1-4-1 中填出水平线的温度、反应式、反应产物的名称：

表 1-4-1

水平线	温　度	反应式	产物名称
HJB 线	1495℃	L＋δ→A	奥氏体
ECF 线	1148℃	L→(A＋Fe_3C)	莱氏体
PSK 线	727℃	A→(F＋Fe_3C)	珠光体

三、是非题

1. ×；2. ×；3. ×；4. √；5. ×；6. √；7. ×；8. ×。

四、选择题

1. (a) 碳在 γ-Fe 中的间隙固溶体；

2. (b) 两相混合物；

3. (b) 1.0％；

4. （c）强度低、塑性好、硬度低；

5. （a）亚共析钢。

五、综合分析与计算题

1. 答　$Fe\text{-}Fe_3C$ 相图及各区域的组织参见填空题第 10 小题。

（1）如图 1-4-8 所示：含 0.4%C 合金：亚共析钢

结晶过程：L→L+δ→L+A→A→F+A→F+P

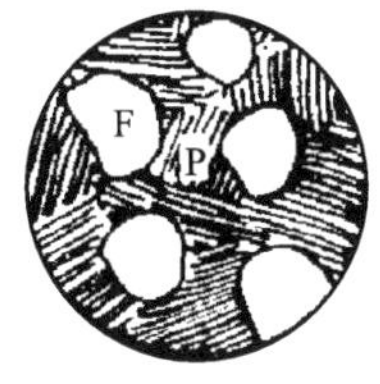

亚共析钢

共析钢

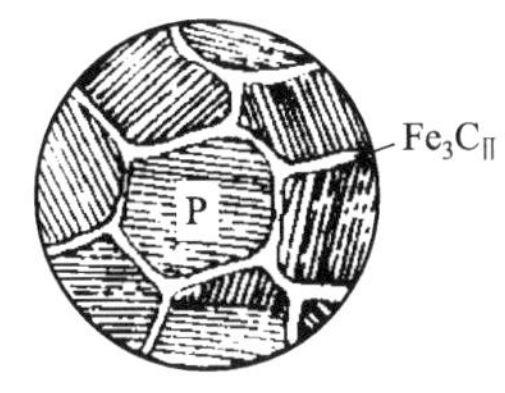

过共析钢

图 1-4-8　组织示意图（1）

（2）含 0.77%C 合金：共析钢

结晶过程：L→L+A→A→P

（3）含 1.2%C 合金：过共析钢

结晶过程：L→L+A→A→Fe_3C_{II}+A→FeC_{II}+P

（4）如图 1-4-9 所示：含 3.0%C 合金：亚共晶白口铸铁

结晶过程：L→L+A→A+L_d→Fe_3C_{II}+A+L_d→Fe_3C_{II}+P+L_d'

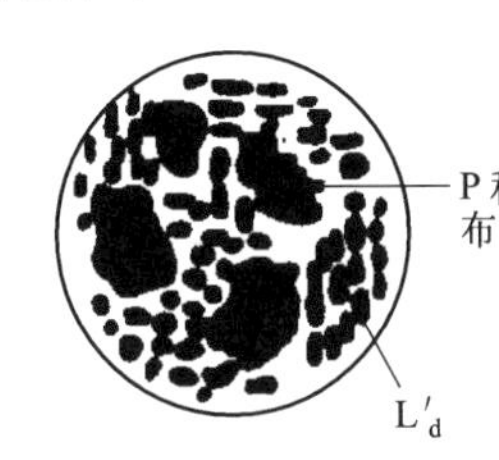

亚共晶白口铸铁

共晶白口铸铁

过共晶白口铸铁

图 1-4-9　组织示意图（2）

（5）含 4.3%C 合金：共晶白口铸铁

结晶过程：L→L_d→L_d'

（6）含 5.0%C 合金：过共晶白口铸铁

结晶过程：L→L+Fe_3C_I→Fe_3C_I+L_d→Fe_3C_I+L_d'

2. 答　（1）45 钢：室温下的组织为 F+P

$$F\%=\frac{0.77-0.45}{0.77-0.0218}\times100\%=42.77\%；\ P\%=1-F\%=57.23\%$$

（2）T8 钢：室温下的组织全部为 P

（3）T12 钢：室温下的组织为 P+Fe_3C_{II}

$$Fe_3C_{II}\%=\frac{1.2-0.77}{6.69-0.77}\times100\%=7.26\%；\ P\%=1-Fe_3C_{II}\%=92.74\%$$

硬度比较：45 < T8 < T12

强度比较：T8 > T12 > 45

塑性、冲击韧性比较：45 >T8 >T12

原因分析：从铁碳相图分析可知，碳钢在平衡状态下是由 F 和 Fe_3C 两相组成。F 具有良好塑性，而 Fe_3C 硬而脆。钢中含碳量较低时，Fe_3C 以层片状分布于 F 中，随含碳量增高，Fe_3C 数量越多，对位错运动的阻力越大，其强度、硬度越高，塑性、韧性越低。当钢的含碳量超过 0.9%时，沿晶界呈网状分布的 $Fe_3C_{Ⅱ}$，随含碳量增加，其数量越多，网络越厚越完整，晶粒间的结合力越弱，因此，钢的强度随含碳量的提高而降低。

3. 答　由铁碳相图分析可知，铁碳合金中 $Fe_3C_{Ⅱ}$ 的最大可能含量应出现在含 2.11%C 的合金中，而 $Fe_3C_{Ⅲ}$ 的最大可能含量应出现在含 0.0218%C 的合金中。依此计算：

$$Fe_3C_{Ⅱ(max)}\%=\frac{2.11-0.77}{6.69-0.77}\times100\%=22.64\%$$

$$Fe_3C_{Ⅲ(max)}\%=\frac{0.0218-0.00004}{6.69-0.00004}\times100\%=0.33\%$$

4. 答　(1)、(2) 原因分析参见第 2 题。

(3) 含 0.4%C 的钢为亚共析钢，加热到 1100℃时，已全部转变为单相 A 组织，塑性好，变形抗力小，具有良好的锻造性能；而含 4.0 %C 的白口铸铁，由于含碳量高，加热到 1100℃时，组织中含有大量的 L_d 和 $Fe_3C_{Ⅱ}$，锻造性能很差。

5. 答　(1) A 试样：C%≈P%×0.77%=60%×0.77%=0.462%，可能为 45 钢

(2) B 试样：C%≈$Fe_3C_{Ⅱ}$ %×6.69%+P%×0.77%=7%×6.69%+93%×0.77%=1.184%，可能为 T12 钢

6. 答　$Fe_3C\%=\frac{C\%}{6.69\%}\times100\%=20\%$，$C\%=6.69\%\times20\%=1.34\%$

F 的硬度 $HB\approx70\sim80$，Fe_3C 的硬度 $HB\approx800$

合金的硬度为：$HB\approx75\times80\%+800\times20\%=220$

7. 答　铁碳合金相图如图 1-4-10 所示，组织示意图如图 1-4-11 所示。

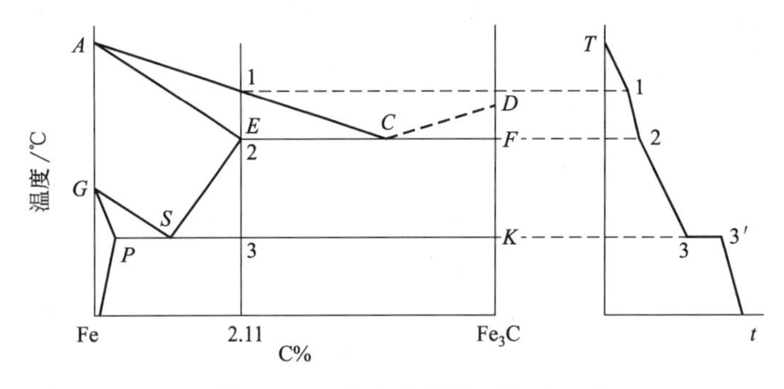

图 1-4-10　综合分析题 7 图 (1)

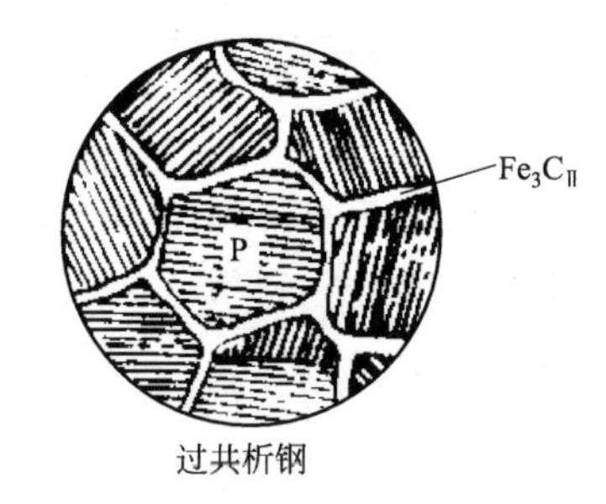

图 1-4-11　综合分析题 7 图 (2)

组成相为 $F+Fe_3C$，其相对质量

$Fe_3C\%=\frac{2.11-0.00004}{6.69-0.00004}\times100\%=31.54\%$；$F\%=1-Fe_3C\%=68.45\%$

组织组成物为 $P+Fe_3C_{Ⅱ}$，其相对质量

$Fe_3C_{Ⅱ}\%=\frac{2.11-0.77}{6.69-0.77}\times100\%=22.64\%$；$P\%=1-Fe_3C_{Ⅱ}\%=77.36\%$

8. 答　区分的方法有：

(1) 测量硬度的方法，硬度高者为白口铸铁；

(2) 观察金相组织，15 钢的平衡组织为 F+P，而白口铸铁的组织中含有莱氏体 (L_d')；

(3) 采用测定含碳量的方法，15 钢的含碳量为 0.15%，白口铸铁的含碳量超过 2.11%。

9. 答　Q235A——碳素结构钢，拉杆、小轴、链、建筑钢筋等；

15——优质碳素结构钢（渗碳钢），0.15%C，各种标准件、齿轮、凸轮等；

45——优质碳素结构钢（调质钢），0.45%C，传动轴、发动机连杆、机床齿轮等；

65——优质碳素结构钢（弹簧钢），0.65%C，小直径弹簧、重钢轨、铁锹，钢丝绳等；

T8——碳素工具钢，0.8%C，锉刀、锯条、剪刀、木工工具等；

T12——碳素工具钢，1.2%C，刮刀、剃刀、锉刀、量规等。

10. 答　手工锯条——T8；

普通螺钉——Q195，Q215A，Q215B；

车床主轴——45，40Cr。

第七章　钢的热处理

一、名词解释

本质晶粒度：钢加热到930℃±10℃、保温8小时、冷却后测得的晶粒度为本质晶粒度。本质晶粒度实质上表示钢在规定条件下奥氏体长大的倾向性。

临界冷却速度：淬火时，能得到全部马氏体组织的最低冷却速度。

马氏体：碳 在α-Fe中的过饱和固溶体。

淬透性：指钢在淬火时获得马氏体的能力（或钢在淬火后获得淬透层深度大小的能力），取决于奥氏体的稳定性。

淬硬性：指钢淬火后，形成的马氏体组织所能达到的最高硬度，主要取决于马氏体的含碳量。

调质处理：钢淬火后高温回火的热处理工艺。

二、填空题

1. A晶核的形成；A晶核的长大；剩余Fe_3C的溶解；A成分的均匀化；

2. 由F和Fe_3C组成的机械混合物；T的片层间距比P的片层间距小、强度硬度比P高；

3. 羽毛；针；

4. 亚共析钢多一条先共析铁素体析出线，过共析钢多一条先共析渗碳体析出线；

5. 板条状；针状；板条状；

6. 右移；小；

7. 加热；保温；冷却；形状，组织与性能；

8. A_{c_3}以上30～50℃；亚共析；

9. 使P中的Fe_3C球化，降低硬度，便于加工；高碳钢；

10. A_{c_3}以上30～50℃；A_{c_1}以上30～50℃；

11. 低；高；

12. 小；

13. Fe-Fe_3C相图，C曲线；

14. 获得所要求的力学性能、消除内应力、稳定组织和尺寸；低；

15. 马氏体的分解、残余奥氏体的转变、回火屈氏体的形成、渗碳体的聚集长大和铁素体再结晶；

16. 分解、吸收、扩散；

17. S中的Fe_3C呈片状，而回火S中的Fe_3C呈粒状；在强度、硬度相同时，回火S的塑性、韧性比正火S的好；

18. 表 1-4-2 填空题 18 表

	850℃水冷	850℃空冷	760℃水冷	720℃水冷
45 钢	M+A′	S	F+M+A′	P
T10 钢	M+A′	S	$M+Fe_3C_{II}+A'$	$P+Fe_3C_{II}$

三、是非题

1. ×；2. ×；3. ×；4. √；5. √；6. ×；7. √；8. ×；9. ×；10. ×；11. ×；12. ×；13. √；14. √；15. √；16. ×；17. ×；18. √。

四、选择题

1. (a) 奥氏体的本质晶粒度；
2. (a) 扩散型转变；
3. (c) 回火索氏体；
4. (a) $A_{c_1}+30\sim50$℃；
5. (b) 钢中奥氏体的碳含量；
6. (c) 上贝氏体；
7. (b) 提高；
8. (c) 奥氏体的碳含量；
9. (b) 奥氏体中的碳含量高；
10. (a) 高淬透性钢；
11. (b) 油中淬火；
12. (a) 选择高淬透性钢；
13. (b) 850℃；
14. (c) 淬火+高温回火；
15. (a) 亚共析钢；
16. (a) 消除和改善晶内偏析；
17. (c) 淬火后进行；
18. (c) 900～950℃；
19. (c) 消除网状二次渗碳体；
20. (d) 马氏体+残余奥氏体+球状碳化物。

五、综合分析题

1. 答　A_1—PSK 线，共析线；A_3—GS 线，在冷却过程中，由 A 中析出 F 的开始线，也是在加热时，F 完全溶入 A 的终了线；A_{cm}—ES 线，C 在 A 中的溶解度曲线。此为平衡状态下的临界温度。

由于热处理时的实际加热速度一般都比较快，实际转变为 A 的温度都有所提高，分别以 A_{c_1}，A_{c_3}，$A_{c_{cm}}$，表示；同样，热处理时的实际冷却速度也比平衡条件快，相应的转变温度也有所降低，分别以 A_{r_1}，A_{r_3}，$A_{r_{cm}}$ 表示。

2. 答　不一定。本质晶粒度表示在特定的加热条件下 A 晶粒长大的倾向。本质细晶粒钢是指钢特定的加热条件下，A 晶粒不容易长大。而本质粗晶粒钢是指钢特定的加热条件下，A 晶粒迅速长大。超过规定的温度，阻止 A 晶粒长大的碳化物也溶解后，本质细晶粒钢的 A 晶粒并不一定比本质粗晶粒钢的细。

3. 答　低碳钢不能用淬火方法提高硬度，因为含碳量太低，淬火后的低碳马氏体的硬度较低。可以通过塑性变形产生加工硬化效应来提高硬度；或采用渗碳+淬火+低温回火的方法，提高表面硬度。

4. 答　20 钢采用表面淬火不合适，因为表面淬火是改善材料表面性能的一种热处理工艺，20 钢的含碳量太低，所以采用淬火方法不合适；对 45 钢进行渗碳处理不合适，因为 45 钢的含碳量为中碳，而渗碳处理适用于低碳钢，因此不合适。

5. 答　再结晶——是指冷变形金属加热到较高温度（再结晶温度），通过重新形核和核长大，形成新的细小等轴晶粒的过程，晶格类型不发生变化。

重结晶——即金属的同素异构转变，指金属在固态下由于温度的改变由一种晶格向另一种晶格的转变，也遵循晶体结晶的一般规律，晶格类型发生了变化。

6. 答　影响 A 形成速度的因素有：温度、含碳量、原始组织、合金元素和加热速度等。影响 A 实际晶粒度的因素有：加热温度和保温时间、钢的原始组织、合金元素等。

7. 答　两条 C 字形曲线，左边一条是组织转变开始线，右边一条是组织转变终了线。M_s-M 转变开始温度线，M_f-M 转变终了温度线。

影响 C 曲线形状和位置的主要因素是钢的成分，包括含 C 量及合金元素含量。

8. 答　与等温转变曲线相比：(1) 连续冷却转变曲线向右下方向移动，说明转变开始和转变终了温度低一些，时间更长一些；(2) 连续冷却获得的珠光体组织是在一个温度范围内形成的，所以粗细不均，较高温度下形成的粗些；(3) 没有贝氏体转变，珠光体转变在 kk' 中止。

9. 答　钢在淬火时获得全部 M 组织的最小冷却速度叫临界冷却速度，以 V_k 表示，它的大小主要有以下几方面因素的影响：(1) C 的影响；(2) Me 的影响；(3) 加热温度和保温时间的影响等。V_k 越小，淬透性越大。

10. 答　加热时获得了细小均匀的 A 晶粒，冷却转变后组织也均匀细小，产生细晶强化，所以屈服强度和冲击韧性提高。

11. 答　原始组织为细片状珠光体好，因为 A 晶核的形成是在 F 和 Fe_3C 的相界面处形成，原始组织越细小，相界面积就越多，Fe_3C 的片间距越小，C 的扩散距离缩短，既提高了 A 化形成速度，同时又有利于获得细小均匀的 A 晶粒。

12. 答　热轧空冷，相当于经过一次正火处理，发生了重新形核和核长大过程，获得了 S，组织得到细化。

13. 答　(1) 普通淬火（单液淬火）：将加热保温后的工件放入一种淬火剂中冷却。碳钢的淬火剂一般用水，合金钢的淬火剂一般用油。适用于形状较简单的零件。

(2) 双液淬火：钢件 A 化后，先放入一种冷却能力较强的介质中，当钢件冷却到 300℃ 左右时，再放入另一种冷却能力较弱的介质中冷却。例如，先在水中淬火后油冷。广泛用于高碳工具钢。

(3) 分级淬火：将钢件加热后迅速投入温度稍高于 M_s 点的冷却介质中（如盐浴或碱浴槽内），停留 2～5min，然后取出空冷，叫分级淬火。由于盐浴或碱浴冷却能力不大，一般只适用于尺寸较小的工件，如刀具等。

(4) 等温淬火：将钢件 A 化后淬入高于 M_s 点温度的熔盐中，等温保持，获得下贝氏体组织的工艺。可用于尺寸不大、形状复杂而要求较高的工件如弹簧、小齿轮及丝锥等。

14. 答　M 转变的基本特点：

(1) M 在 M_s～M_f 温度范围内形成；(2) M 转变不能完全；(3) M 转变是非扩散型转变；(4) M 晶体成长速度极快，致使 M 形成过程中产生相互撞击，而形成内应力和微裂纹。

15. 答　S、T 是通过正火或退火直接由 A 转变获得的组织，而回火 S、回火 T 是由淬火钢经过高温、中温回火后获得的组织。尽管它们都是由 F 和 Fe_3C 组成的混合物，但 S、

T 中的 Fe_3C 呈片状，而回火 S、回火 T 中的 Fe_3C 呈粒状；在强度、硬度相同时，回火 S、回火 T 的塑性、韧性比 S、T 的要好。

16. 答　M 是 C 在 α-Fe 中形成的过饱和间隙固溶体。低碳 M 虽然溶碳量较低，但 M 内因存在大量位错，位错强化明显，故低碳 M 具有较高的硬度；高碳 M，除固溶强化外，还由于 M 针状晶体中形成了孪晶亚结构，使高碳 M 具有很高的硬度。此外，由于形成过程中 M 针相互撞击产生裂纹，导致高的脆性。

17. 答　淬透性——指钢接受淬火获得马氏体的能力。淬透性大小是用一定条件下淬透层（或称淬硬层）深度来表示。淬透层深度是指工件表面至中心马氏体占 50% 的部位（称半马氏体区，其余 50% 为珠光体类组织）的尺寸。钢在一定条件下淬火时，淬透层深度愈深，说明钢的淬透性愈大，反之，淬透层深度小，说明淬透性小。影响淬透层深度的主要因素：钢件的成分包括碳含量及合金元素含量、淬火加热温度和保温时间、冷却速度、钢件的尺寸和结构形状等。

18. 答　曲线 1：亚共析钢加热到 A_{c_3} 以上，属正常的淬火加热温度范围，所以淬火后获得的 M 组织硬度随含 C% 增加而提高，但过共析钢加热到 $A_{c_{cm}}$ 以上温度，已完全 A 化，淬火后将获得较粗的 M 和较多的残余 A，使钢的硬度降低。

曲线 2：过共析钢加热到 A_{c_1} 以上温度，属正常的淬火加热温度范围，淬火后的组织为细 M、$Fe_3C_{Ⅱ}$ 和少量残余 A。少量未溶的 $Fe_3C_{Ⅱ}$ 可阻止 A 晶粒长大，有利于提高钢的硬度。

曲线 3：M 是 C 在 α-Fe 中形成的过饱和间隙固溶体。M 的溶碳量越高，过饱和度越大，固溶强化效果越明显，其硬度值越大。

19. 答　a—M＋A′，单液淬火；b—M＋A′，分级淬火；c—T＋M＋A′，油中淬火；d—$B_{下}$，等温淬火；e—S，正火；f—P，退火；g—P，等温退火。

20. 答　(a) —M＋$Fe_3C_{Ⅱ}$＋A′；(b) —$B_{下}$＋M＋$Fe_3C_{Ⅱ}$＋A′；(c) —$B_{下}$＋$Fe_3C_{Ⅱ}$。

21. 答　(a) —M＋A′；(b) —B＋M＋A′；(c) —F＋B＋M＋A′；(d) —F＋P。

22. 答　正火与退火的主要区别：

(1) 加热温度不同，正火的加热温度范围为：亚共析钢加热到 A_{c_3} 以上 30～50℃，共析钢和过共析钢加热到 $A_{c_{cm}}$ 以上 30～50℃。而退火根据目的不同，加热温度范围也不同；

(2) 冷却方式不同，正火是在空气中冷却，而退火一般是缓慢冷却（随炉冷却），时间长；

(3) 获得组织不同，正火得到 S 组织，而退火获得 P 类型组织。

生产中一般根据要达到的目的来进行选择，同时考虑尽量降低成本。

23. 答　(1) 再结晶退火，消除加工硬化效应，降低硬度，恢复塑性，组织：F＋P；

(2) 去应力退火，消除铸造应力；

(3) 完全退火，均匀细化组织，改善力学性能；

(4) 球化退火，使钢中渗碳体球化，获得粒状 P 组织，降低硬度。

24. 答　700℃：加热温度太低，未 A 化，处理后组织未发生变化；

760℃：加热温度不够，未完全 A 化，只有部分 A 化，组织：F＋M＋A′；

840℃：正常加热温度，完全 A 化，组织：M＋A′；

1100℃：加热温度太高，过热，A 晶粒粗大，组织：M＋A′。

25. 答　(1) 加热到 900℃ 的淬火后 M 晶粒粗大，因为加热温度高；

(2) 加热到 900℃ 的淬火后 M 含碳量较多，因为 C 在 A 中的溶解度随温度升高而增大；

(3) 加热到 900℃ 的淬火后残余 A 较多，因为加热温度高，A 中溶解了多量的 C，使得残余 A 增多；

(4) 加热到900℃的淬火后未溶碳化物较少，因为加热温度越高，有利于原子的扩散，碳化物发生溶解。

(5) 含碳量为1.2%的钢为过共析钢，780℃加热淬火较合适，属正常的淬火加热温度范围（A_{c_1}以上30～50℃），淬火后的组织为细M、Fe_3C_{II}和少量残余A。少量未溶的Fe_3C_{II}可阻止A晶粒长大，有利于提高钢的硬度。

26. 答 (1) 淬火（830～860℃）＋高温回火（680～720℃），回火S；

(2) 淬火（800～830℃）＋中温回火（480～550℃），回火T；

(3) 淬火（770～810℃）＋低温回火（180～200℃），回火M。

27. 答 (1) 前一热处理工序为：球化退火，均匀细化组织，降低硬度，便于机加工；后一热处理工序为：淬火＋低温回火，淬火是为了获得M组织，提高硬度和耐磨性，低温回火是为了获得回火M组织，稳定组织和尺寸，消除内应力。

(2) 最终热处理：淬火（760～780℃）＋低温回火（180～200℃）

车刀在使用状态下的组织为：回火M＋碳化物＋A′，硬度大约为62HRC。

28. 答 45钢：通过正火处理得到正火S组织，通过调质处理获得回火S组织。两者在性能上的差别为：尽管它们都是由F和Fe_3C组成的混合物，但正火S中的Fe_3C呈片状，而回火S中的Fe_3C呈粒状；在强度、硬度相同时，回火S的塑性、韧性比正火S的要好。45钢通过调质处理后具有良好的综合力学性能。

29. 答 表面淬火——不改变材料的化学成分，仅改变材料表面的组织和性能。一般在表面淬火前先进行正火或调质处理，保证心部有良好的力学性能；表面淬火后需进行低温回火，以减少淬火应力和降低脆性。感应加热表面淬火目前主要用于中碳钢和中碳合金钢，要求淬硬层较薄的中小型零件，如齿轮、轴类等。火焰加热表面淬火只适用于单件、小批量生产或大型零件，例如大型齿轮、轴、轧辊等。

渗碳——是使碳原子渗入钢件表层，从而使钢件表层具有高的含碳量（0.85%～1%）。渗碳后再经淬火和低温回火，可使零件表面具有高的硬度和耐磨性，表面硬度达到58～64HRC，而中心具有一定强度和韧性。此外，渗碳层中M比容大，在工件表面造成压应力，可提高工件表面的疲劳强度。机械中的许多零件，如传递功率的齿轮、凸轮轴和活塞销等，常采用渗碳来满足其性能要求。适合于渗碳的钢种通常为低碳钢和低碳合金钢，如20、20Cr、20CrMnTi、12Cr2Ni4A、18Cr2Ni4WA等。

氮化——是将氮原子渗入工件表面，形成富氮层的热处理工艺。氮化用钢通常为含Cr、Mo、Al等元素的合金钢，如38CrMoAl是一种典型的氮化钢。合金钢氮化的目的在于提高表面硬度、耐磨性、疲劳强度和抗蚀性等。氮化前，预先调质处理为回火S组织。与渗碳性能对比氮化处理：①氮化层的化学稳定性高，与渗碳层相比，硬度、耐磨性高、抗蚀性也较高。氮化1000～1100HV相当于70HRC，渗碳58～64HRC；②氮化层的高硬度可以维持到500℃，而渗碳层硬度在200℃以上就明显下降，因此，氮化可用于在较高温度下工作的高硬度、高耐磨性零件如汽缸筒、阀门杆、齿轮等；③由于氮化的加热温度较低，所以变形很小，氮化后不再进行热处理。氮化零件尺寸精度高，最适合于尺寸大而厚度薄的耐磨零件。不足之处：氮化层脆性较大，当零件受到较大冲击力时，渗层易出现裂纹和剥落现象。氮化常用于在交变载荷下工作的各种结构零件，尤其是要求耐磨性和高精密度以及在高温下工作的零件，如内燃机的曲轴、齿轮、量规、铸模、阀门等。

30. 答 电炉加热为工件整体淬火处理，而高频感应加热为表面局部淬火处理，淬火加热温度都为A_{c_3}以上30～50℃（大约840℃），使之A化。电炉加热工件经淬火后，获得M＋A′组织，在经高温回火后获得回火S组织，具有良好的综合力学性能；高频感应加热工件为其保证心部具有良好的力学性能，一般在表面淬火前先进行正火或调质处理，经表面淬火后，工件表层获得M＋A′组织，还要进行低温回火，使工件表面获得回火M＋A′组织，减少淬火应力和降低脆性。

31. 答 (1) 表层：$P+Fe_3C_{II}$，心部：F＋P。

(2) 表层：回火M＋A′，心部：低碳回火M＋A′。

(3) 表层：回火$M+Fe_3C+A'$，心部：低碳回火M＋A′。

(4) 表层：回火$M+Fe_3C+A'$，心部：低碳回火M＋F＋A′。

32. 答 Ⅰ—M＋A′；Ⅱ—M＋回火S（其中M逐渐减少，回火S逐渐增多）；Ⅲ—回火S。

第八章 工 业 用 钢

一、名词解释

合金元素：为了合金化的目的而特定在钢中加入在一定范围内的化学元素称为合金元素。

回火稳定性：淬火钢在回火时，抵抗强度、硬度下降的能力称为回火稳定性。

二次硬化：淬火钢在500～600℃温度范围回火时，硬度升高的现象，原因是从淬火马氏体中析出与马氏体共格的高度弥散的合金碳化物；回火时从残余奥氏体中析出合金碳化物，降低残余奥氏体中碳和合金元素的含量。使残余奥氏体的M_s和M_f升高，回火冷却时，残余奥氏体又转变为马氏体。

固溶处理：在较高温度下加热金属，然后迅速冷却，使第二相来不及析出，获得单相组织的热处理工艺。

回火脆性：淬火钢在某一温度范围回火时，冲击韧性剧烈下降的现象。

红硬性：材料在较高温度下保持高的硬度的特性。

二、填空题

1. 低合金钢＜5％；中合金钢5％～10％；高合金钢＞10％；
2. Ti、Zr、Nb、V、Mo、W、Cr、Mn、Fe；
3. Ni、Mn、C、N、Co、Cu；
4. Mn、P；
5. Co；Al；降低；$A_{残}$；降低；
6. 珠光体耐热钢；马氏体耐热钢；奥氏体耐热钢；
7. 合金结构钢；合金工具钢；特殊性能钢；
8. Al、Ti、Nb、V；
9. Co；右；减小；增大；
10. Mn、Cr、Ni、Si、B；B；
11. Cr、Si；Mn；Ni；(a) 回火后快速冷却；(b) 选用含Mo、W的钢；
12. 渗碳钢；提高淬透性；细化晶粒；渗碳＋淬火＋低温回火；
13. 高速钢；0.7％～1.5％；保证红硬性；提高淬透性、耐磨性；细化晶粒，提高耐磨性；淬火＋三次高温回火；回火马氏体＋碳化物＋少量的残余奥氏体；
14. 奥氏体不锈钢；提高耐蚀性、获得单相奥氏体、防止晶间腐蚀；
15. 细晶强化；固溶强化；位错强化；第二相强化；马氏体；回火；
16. (a) 提高金属基体电极电位；(b) 形成单相组织；(c) 表面形成钝化膜；

17. 合金元素；含碳量；

18. 耐磨钢；固溶处理。

三、是非题

1. ×；2. ×；3. ×；4. ×；5. √；6. √；7. ×；8√；9. ×；10. ×；11. ×；12. √。

四、选择题

1. (c) 合金元素；
2. (a) 含碳量；
3. (c) 40Cr 钢经调质处理；
4. (a) T12 钢经淬火和低温回火；
5. (b) 淬火加热时溶于奥氏体中的合金元素的量；
6. (a) 20 钢渗碳淬火后低温回火；
7. (d) GCr15；
8. (b) 淬火和中温回火；
9. (b) 5CrNiMo 调质处理；
10. (b) 1.5%；
11. (d) 第二相强化；
12. (c) 1Cr18Ni9Ti，固溶处理；
13. (c) 提高耐蚀性；
14. (b) 1Cr18Ni9。

五、综合分析题

1. 答　固溶强化：通过溶质原子溶入溶剂晶格中，使晶格发生畸变，畸变的晶格阻碍位错的运动，提高塑性变形抗力；

加工硬化：通过塑性变形产生的大量位错，位错之间的交互作用阻碍位错的运动，使基体的变形抗力提高，来提高材料的强度；

弥散强化：通过大量第二相质点的析出均匀分布在基体上，对位错起钉扎作用，阻碍位错的移动，使基体的变形抗力提高，从而提高材料的强度。

2. 答　回火稳定性是指钢对回火时发生软化过程的抵抗能力。由于合金元素强碳化物形成元素能使铁、碳原子扩散速度减慢，使淬火钢回火加热时马氏体不易分解，析出的碳化物也不易聚集长大，保持一种较细小、分散的组织状态，从而使钢的硬度随回火温度的升高而下降的程度减弱。

3. 答　钢的回火脆性：指淬火钢在某些温度范围内回火时，冲击韧性下降的现象。35SiMn 钢的回火脆性严重，可以采取回火后快速冷却的方法避免。

4. 答　因为得到马氏体及随后的回火处理综合了金属强化的四种强化原理。钢淬火形成马氏体。马氏体中溶有过饱和的碳和合金元素，产生很强的固溶强化效应；马氏体形成时产生高密度位错，位错强化效应很大；奥氏体转变为马氏体时，形成许多极细小的、取向不同的马氏体束，产生细晶强化效应。淬火后回火，马氏体中析出细碳化物粒子，间隙固溶强化效应大大减小，但产生强烈的析出强化效应。由此可知，马氏体强化充分而合理地利用了全部四种强化机制，是钢的最经济和最有效的强化方法。但马氏体形成过程中会产生应力，同时马氏体含碳量较高时的脆性大，通过回火可以消除应力、降低脆性，保证马氏体具有较高的强度。

5. 答　(1) Ni 是非碳化物形成元素，能增加碳的扩散速度，加速奥氏体的形成，Mn

是促进奥氏体长大的元素，也有利于奥氏体化过程的进行。其他元素一方面降低碳的扩散速度，另一方面有些元素还阻碍奥氏体的长大，抑制奥氏体的形成，因此对含碳量相同的合金钢而言，热处理的温度要比碳钢高。

(2) 大多数合金元素能使铁、碳原子的扩散速度减慢，使马氏体的分解不易进行，组织的转变向高温推迟。除此之外，含碳化物形成元素的合金钢在回火过程中，析出的碳化物又不易聚集长大，呈分散、细小状态存在，使回火后钢的硬度下降的程度减小，回火稳定性提高。

(3) 由于Cr使Fe-Fe_3C相图上的S点（共析点）和E点向左移动的结果。使含碳量≥0.4%，含铬量12%的铬钢属于过共析钢；而含碳1.0%，含铬12%的钢属于莱氏体钢。

(4) 因高速钢中含有较多的Cr、W、V等碳化物形成元素，提高了奥氏体的稳定性，使C曲线向右移动，淬火的临界冷却速度降低，而热锻或热轧后的空冷的冷却速度也比高速钢的临界冷却速度大，因此，高速钢在热锻或热轧后，经空冷获得了马氏体组织。

(5) 因合金钢的淬火临界冷却速度比碳钢的临界冷却速度小，淬火时可以采用冷却速度慢的介质进行淬火冷却。所以在相同含碳量下，合金钢的淬火变形和开裂现象不易产生。

(6) 快冷主要是为了避免出现第二类回火脆性的产生。

(7) 高速钢需高温淬火和多次回火。

因为高速钢中含有较多的强碳化物形成元素W、V，只有在较高温度下这些稳定的碳化物才能较多的溶入奥氏体中，提高奥氏体的稳定性，提高淬透性和二次硬化的效果，保证高速钢的红硬性。也因为高速钢中含有较多的合金元素，使M_s和M_f很低，淬火后保留了大量残余奥氏体，第一次回火的目的是对淬火得到的M进行回火，并使大量残余奥氏体析出弥散碳化物，提高M_s，使残余奥氏体在回火冷却过程中部分转变成马氏体；第二次回火和第三次回火是对前一次回火时得到的马氏体进行回火，并使马氏体析出弥散的碳化物，使钢的硬度和强度明显提高。

6. 答　中国的镍、钨等元素相对稀缺，而硅、锰、铝含量较多，在保证钢的性能要求的情况下，中国合金结构钢大多选择含锰、硅、铬等元素。

7. 答　因为低合金高强度钢含碳低，钢中形成的碳化物较少，主要靠固溶强化，而锰的固溶强化效果显著，既能保证钢的强度要求，又能保证钢的塑性和韧性要求，同时也能节省贵重的镍和铬等元素。

8. 答　渗碳钢要满足表面高硬度、高耐磨，因此要求钢中含有碳化物形成元素，同时由于渗碳温度高，还加入防止奥氏体晶粒粗化的元素（V、Ti），另外含有提高基体淬透性、强度和韧性的元素（Ni、Si等），为保证渗碳，渗碳钢含碳量为低碳。热处理工艺为渗碳＋淬火＋低温回火；

调质钢的含碳量为中碳（0.3%～0.5%），以保证强度、塑性和韧性的匹配，主要合金元素包括提高淬透性的元素（Ni、Si、Mn、Cr），另外还有细化晶粒、抑制高温回火脆性的元素（Mo、W）。热处理工艺为淬火＋高温回火（调质）。

9. 答　对直径为10mm螺栓，选择40Cr钢经调质处理；而直径为30mm螺栓因为尺寸大，要求材料的淬透性高，因此选择35CrMo经调质处理。

10. 答　因为硅能提高钢的淬透性，又能使钢淬火后经中温回火得到的回火托氏体得以强化。因弹簧应具有高的弹性极限、屈服极限，较高的疲劳强度和足够的塑性、韧性。

11. 答　因为铬能提高钢的淬透性，使钢淬火及回火后整个截面上的组织较均匀，且铬存在于渗碳体中，形成合金渗碳体，不仅使渗碳体细小，分布均匀，而且可增大渗碳体的稳定性，使淬火加热时奥氏体晶粒不易长大，同时溶入奥氏体的铬也能提高马氏体的回火稳定性，使钢在热处理后具有较高的硬度、强度和耐磨性。

由于轴承钢的接触疲劳性能对钢材料的微小缺陷十分敏感，所以非金属夹杂对钢的使用寿命影响很大，因此，对非金属夹杂限制特别严格。

12. 答　高速钢中的碳在0.75%～1.5%，碳在淬火加热时可以溶入基体相中，提高了基体中碳的浓度，这样既可提高钢的淬透性，又可获得高碳马氏体，进而提高了硬度；高速钢中的碳还可以与合金元素W、Mo、Cr、V等形成合金碳化物，以提高硬度、耐磨性和红硬性。高速钢中碳含量必须与合金元素含量相匹配，过高或过低都对其性能有不利影响。

W和Mo是造成高速钢红硬性的主要合金元素。在18-4-1高速钢中，退火状态时，W以M_6C形式存在。在淬火加热时，一部分M_6C碳化物溶入奥氏体，淬火后存在于马氏体中，W原子与C原子结合力较强，能提高回火马氏体的分解温度；W的原子半径大，增加Fe原子的自扩散激活能，因而使高速钢中的马氏体加热到600～625℃附近时还比较稳定。在回火过程中，有一部分以W_2C的形式弥散析出，引起二次硬化；在淬火加热时未溶解的M_6C碳化物能阻止高温下奥氏体晶粒长大。由此可见，W量的增加可提高钢的红硬性并减小过热敏感性，但W的含量过高，钢中碳化物的不均匀性增加，降低钢的导热率。为此通常用Mo代替部分W或适当增加V的含量。Mo在高速钢中的作用与W相似，二者红硬性相近。

V在高速钢中的作用是能显著提高钢的红硬性、硬度和耐磨性，同时V还能细化晶粒，降低钢的过热敏感性。例如在18-4-1钢中，V大都存在于M_6C化合物中，当V含量大于2%时，可形成VC。M_6C中的V在加热时部分溶于奥氏体，淬火后存在于马氏体中，增加了马氏体的回火稳定性，从而提高了钢的红硬性，在回火时以细小的VC析出，产生弥散硬化。VC的硬度较高，能提高钢的耐磨性，但给磨削加工造成困难。Cr主要也存在于M_6C中，使M_6C的稳定性下降，同时一部分Cr还形成$Cr_{23}C_6$，它的稳定性更低，所以淬火加热时，几乎全部溶于奥氏体中，从而增加钢的淬透性。此外Cr还能使高速钢在切削过程中的抗氧化作用增强，利用Cr氧化膜的致密性防止粘刀，降低磨损。

热处理特点：高温淬火+多次回火。

性能特点：具有高的硬度、耐磨性及红硬性。

13. 答　不能，因为只有在较高温度下加热，稳定的碳化物才能溶入奥氏体中，达到提高淬透性，并提高二次硬化的效果。

实际淬火温度为1280℃。淬火后560℃三次回火的原因是：第一次回火的目的是对淬火得到的M进行回火，并使大量残余奥氏体析出弥散碳化物，提高M_s，使残余奥氏体在回火冷却过程中转变成马氏体；第二次回火和第三次回火是对回火时得到的马氏体进行回火，并使马氏体析出弥散的碳化物，使钢的硬度和强度明显提高。

14. 答　固溶处理目的：使碳化物溶入奥氏体中，以获得单相奥氏体组织，使其具有良好的抗蚀性。

稳定化处理的目的：使$Cr_{23}C_6$充分溶解，使TiC或NbC充分形成，提高钢抗晶间腐蚀。

15. 答　30CrMnTi钢中Ti的作用细化晶粒；1Cr18Ni9Ti钢中Ti的作用是稳定碳的作用，提高钢抗晶间腐蚀的能力。

16. 答　珠光体耐热钢的强化主要靠固溶强化和细晶强化；马氏体耐热钢强化主要是固溶强化、细晶强化和碳化物沉淀强化；奥氏体耐热钢提高强度的主要手段是变形强化。

17. 答　40Cr、GCr15、CrWMn、4Cr9Si2中Cr提高淬透性，强化基体，形成碳化物，1Cr13、1Cr18Ni9Ti中Cr提高抗蚀性。

18. 答　(1) 在加热温度相同的情况下：

淬透性由高到低为20CrMnTi、40Cr、T8、65，合金元素种类和含量。

淬硬性由大到小为T8、65、40Cr、20CrMnTi，淬硬性由含碳量决定。

（2）20CrMnTi：渗碳钢，耐冲击的齿轮，渗碳＋淬火＋低温回火，组织：表面为高碳马氏体＋碳化物，心部为低碳回火马氏体或低碳回火马氏体＋屈氏体。

19. 答

表 1-4-3　综合分析题 19 表

钢　号	元　素	合金元素的主要作用	钢　号	元　素	合金元素的主要作用
20CrMnTi	Ti	细化晶粒	40CrNiMo	Mo	抑制回火脆性
GCr15	Cr	提高淬透性	ZGMn13	Mn	形成单相A体组织
60Si2Mn	Si	提高淬透性	1Cr18Ni9	Ni	获得奥氏体组织、提高耐蚀性
W18Cr4V	V	细化晶粒、提高回火抗力	40MnB	B	提高淬透性

20. 答　（1）表面的马氏体形态为片状（高碳），心部马氏体形态为板条状（低碳）。

（2）渗碳缓冷至室温，再重新加热 A_1 以上某一温度淬火。

21. 答　用20CrMnTi制造的齿轮，经渗碳、淬火低温回火后，进行磨削加工。磨完后发现表面有很多磨削裂纹。这是因为表层为高碳的回火马氏体组织，脆性较大的原因。在检查渗碳层金相组织时，发现表面有一薄层白色的马氏体组织，次层为回火索氏体，可能是磨削时的润滑不好，摩擦热使表层材料发生相变的结果。

22. 答　35钢正火组织为索氏体，强度较低，所以吊环尺寸庞大。现改用低碳马氏体钢20CrMn2MoVA淬火＋低温回火后使用，组织为综合性能好的低碳马氏体，强度高，所以，吊环零件的质量较前减轻了两倍。

第九章　铸　　铁

一、名词解释

石墨化：铸铁组织中石墨的形成叫“石墨化”。

孕育（变质）处理：在浇注前往液体中加入孕育剂使晶粒细化的处理过程。

球化处理：向铸铁中加入球化剂使石墨变为球状的处理过程。

石墨化退火：通过退火使白口铸铁中的 Fe_3C 转变为单质状态石墨的退火，分为高温和低温石墨化退火。

二、填空题

1. Fe_3C；石墨；

2. 片；团絮；球；蠕虫；

3. P；P＋F；F；

4. 球铁；$\sigma_b \geqslant 500$MPa；延伸率 $\delta=5\%$；

5. 灰铸铁；最小抗拉强度 $\sigma_b \geqslant 250$MPa；

6. C；Si；S；Mn；

7. 液相到共晶结晶阶段；从奥氏体中析出（从共晶转变到共析转变之间）阶段；共析转变阶段；

8. 生产白口铸铁；石墨化退火；

9. 含硅量75%的硅铁；

10. 镁或稀土镁合金；

11. 石墨形态；

12. 灰；

13. 化学成分；冷却速度；

14. 球状石墨对基体的割裂作用小、应力集中作用小。

三、是非题

1. ×；2. ×；3. √；4. ×；5. √；6. ×；7. ×；8. √。

四、选择题

1. (a) F+G；

2. (c) F+P+G；

3. (b) P+G；

4. (c) 表面淬火；

5. (b) 石墨的大小和分布；

6. ①机床床身 (a) HT250；②汽车前后轮壳 (b) KTH350-10；③柴油机曲轴 (c) QT600-02；

7. (c) 软化退火；

8. (b) 球墨铸铁。

五、综合分析题

1. 答　当铸铁中的石墨形态呈片状时，相当于在钢的基体上嵌入了大量的石墨，即相当于钢的基体上存在很多裂纹，由于石墨的强度、塑性和韧性极低，因而铸铁的力学性能较差；

当铸铁中的石墨呈球状时，石墨对钢基体的割裂作用和应力集中大大减少，力学性能有较大的提高；

当铸铁中的石墨呈团絮状时，石墨对基体的割裂作用减小，力学性能比灰口铸铁好。

2. 答　选用灰口铸铁的化学成分，采用快速冷却的方法铸造，使轧辊表层为白口铁，达到表面高硬度要求，而心部因冷却速度慢，得到灰口铸铁，因而具有足够的强度和韧性。

3. 答　(1) 原因是铸造过程产生铸造应力，可以通过消除应力的退火或自然时效等方法。

(2) 这是由于薄壁处的冷却速度大造成的，可采取使薄壁处冷却速度减少的方法或进行高温石墨化退火处理。

4. 答　常用的铸铁是灰口铸铁、球墨铸铁、可锻铸铁。灰口铸铁的强度低、塑性和韧性差。球墨铸铁和可锻铸铁的强度高，塑性和韧性好，但铸造性能不如灰口铸铁，生产工艺上可锻铸铁最复杂。从性能上优劣顺序为球墨铸铁、可锻铸铁、灰口铸铁。钢的强度、塑性和韧性总的来上说要高于铸铁，但减振性、铸造性能不如铸铁。

5. 答　铸铁的成分范围是，C：2.5%～4.0%，Si：1.0%～3.0%，Mn：0.5%～1.4%，P、S含量较高。但白口铸铁的硅含量少，碳以化合态的渗碳体存在，性能硬脆，强度低；灰口铸铁组织为钢的基体+片状石墨，强度很低，塑性、韧性差；

碳钢中碳的含量一般小于1.3%，组织有F+P，P，P+Fe_3C，性能随碳的含量的增加，强度、硬度增大，塑性、韧性降低。

6. 答　因为灰口铸铁的抗压强度与钢相当，由于石墨的存在，灰口铸铁能够吸收振动，具有良好的消振性，缺口敏感性低，同时它的铸造性能好。所以一般机器的支架、机床的床身常用灰口铸铁制造。

7. 答　(1) HT250、HT350均为灰铸铁，最小抗拉强度分别为250MPa、350MPa，HT250可以用作承受较大载荷或较为重要的零件，如活塞、齿轮、机床床身等，HT350可以制作大型发动机曲轴、机架等。

(2) QT420-10、QT1200-1 均为球墨铸铁，最小抗拉强度分别为 420MPa、1200MPa，延伸率分别为 10%、1%，QT420-10 可用于泵、壳体零件等，QT1200-1 可制作强度要求较高的曲轴、凸轮、高速重负荷零件。

8. 答 (1) 磨床导轨—灰铸铁；(2) 用于 1000～1100℃加热炉的底板—耐热铸铁；(3) 耐蚀容器—耐蚀铸铁。

第十章　有色金属及其合金

一、名词解释

固溶处理：将金属加热到较高温度，然后快速冷却，获得过饱和单相固溶体组织的热处理工艺。

时效硬化：将固溶处理后的过饱和单相固溶体组织放置在室温或一定的温度条件下，随着时间的延长，由于第二相的弥散析出，材料的强度硬度升高的现象。

黄铜：铜和锌合金称为黄铜，分为普通黄铜和特殊黄铜。

锡青铜：铜和锡合金称为锡青铜。

巴氏合金：锡、铅、锑、铜的合金（以铅或锡为基体，又称轴承合金、巴比特合金），它以锡或铅作基体，其内含有锑锡（Sb-Sn）或铜锡（Cu-Sn）的硬质点。硬质点起抗磨作用，软基体则增加材料的塑性。

二、填空题

1. 特殊铝硅铸造；铝、硅、铜；
2. 黄铜；1；
3. 铝青铜；铜、铝；
4. $\alpha+\beta$；钛。

三、选择题

1. (b) 2%；
2. (d) 滑动轴承合金；
3. (c) 耐蚀性好；
4. (d) 固溶+时效。

四、是非题

1. ×；2. ×；3. √；4. ×。

五、综合题

1. 答 (1) 密度小，比强度高；(2) 导热导电性好，抗大气腐蚀能力好；(3) 易冷成形、易切削，铸造性能好，有些铝合金可热处理强化。

2. 答 4%Cu 的 Al-Cu 合金固溶处理是将合金加热到单相 α 组织，加热时无相相变发生，然后快冷（水冷），目的是为了将高温时的单相组织保留到室温，冷却时也无相变发生；而 45 钢的淬火是将 45 钢加热到 840℃左右，获得单相 A 组织，加热时发生了相变，然后快冷（水冷），目的是为了获得马氏体组织，冷却时也发生了相变。两者的工艺过程相同，但目的和实质不同。

3. 答 硅铝明是指铸造硅铝合金。因其硅含量在 10%～13%，铸造后几乎全部得到共晶组织，结晶温度范围窄，合金在液态时的流动性好，因此铸造性能好。

硅铝明采用变质处理的目的主要是细化针状硅晶体晶粒，因此可以提高硅铝明的强度。

4. 答　未变质处理的 ZL102 铸态组织为粗大针状 Si＋共晶体（Si＋α）；变质处理后 ZL102 的铸态组织为细小共晶体（Si＋α）＋α；H62 退火状态组织为 α＋β 双相组织；锡基巴氏合金 ZChSnSb11-6 铸态的组织是 $\alpha+\beta'+Cu_6Sn_5$

5. 答　H70 和 0Cr18Ni9 采用变形强化；45 钢采用淬火＋回火；2A12 采用固溶＋时效；HT150 采用孕育处理。

6. 答　2A12-硬铝，飞机蒙皮；ZL102—铸造硅铝合金，发动机汽缸体；H62—黄铜，螺钉、散热器；ZChSnSb11-6—锡基轴承合金（巴氏合金），轴承零件；QBe2—铍青铜，仪表齿轮。

第十一章　其他工程材料

一、名词解释

单体：有聚合能力并可形成聚合物的低分子化合物，是合成聚合物的原料。

链段：聚合物分子链的一部分（或一段），是高分子链段运动的基本结构单元。

聚合度：聚合物所含结构单元的数目。

塑料：指高温下可热塑成形，在常温下为坚硬固体的聚合物材料，如聚氯乙烯。

橡胶：指在常温下呈现高弹性的聚合物材料，最主要的用途是制造轮胎。

纤维：指长径比很大的丝状的聚合物材料，是制造织物的主要原料，如尼龙纤维。

热塑性塑料：在指定的温度范围内，具有可以反复加热软化、冷却硬化特性的塑料。比如聚丙烯、聚乙烯。

热固性塑料：在指定温度范围内加热或通过固化剂可发生交联反应，变成既不熔融、又不溶解的塑料制品的塑料品种，如环氧树脂。

陶瓷：金属和非金属元素的化合物构成的多晶固体材料。

玻璃陶瓷：构成陶瓷的化合物有的呈晶态，有的则呈非晶态如玻璃，但是玻璃中也可加入适当的形核催化剂以及一定的热处理，使之变为主要由晶体组成的微晶玻璃或称玻璃陶瓷。

复合材料：由两种或两种以上物理和化学性质不同的物质组合而成的一种多相固体材料。

玻璃钢：玻璃纤维增强的热固性塑料。它是指玻璃纤维（包括长纤维、布、带、毡等）做为增强材料，热固性塑料（包括环氧树脂、酚醛树脂、不饱和树脂等）做为基体的纤维增强塑料。

纤维复合材料：指以纤维为增强相与某种基体（金属、聚合物或者陶瓷等）制成的复合材料。

二、填空题

1. 玻璃态；高弹态；黏流态；
2. 共价键；分子键；
3. 玻璃态；
4. 热塑性塑料；热固性塑料；通用塑料；工程塑料；
5. 晶相；玻璃相；气相；晶；
6. 高密度聚乙烯；低密度聚乙烯；超高分子量聚乙烯；线性低密度聚乙烯；
7. 聚乙烯；聚丙烯；聚氯乙烯；聚苯乙烯；
8. 玻璃；玻璃陶瓷；工程陶瓷；

9. 玻璃纤维；碳纤维；芳纶纤维；

10. 聚合物基复合材料；金属基复合材料；无机非金属基复合材料；

11. 基体相；增强相；增强；基体；

12. 把纤维粘在一起；分配纤维间的载荷；保护纤维不受环境的影响；

13. 承载作用；传递载荷以便于加工；直径；间距比；体积比。

三、是非题

1. × 2. × 3. × 4. × 5. × 6. × 7. × 8. × 9. √ 10. √ 11. × 12. × 13. √ 14. √。

四、选择题

1. (b) 单体；

2. (b) 高，低；

3. (b) 热塑性塑料，可制作导线外皮等绝缘材料；

4. (b) 大，小；

5. (c) 刀具。

6. (b) 聚丙烯；

7. (c) 100%～1000%；

8. (c) 环氧树脂；

9. (b) 丁腈橡胶 ；

10. (b) 0.01～0.1μm。

五、简答题

1. 答　聚合物的近程结构主要影响分子链的柔性与结晶性，若其近程结构有利于材料的结晶，则材料的刚性提高，力学性能和耐热性能改善。

2. 答　高分子链的构型是指分子中由化学键所固定的原子在空间的几何排列。要改变构型必须经过化学键的断裂和重组；而高分子链的构象是指由于单键内旋转而产生的分子中原子在空间位置上的变化即结构异构体。

3. 答　聚合物分子量很大，一般为小分子的上千倍乃至上万倍；聚合物一般是化学组成相同而结构和分子量各不相同的同系混合物，而小分子化合物是组成相同分子量也相等的化合物；聚合物分子链形状为长链（交联聚合物的长链间有化学键连接成网状），小分子不存在这种长链结构。

4. 答　陶瓷材料最突出的弱点是塑性和韧性很低，这是因为大多数陶瓷材料晶体结构复杂，滑移系少，位错生成能高，而且位错的可动性差。提高陶瓷材料强度和韧性的途径主要有：

(1) 制造微晶、高密度、高纯度的陶瓷，消除缺陷，提高晶体的完整性；

(2) 在陶瓷表面引入压应力，可提高材料的强度；

(3) 消除表面缺陷；

(4) 复合强化，如采用碳纤维制成纤维/陶瓷复合材料，可有效提高材料的强韧性；

(5) ZrO_2增韧。

5. 答　塑料是以天然或合成聚合物为基本成分，并配以一定的高分子助剂如填料、增塑剂、稳定剂、着色剂经加工而成。主要成分除了聚合物以外，还有以下几种。

(1) 稳定剂：减缓或防止在加工或使用过程中的性能变化，如热稳定剂、光稳定剂、抗氧剂和防霉剂；

(2) 提高力学性能的助剂：如增强材料、填料；

(3) 改善加工性能的助剂：如增塑剂、润滑剂；

(4) 改善表面性能的助剂：如润滑剂、偶联剂、抗静电剂；

(5) 其他：如阻燃剂（阻燃作用）、发泡剂（发泡的作用，制发泡材料）、着色剂（着色作用）。

6. 答　有各向异性的是单晶体纯铁，结晶性塑料，拉伸后的高聚物纤维。没有各向异性的是多晶体铜，玻璃。

7. 答　ABS 树脂是由丙烯腈、丁二烯、苯乙烯三种单体合成的。其中，丙烯腈提供材料的耐化学性及高的表面硬度；丁二烯提供橡胶的弹性和韧性；苯乙烯则赋予 ABS 良好的刚性和加工性。

8. 答　复合材料是由多相材料复合而成，其共同的特点是：可综合发挥各种组成材料的优点，使一种材料具有多种性能，具有天然材料所没有的性能。例如，玻璃纤维增强环氧基复合材料，既具有类似钢材的强度，又具有塑料的介电性能和耐腐蚀性能；可按对材料性能的需要进行材料的设计和制造；可制成所需的任意形状的产品，可避免多次加工工序。例如，可避免金属产品的铸模、切削、磨光等工序。

9. 答　复合材料比其组成材料的性能更为优越；具有高比强度和比模量；很好的抗疲劳和抗断裂性能；在高温下保持很高的强度，具有优越的耐高温性能；并有良好的减磨耐磨性和较强的减震能力。

10. 答　树脂基复合材料的性能特点主要是：(1) 比强度、比模量大；(2) 耐疲劳性能好；减震性能好；过载时安全性好；具有多种功能性；有很好的加工工艺性。

金属基复合材料的主要特点是：高比强度、高比模量；导电导热性能良好，良好的导热性对于制造尺寸稳定性要求高的构件和高集成度的电子器件尤为重要。良好的导电性可以防止飞行器构件产生静电聚集的问题；热膨胀系数小，尺寸稳定性好；良好的高温性能；耐磨性好；良好的耐疲劳性能和断裂韧性；不吸潮、不老化、气密性好。这些优异的综合性能，使金属基复合材料在航天、航空、电子、汽车、先进武器系统中均具有广泛的应用前景，对装备性能的提高将发挥巨大作用。

陶瓷基复合材料强度高、硬度大、耐高温、抗氧化，高温下抗磨损性能好、耐化学腐蚀性优良，热膨胀系数和密度小，这些优异的性能是一般金属材料、高分子材料及其复合材料所不具备的。

第十二章　机器零件的失效与选材

一、名词解释

失效：产品丧失其规定功能的现象。

失效分析：分析失效的原因，研究采取补救和预防措施，包括实验研究和逻辑推理。

变形失效：在失效前有明显变形产生的失效形式，包括弹性变形失效、塑性变形失效和蠕变变形失效。特点是非突发性失效。

断裂失效：发生断裂或开裂的失效形式。包括塑性断裂、脆性断裂、疲劳断裂和蠕变断裂失效。

表面损伤：表面由于摩擦或腐蚀而发生的失效形式叫表面损伤。包括磨损失效和腐蚀失效。

韧-脆转变温度：材料在外力作用下由韧性断裂转变为脆性断裂时的温度称为韧-脆转变温度。

断裂韧性：对有裂纹的构件，在外力增大或裂纹增长时，裂纹尖端的应力强度因子 K_{I} 也随之增大，当 K_{I} 达到某一临界值时，裂纹突然失稳扩展，发生快速断裂，K_{I} 的这一临界值称为断裂韧性，用 K_{IC} 表示。

二、填空题

1. 变形失效；断裂失效；表面损伤；

2. 使用性能原则；工艺性能原则；经济性原则；

3. E、G、σ_e；σ_s、$\sigma_{0.2}$；σ_b、α_k、K_{IC}、ψ、δ 等；

4. 铸钢；铸铁；渗碳钢；

5. 调质钢；表面淬火＋低温回火；渗碳钢；渗碳＋淬火＋低温回火；

6. 奥氏体耐热钢；球墨铸铁；马氏体耐热钢；

7. 调质钢；

8. 碳素工具钢；淬火＋低温回火。

三、是非题

1. √　2. √　3. √　4. √　5. ×　6. ×　7. ×　8. √。

四、选择题

1. (a) 变形类型；(b) 断裂类型；(c) 表面损伤类型；(b) 断裂类型；(a) 变形类型；

2. (a) 塑性断裂；(c) 选材；

3. (a) 45；(c) 调质＋表面淬火＋低温回火；

4. (b) 球墨铸铁；(d) 合金球墨铸铁；(a) 45；(c) 38CrMoAl；

5. (d) 退火；(a) 调质；(b) 氮化；(c) 消除应力；

6. ⑫ 40Cr；④ 60Si2Mn；⑬ GCr15；② W18Cr4V；⑥ Q345 (16Mn)；⑭ Cr12MoV；⑩1Cr18Ni9Ti；⑪T12。

五、综合分析题

1. 答　因为尺寸大，热处理时的冷却速度慢，且各个部位的温度不均匀，得到的组织不同。在选择材料时，对于大尺寸零件或试样，应注明对整个截面性能的要求、强度、硬度、塑性和韧性、硬化层深度等指标的具体要求，选择淬透性高的材料。

2. 答　这是说明零件应进行何种热处理及热处理后必须达到的性能指标，依据包括材料特性、使用要求、零件结构特点等。

3. 答　主要是 Λ 处存在尖角，使用过程中易产生应力集中，将此处改成一定的圆角。

4. 答　从 A、B、C 点的成分、组织、硬度来看，齿轮磨损的主要原因是硬度不够，渗碳层的化学成分是合理的，但组织不是淬火后的组织，说明该零件渗碳后没有进行淬火处理。

5. 答　使用过程中摩擦部分严重磨损的原因是表面硬度不够，30 钢经表面淬火和低温回火后硬度达不到 50～55HRC，这是因为 30 钢的含碳量太低，可选择含碳量高些的钢。

6. 答　发生的失效原因是因为 T10 钢钻头的热硬性差，因为铸铁的导热性差，又是打 ϕ10mm 的深孔，钻头与工件之间产生的摩擦热不能很好的散发出来，使钻头的硬度降低，表面很快磨损失效。解决的方案是选热硬性好的钻头材料（如 9SiCr 或 W18Cr4V)。

7. 答　可选择氮化钢（如 38CrMoAl)，工艺路线为：下料→锻造→退火→粗加工→调质→精加工→去应力退火→粗磨→渗氮→精磨。

8. 答　根据该轴的失效现象可知，该轴的硬度不足，组织分布不均匀，根据显微硬度分析，白色区域为 80HB，应该是 F 组织，黑色区域硬度为 630HBW，应该是 M 组织。说明该轴淬火时的加热温度偏低，选择在 A_1-A_3 线之间，因此淬火后出现了软的 F 组织。

9. 答　正火的目的是细化晶粒，均匀组织，消除锻造引起的应力；调质的目的是为获得良好的综合力学性能；表面淬火是为了提高表面的硬度；低温回火是为了消除表面淬火引起的应力和降低淬火脆性。

10. 答　正火的目的是细化晶粒，均匀组织，消除锻造引起的应力；渗碳的目的是使表面转变成高碳钢；淬火是为了使表面获得高碳 M 和形成碳化物，提高表面硬度和耐磨性；低温回火是为了消除淬火引起的应力和降低淬火脆性。

使用状态下的组织为：表面高碳回火 M 和碳化物，心部为低碳回火 M+F 或低碳回火 M+索氏体+F。

11. 答　(1) 45 钢经淬火+回火后硬度达不到 50～60HRC，可以在选材方面进行改进，选用渗碳钢，渗碳后经淬火+低温回火。

(2) 对要求良好综合力学性能的直径 300mm 的传动轴，选用 40Cr 淬透性不够，应选择高淬透性的调质钢。另外，热处理技术条件 40～45HRC 也偏高，调质后的硬度应在 200～300HB。

(3) 弹簧选用 45 钢是不合适的，应选用弹簧钢（如 65 钢、60Si2Mn）。

(4) 材料 45 钢选择的不合适，45 钢不适合进行渗碳，应选择渗碳钢（如 20 钢、20CrMnTi）

(5) 40Cr 的淬透性不够，经调质处理后，不能满足拉杆截面性能均匀的要求，应选择淬透性更好的材料（40CrMnMo 等）。

12. 答

（一）C6140 车床变速箱齿轮

(1) 材料选择：45 钢。

(2) 热处理技术要求：调质+表面高频淬火+低温退火；心部：200～300HB，表面：50～55HRC。

(3) 零件加工工艺路线：锻造→正火→粗加工→调质→精加工→表面高频淬火、低温回火→磨削。

(4) 热处理工序的作用：正火是为细化晶粒，均匀组织，消除锻造引起的应力；调质是为了使零件获得良好的综合力学性能；表面淬火是为使表面获得马氏体，保证表面硬度要求；低温回火是为了消除淬火应力和降低脆性。

(5) 表面为回火马氏体，心部回火索氏体。

（二）AC-400A 型水泥车变速箱齿轮

(1) 材料选择：渗碳钢（20CrMnTi）。

(2) 热处理技术要求：渗碳+淬火+低温退火；心部：200～300HB，表面：55～60HRC。

(3) 零件加工工艺路线：锻造→正火→粗加工→渗碳→精加工→淬火、低温回火→磨削。

(4) 热处理工序的作用：正火是为了细化晶粒，均匀组织，消除锻造引起的应力；渗碳是为了使零件表面高碳；淬火是为使表面获得高碳马氏体和碳化物，保证表面硬度要求；低温回火是为消除淬火应力和降低脆性。

(5) 表面为高碳回火马氏体+碳化物，心部低碳回火马氏体+F 或 P+F。

（三）连杆螺栓

(1) 材料选择：中碳调质钢（40Cr 或 35CrMo）。

(2) 热处理技术要求：调质，硬度 200～300HB。

(3) 零件加工工艺路线：锻造→正火→粗加工→调质→精加工→磨削。

(4) 热处理工序的作用：正火是为了细化晶粒，均匀组织，消除锻造引起的应力。调质是为了获得良好的综合力学性能。

(5) 组织为回火S。

(四) 十字头销

(1) 材料选择：45钢。

(2) 热处理技术要求：调质＋表面高频淬火＋低温退火；心部：200～300HB，表面：50～55HRC。

(3) 零件加工工艺路线：锻造→正火→粗加工→调质→精加工→表面高频淬火、低温回火→磨削。

(4) 热处理工序的作用：正火是为了细化晶粒，均匀组织，消除锻造引起的应力；调质是为了使零件获得良好的综合力学性能；表面淬火是为使表面获得马氏体，保证表面硬度要求；低温回火是为了消除淬火应力和降低脆性。

(5) 表面为回火马氏体，心部回火索氏体。

(五) 变速轴

(1) 材料选择：渗碳钢（20Cr、20CrMnTi）。

(2) 热处理要求：渗碳＋淬火＋低温退火；心部：200～300HB，表面：55～60HRC。

(3) 零件加工路线：锻造→正火→粗加工→渗碳→精加工→淬火＋低温回火→磨削。

(4) 热处理工序的作用：正火是为了细化晶粒，渗碳是为了使零件表面得到高碳；淬火是为了使表面获得高碳马氏体和碳化物，保证表面硬度要求；低温回火是为了消除淬火应力和降低脆性。

(5) 表面组织为高碳回火马氏体＋碳化物，心部组织为低碳回火马氏体＋F或P＋F。

工程材料学自测题一参考答案

(一) 填空题

1. 体心立方；面心立方；密排六方；
2. 低；大；
3. 滑移；孪生；
4. 热处理；塑性变形；强度；硬度；
5. 渗碳体；共析；过共析；降低硬度；切削加工；淬火；
6. 奥氏体形核；奥氏体长大；残余Fe_3C溶解；奥氏体成分均匀化；
7. 打碎莱氏体中的粗大碳化物；
8. 变形失效；断裂失效；表面损伤失效；
9. 珠光体；贝氏体；马氏体。

(二) 是非题

1.√；2.×；3.√；4.√；5.√；6.×；7.√；8.×；9.×；10.×。

(三) 画图和计算题

1. 解　因为纯铁在室温下为体心立方晶体结构，(110)、(111) 晶面及 [111]、[110] 晶向如图1-4-12所示。滑移系为{110}×〈111〉，所以应该沿上述的 (110) 晶面的 [111] 晶向产生变形。

2. 解　相图与成分标注如图 (a)。

(1) 相组分见图 (a)；(2) 组织组分见图 (b)；(3) 硬度与成分关系见图 (c)。

3. 解　(1) A：亚共析钢；B：过共析钢。

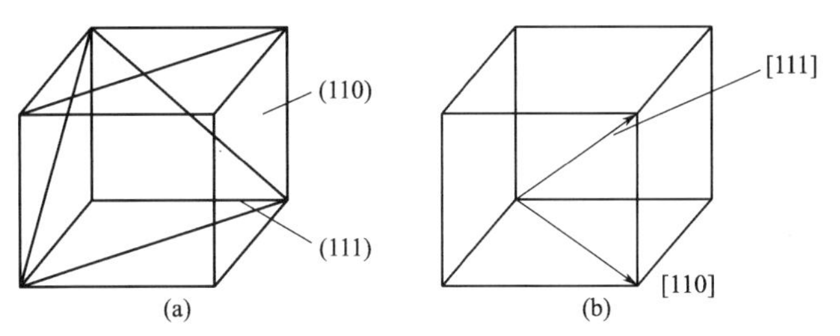

图 1-4-12　画图题 1 图

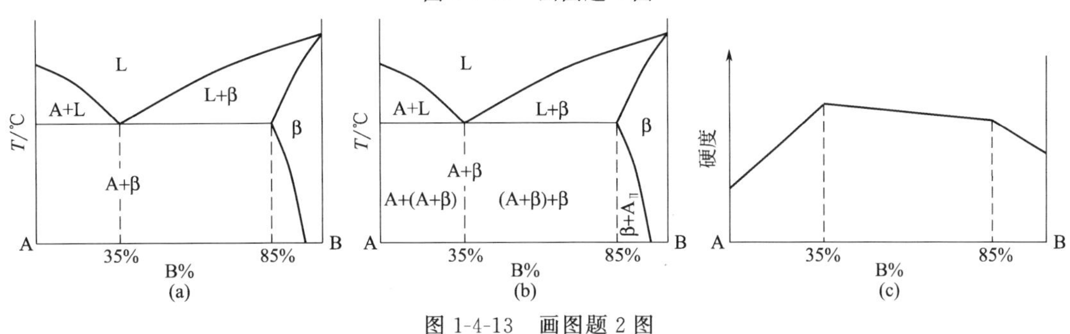

图 1-4-13　画图题 2 图

(2) ① 设 A 钢的含碳量为 X_1：

P%＝75%，X_1＝0.77%×75%≈0.58%。

或 F%＝25%，X_1＝0.77－0.77%×25%≈0.58%。

A 钢的含碳量为 0.58%。

② 设 B 钢的含碳量为 X_2：P%＝92%，

X_2＝6.69%－(6.69%－0.77%)×92%≈1.24%。

或 $Cm_{Ⅱ}$%＝8%，X_2＝6.69%×8%＋0.77%×92%≈1.24%。

B 钢的含碳量为 1.24%。

4. 解　铜的最低再结晶温度 T_R≈0.4(1083＋273)－273＝269.4℃≈270℃

铜的再结晶退火温度 T_Z＝T_R＋(100～200)℃＝370～470℃

(四) 问答题

1. 答　① 正火目的：使组织均匀化、细化、改善加工性能。

正火工艺：加热至 A_{c_3}＋(30～50)℃，空气中冷却。

② 渗碳目的：提高齿轮表面的含碳量，为淬火作准备。

渗碳工艺：在 900～950℃进行。

③ 淬火目的：使渗碳层获得最好的性能，即获得高的齿面硬度，耐磨性及疲劳强度，并保持心部的强度及韧性。

淬火工艺：渗碳后，油冷。

④ 低温回火目的：减少或消除淬火后应力，并提高韧性。

低温回火工艺：加热至 150～200℃进行。

2. 答　机器零件选材的三个原则是：使用性能原则、工艺性能原则及经济性原则。

3. 答

序　　号	钢　　号	热处理方法	主要用途举例
1	40Cr	调质(淬火＋高温回火)	轴类零件
2	GCr15	淬火＋低温回火	轴承
3	20Cr	渗碳＋淬火＋低温回火	机床齿轮类零件
4	16Mn	热轧空冷(或正火)	容器、桥梁

工程材料学自测题二参考答案

（一）是非题

1. √；2. ×；3. √；4. √；5. ×；6. ×；7. √；8. ×；9. ×；10. √。

（二）画图和计算题

1. 解　注：[100] 与 x 轴方向相同。图略。

2. 解　$T_R=0.4\times(660+273)=373(\mathrm{K})=100(℃)$

铝的再结晶退火温度 $T_Z=T_R+(100\sim200)℃=200\sim300℃$

3. 解　(1) 合金的含碳量 $x\approx0.45\%$，可应用杠杆定律进行计算（解题过程略）；也可用分析方法进行计算；按题指出，合金应为亚共析钢，合金中的碳应全部分布在珠光体内（铁素体中的碳忽略不计）。所以合金的含碳量$=56\%\times0.77\%=0.45\%$。

(2) 按相图与性能的对应规律，合金的硬度应与含碳量成直线关系，具体数值决定于组织组成物的硬度和相对数量，所以，合金的硬度$=200\times56\%+80\times44\%\approx147$（HBS）。

（三）问答题

1. 答　α 相是碳在 α-Fe 中的固溶体，具有体心立方结构；

γ 相是碳在 γ-Fe 中的固溶体，具有面心立方结构；

Fe_3C 相是碳与铁的（金属）化合物，具有复杂的晶体结构。

2. 答　*ECF* 水平线，冷却时发生共晶转变，L_d 生成莱氏体（或 L_c）；

PSK 水平线，冷却时发生共析转变，γ_S生成珠光体（α_P+Fe_3C 或 P）；

ES 线，冷却时发生 $\gamma\rightarrow Fe_3C$ 转变，析出二次渗碳体（或 Fe_3C_{II}）；

GS 线，冷却时发生 $\gamma\rightarrow\alpha$ 转变，析出铁素体（或 F、或 α 相）。

3. 答

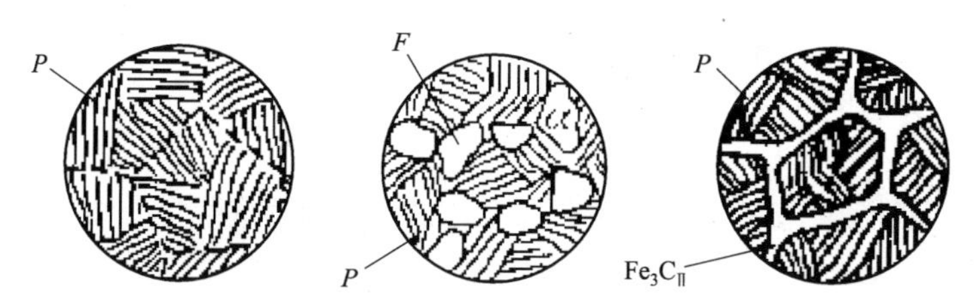

4. 答　(1) 45 钢（或其他中碳合金钢）；

(2) 目的是获得主轴整体所要求的性能和便于机加工；工艺是加热到 850℃左右，空气冷却；

(3) 目的是使轴颈表面的硬度满足要求；工艺是轴颈表面高频感应加热，水中冷却；

(4) 目的是降低淬火残余应力；工艺是整体在 170～200℃回火，或高频感应加热后自回火；

(5) 轴颈表面为回火马氏体，其余地方为珠光体（或索氏体）。

（四）选择题

1. (c)；2. (c)；3. (b)；4. (c)；5. (a)；6. (a)；7. (b)；8. (c)；9. (b)；10. (a)；11. (b)；12. (b)；13. (a)；14. (d)；15. (b)；16. (a)；17. (a)；18. (b)。

（五）填空题

1. 0.7%～0.8%；W 提高钢的红硬性（或热硬性）；Cr 提高钢的淬透性；V 提高钢的耐磨性（或细化晶粒）；

2.（1）普通低合金钢；桥梁（或压力容器）；
（2）合金渗碳钢；齿轮（或活塞销）；
（3）合金调质钢；轴（或连杆螺栓）；
（4）合金弹簧钢；板簧（或弹簧钢丝）；
（5）滚动轴承钢；滚珠（或轴承套圈）；
3.（1）Fe_3C（或渗碳体）；犁铧；
（2）（片状）石墨；机床床身；
（3）管接头；
（4）曲轴。

第五部分　实　　验

注意事项

1. 实验之前要预习、复习有关的教学内容，认真阅读实验指导书，明确实验目的和实验方法。

2. 遵守实验室规则。衣物、书包放在指定的位置，除实验必须用的纸、铅笔、实验指导书等用品外其他物品禁止带入显微镜室。

3. 实验时要听从实验教师的指导，认真观察，要保持室内的肃静和清洁卫生。

4. 爱护仪器设备，注意安全，使用仪器设备必须严格遵守操作规程，操作方法不清楚时不准动仪器，要及时向指导教师询问。与本次实验无关的设备禁止乱动。

5. 实验完毕应将所有物品归还原主。

实验一　金属材料的力学性能实验

一、实验目的

① 了解拉伸、硬度（布氏、洛氏）、冲击实验的原理及操作方法；

② 掌握金属材料的抗拉强度、屈服强度、延伸率、断面收缩率、布氏硬度和洛氏硬度、冲击韧性的测量方法及应用范围。

二、实验要求

① 了解洛氏硬度各种级别的差别（包括压头、载荷、应用范围）观察布氏硬度、维氏硬度的压坑形状，学会洛氏硬度的操作步骤；

② 讲解的过程中做好记录；

③ 学会应用黑色金属强度与硬度的换算表。

三、概述

材料的力学性能是指材料在外加载荷作用下或载荷与环境因素（温度、环境介质）联合作用下所表现的行为，即材料抵抗外加载荷引起的变形和断裂的能力。用各种不同的实验方法，测定材料在一定受力条件下所表现的力学行为的一些力学参量的临界值或规定值，作为力学性能指标。材料的力学性能指标具有很大的实用意义，它是设计计算、材料选用、工艺评定和材料检验的重要依据。以下阐述几种常用的力学性能指标的意义和实验方法。

（一）硬度

硬度是检验原材料、毛坯或成品件、热处理件的重要力学性能指标。常用的硬度实验有布氏硬度和洛氏硬度实验法。

1. 布氏硬度实验

(1) 实验原理　布氏硬度计的结构见图 1-5-1。根据 GB 231—84 规定，布氏硬度实验是用直径为 D 的淬火钢球或硬质合金球，以一定大小的载荷 F 压入试样表面［图 1-5-2(a)］，经规定的饱和时间后卸除载荷，测量试样表面的压痕直径 d［图 1-5-2(b)］，求得压痕表面面积 S，以单位压痕面积上所承受的平均压力大小定义为布氏硬度，即 $HB=\dfrac{F}{S}=\dfrac{2F}{\pi D(D-\sqrt{D^2-d^2})}$，硬度单位一般不标出。由公式知，材料软，$d$ 值大，压坑面积大，则 HB 值低。反之，材料硬，HB 值高。在实际实验中，通常选用的钢球直径和载荷大小，测

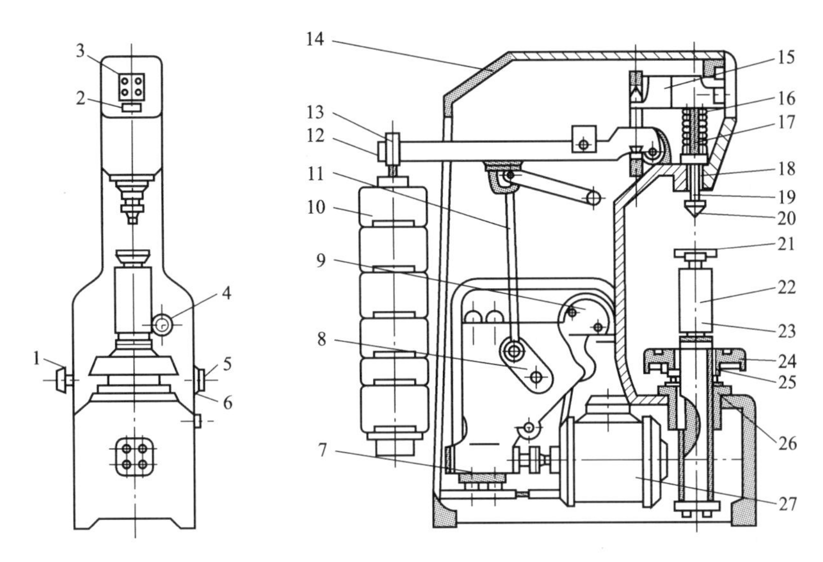

图 1-5-1　HB3000 布氏硬度计结构图

1—电源开关；2—加力指示灯；3—电源指示灯；4—加力开关；5—压紧螺钉；6—圆盘；7—减速器；8—曲柄；9—换向开关；10—砝码；11—连杆；12—大杠杆；13—吊环；14—机体；15—小杠杆；16—弹簧；17—压轴；18—主轴衬；19—摇杆；20—压头；21—可更换工作台；22—工作台立柱；23—螺杆；24—升降手轮；25—螺母；26—套筒；27—电动机

量的压坑直径，查阅对照表，得到 *HB* 数值。例如，载荷为 29.43KN，压头直径 10mm 钢球，测得压痕直径 d=3.5mm，查表得 HB=302。

根据材料软硬不同或厚薄不同，应选用不同大小的载荷 F 和压头直径 D，为了使同一材料用不同的 F 和 D 值测得的 *HB* 值相同，应使 F/D^2=常数。国家标准规定，布氏硬度实验使用的压头直径有 10mm、5mm、2.5mm、2mm 和 1mm 五种；F/D^2 的比值有 30、15、10、5、2.5、1.25 和 1 共七种❶。根据金属材料种类及布氏硬度范围，按照表 1-5-1 选定 F/D^2 值。

表 1-5-1　布氏硬度的 F/D^2 值的选择

材　　料	布 氏 硬 度	F/D^2
钢及铸铁	<140	10
	≥140	30
铜及其合金	<35	5
	30～130	10
	130	30
轻金属及合金	<35	1.25
		2.5
	30～80	5
		10
		15
	>80	10
		15

布氏硬度的优点是测量的压坑面积大，误差小，而且布氏硬度与强度有较好的对应关系。但由于压坑较大，故不适宜于成品零件，通常用作毛坯和原材料的硬度检验。

布氏硬度实验是在布氏硬度实验机上进行，在布氏硬度实验时，应根据材料和布氏硬度值范围选择 F/D^2 的值。然后将试样放在工作台 21 上，按顺时针方向转动手轮 24，使工作台上升至试样与压头 20 接触，并在手轮打滑后开动电动机 27，经减速器 7 减速后，驱动连杆 11 与摇杆 19 向下运动，此时大杆 12、砝码 10、小杆 15 及压轴 17 也向下运动，压头就以一定的载荷压入试样。停止规定时间后，电动机自动反转，曲柄连杆带动摇杆上升，卸掉载荷。反时针方向转动手轮，使工作台下降并取下试样。最后用读数显微镜测出压痕直径 d，根据 d 查表求得布氏硬度值。

❶ F 的单位为 kgf，1kgf=9.81N。

（2）操作步骤　包括以下几点。

① 清理试样表面，并根据试样的材料类别、厚度和硬度范围选择钢球压头直径 D、载荷 F 及保载时间。

② 将试样放在硬度计工作台上，按布氏硬度计的操作规程进行实验，在试样表面产生一个压痕。移动试样重做一次实验，产生第二个压痕。

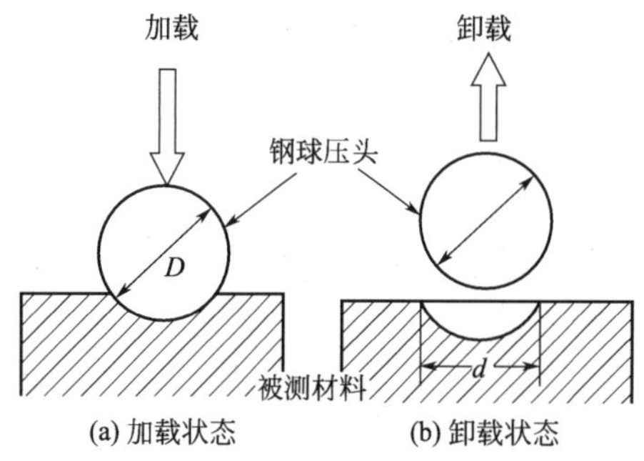

图 1-5-2　布氏硬度测量示意图

③ 取下试样，用读数显微镜在相互垂直方向上测量压痕直径 d，并根据 d 查表求出试样的布氏硬度值。见图 1-5-2。

2. 洛氏硬度实验

（1）实验原理　洛氏硬度计的结构见图 1-5-3。洛氏硬度实验是以顶角为 120°金刚石圆锥体或直径为 1.588mm 的淬火钢球为压头，在一定载荷 F 作用下压入被测金属表面，保持一定时间后卸掉载荷。根据压痕的深度 h 确定被测金属的硬度值。洛氏硬度计上有一个百分表头，用以测量压坑深度，但不必由深度来计算硬度值，实验时在表头上能直接读出被测量材料或零件的硬度值。

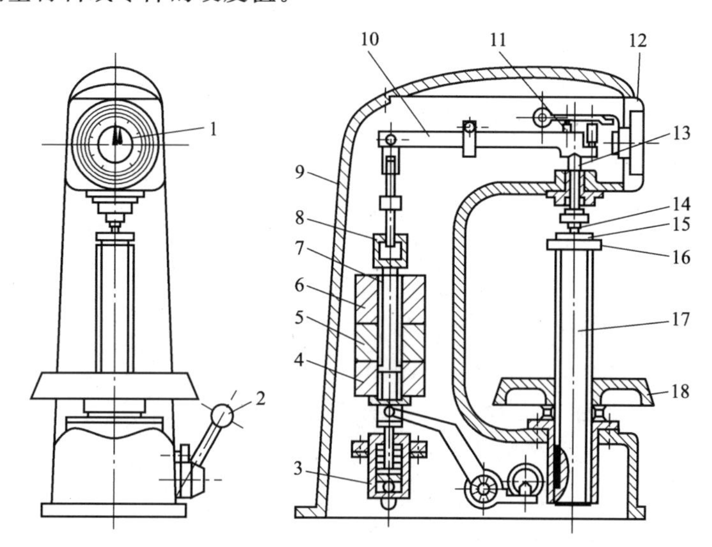

图 1-5-3　HR-150 型洛氏硬度计结构图

1—指示器；2—加载手柄；3—缓冲器；4—砝码座；5,6—砝码；7—吊杆；8—吊套；9—机体；10—加载杠杆；11—顶杆；12—刻度盘；13—主轴；14—压头；15—试样；16—工作台；17—升降丝杠；18—手轮

为了适应不同材料的硬度测试，采用不同的压头与载荷组合成不同的洛氏硬度标尺。每一种标尺用一个字母在洛氏硬度符号 *HR* 后注明，如 *HRA*、*HRB*、*HRC*、*HRD* 等，几种常用洛氏硬度级别实验规范及应用范围见表 1-5-2。

表 1-5-2　常用洛氏硬度的级别及其应用范围

洛氏硬度	压　　头	总载荷/N	测量范围	应　　用
HRC	120°金刚锥	1471.1	*HRC*20～67	淬火钢等硬零件
HRA	120°金刚锥	588.4	*HRA*70 以上	零件表面硬化层、硬质合金等
HRB	1/16 英寸钢球	980.7	*HRB*25～100	软钢和铜合金等
HRF	1/16 英寸钢球	588.4	*HRF*25～100	铝合金和镁合金等

注：根据所加的载荷和压头不同，洛氏硬度值有 15 种标度：*HRA*、*HRB*、*HRC*……

洛氏硬度实验的优点是操作简便、迅速、硬度值可在表盘上直接读出；压痕小，可测量成品件；采用不同标尺可测量各种软硬不同和厚薄不同的材料。但应注意，不同级别的硬度值间无可比性，只有查表换算成同一级别后才能比较硬度的高低。此外，因压痕小，受材料组织不均匀等缺陷影响大，所测得的硬度值重复性差，对同一测试件需测三次，取其平均值。

（2）操作步骤　包括：

① 清理试样表面，并根据试样的材料、形状、选择压头、载荷和工作台；

② 把试样放在工作台上，按洛氏硬度计的操作规程进行实验。前后共测三点，取其平均值为洛氏硬度值。

（二）冲击实验

1. 实验原理

工程上常用一次摆锤弯曲实验来测定材料抵抗冲击载荷的能力。冲击实验原理如图 1-5-4 所示。将待测材料的标准试样放在冲击实验机的支座上，将一定重量 G 的摆锤升至一定高度 H_1，使它获得位能 $G \cdot H_1$，再将摆锤释放，冲断试样后摆锤在另一边的高度为 H_2，相应位能为 $G \cdot H_2$，冲断试样前后的能量差，即为摆锤冲断试样所消耗的功，也可以说是试样变形和断裂所吸收的能量（忽略机座振动能量，试样掷出功等），称为冲击功，以 A_K 表示：

$$A_K = G \cdot H_1 - G \cdot H_2$$

A_K 的单位 J。

实验时，冲击功的数值，在冲击实验机的刻度盘上直接读出。

国家标准规定，冲击试样上有 U 形缺口或 V 形缺口，分别称为夏比 U 形缺口试样和夏比 V 形缺口试样，习惯上称前者为梅氏试样，后者为夏比试样。我国多用夏比 U 形缺口试样，图 1-5-5 为夏比 U 形缺口试样尺寸。实验时，缺口背对摆锤刀口放置。实验工具钢、热固性塑料等脆性材料常用 10mm×10mm×55mm 的无缺口冲击试样。

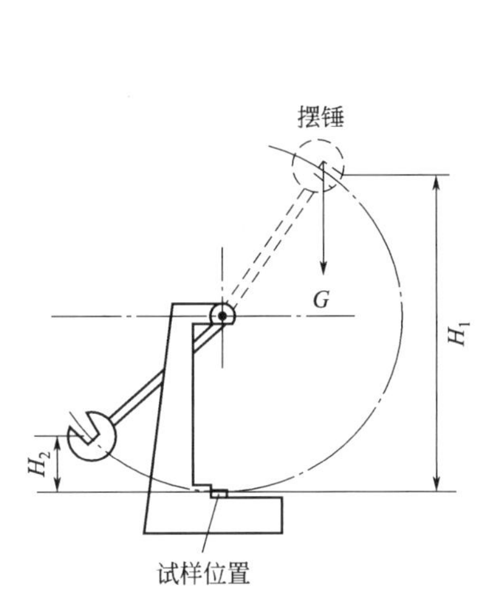

图 1-5-4　冲击实验示意图

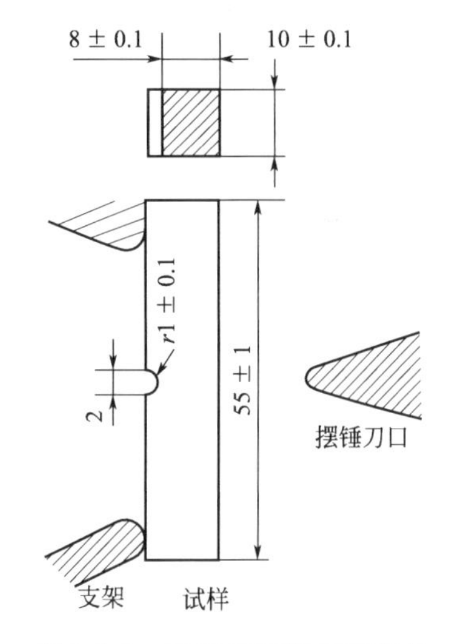

图 1-5-5　夏比 U 形缺口试样尺

2. 冲击韧性

材料在冲击载荷作用下抵抗破坏的能力叫冲击韧性。冲击韧性表示材料在冲击载荷作用下抵抗变形和断裂的能力。常以 α_k 值作为冲击韧性指标：$\alpha_k = \dfrac{A_K}{F}$

式中　F——试样缺口处截面面积，cm^2；

A_K——冲击功，J；

α_k——冲击韧性，J/cm^2。有些国家（如英、美、日本等国）直接以冲击功 A_K 表示冲击韧性指标。

α_k、A_K 值取决于材料及其状态，同时与试样的形状、尺寸有很大关系。同种材料的试样，缺口越深、越尖锐，缺口处应力集中程度越大，越容易变形和断裂，冲击功越小，材料表现出的脆性越高。因此不同类型和尺寸的试样，其冲击韧性或冲击功不能直接比较。用同一材料制成的夏比 V 形缺口试样测得的 A_K 值比夏比 U 形缺口的数值要小。

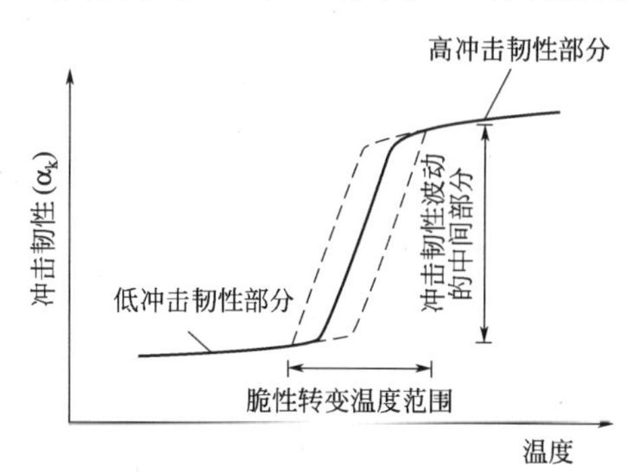

图 1-5-6　温度对冲击韧性的影响

冲击韧性指标具有实际意义。α_k（或 A_K）值可用来评定材料低温变脆倾向。由 α_k 值和实验温度关系曲线（图 1-5-6）可看出，随实验温度降低，α_k 值降低，当温度降至某一数值或一定温度范围时，α_k 值急剧下降，材料由韧性状态转变为脆性状态，这种转变称为冷脆转变，相应温度称为冷脆转变温度 T_k（℃）。材料的脆性转变温度越低，说明低温冲击性能越好，允许使用的温度范围越大。工程上使用的中、低强度结构钢常有低温脆性现象，对低温服役的机件，要依据材料的 T_k 值，确定他们的最低使用温度，以防止低温脆断。

应当指出，确定脆性转变温度的方法有多种。随实验方法的不同，同样材料的 T_k 值也有差异。

α_k、A_K 值对材料内部缺陷、显微组织的变化很敏感，如夹杂物、内部裂纹、钢的回火脆性等都会使冲击韧性明显降低，因此，可用来评定原材料的冶金质量及热加工产品质量。

对受大能量冲击的机件，为了保证使用安全，常将 α_k 作为材料冲击抗力指标，但 α_k 值无法用于零件设计计算，只能根据经验提出 α_k 值的要求。在室温下受冲击载荷的一般零件，α_k 值为 30～50 J/cm^2 就能满足要求；对重要的受冲击载荷零件，α_k 值要高一些，如航空发动机轴要求 α_k 值 80～100J/cm^2。

实际上，承受冲击载荷的零件，常常不是受到一次冲击就破裂，而是承受多次冲击后才被破坏，如锤杆，凿岩机活塞、钎尾等，以一次冲击破坏测定的 α_k 值作为设计的抗冲击性能指标，并不能保证使用寿命。为此就提出了用小能量多次冲击实验来测定材料的性能，即测定材料的冲击能量 A 与冲断周次 N 之间的关系曲线（如图 1-5-7 所示）。以某冲击能量 A 下的冲断周次 N 或以要求的冲击工作寿命 N 时的冲击能量 A，表示材料的多冲抗力。

（三）拉伸实验

金属拉伸实验遵照国家标准（GB/T 228—1987）在万能材料实验机上进行。在实验过程中，与电子万能实验机联机的微型电子计算机的显示屏上实时绘出试样的拉伸曲线（也称为 P-Δl 曲线）。

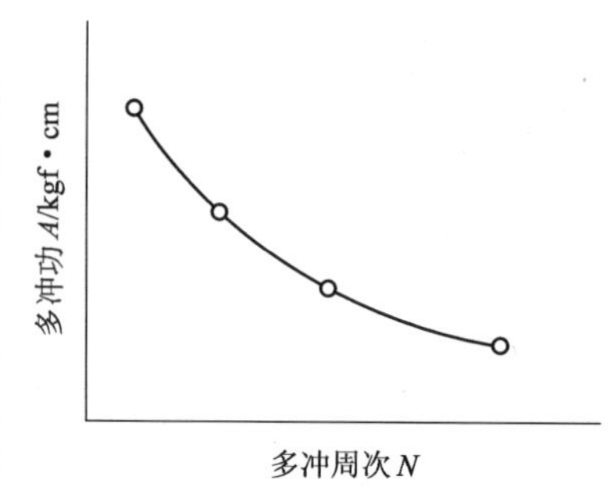

图 1-5-7　多冲曲线

拉伸实验是工业上最广泛的力学性能实验方法之一。将圆形或板状光滑试样夹在拉伸实验机上，沿试样轴向缓慢施加载荷，使其发生拉伸变形直至断裂，拉伸前后的试样如图 1-5-8 所示。试样拉伸过程中，在拉伸实验机

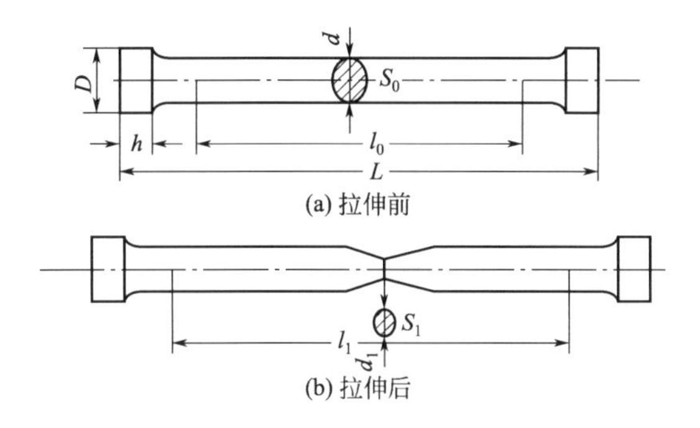

图 1-5-8　拉伸试样

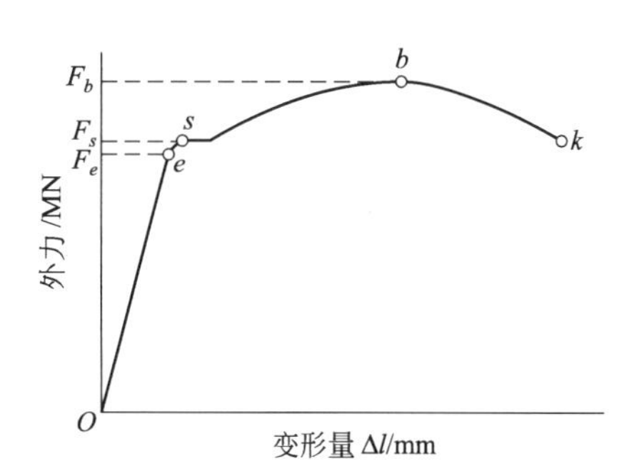

图 1-5-9　低碳钢的拉伸曲线

上通常可自动绘制出载荷和试样伸长变形量之间的关系曲线，称为拉伸曲线或 F-Δl 曲线。图 1-5-9 所示为低碳钢的拉伸曲线，拉伸曲线的横坐标值和纵坐标值均与试样的几何尺寸有关。若将纵坐标除以试样的原始截面积（常量），即应力 σ（$\sigma=P/S_0$）表示，横坐标除以试样的原始标距长度（常量），即应变 ε（$\varepsilon=\Delta l/l_0$）表示，则这样的曲线与试样尺寸无关，可代表材料的力学性能，此曲线为应力-应变曲线，或 σ-ε 曲线。图 1-5-10 所示为低碳钢的 σ-ε 曲线。曲线上表明有四个变形阶段：弹性变形阶段（*oe* 段）；屈服阶段（*es* 段）；变形强化阶段（*sb* 段）；形成缩颈，局部变形阶段（*bk* 段）。不同材料，其 σ-ε 曲线有所不同，图 1-5-11(a) 为硬化程度较高的钢、铝合金等的 σ-ε 曲线，没有物理屈服现象。图 1-5-11(b) 为典型脆性材料的 σ-ε 曲线，几乎没有塑性变形，如陶瓷、玻璃、淬硬高碳钢、硬脆性塑料（聚苯乙烯、有机玻璃、酚醛树脂等）属这种类型。图 1-5-11(c) 为强化能力较强的高锰钢、硬而强的增强环氧塑料的 σ-ε 曲线，只有弹性变形和均匀塑性变形两个阶段。图 1-5-11(d) 为硬而韧的材料，如聚甲醛、尼龙等的 σ-ε 曲线，这类材料屈服以后能产生很大的塑性变形。

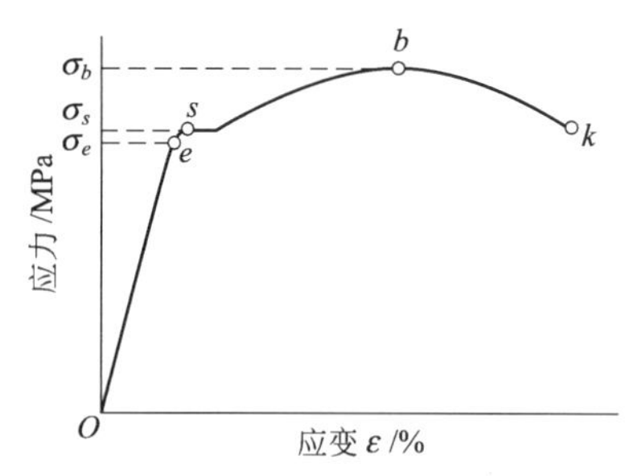

图 1-5-10　低碳钢的应力-应变曲线

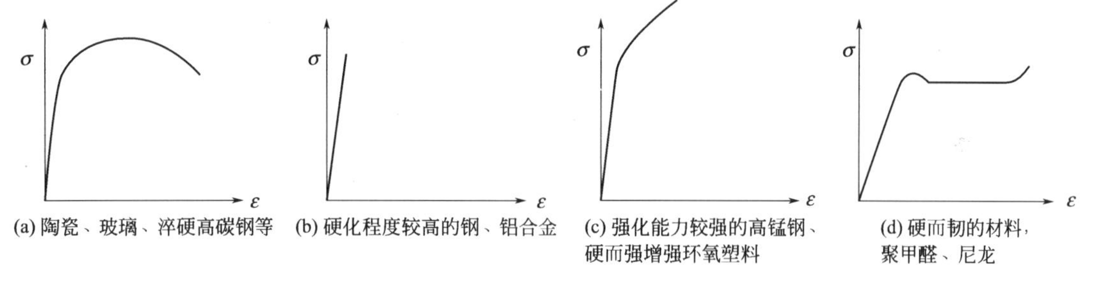

图 1-5-11　几种类型材料的 σ-ε 曲线

通过拉伸实验可以揭示材料在静载荷作用下的力学行为，即弹性变形、塑性变形、断裂三个基本过程，还可以确定材料的最基本的力学性能指标，如弹性模量、屈服强度、抗拉强度、伸长率和断面收缩率，这些性能指标都具有实用意义。

（1）弹性　固态工程材料都具有弹性行为，即在力的作用下产生变形，外力去除后变形完全消失，物体完全恢复到它原来的形状，这种可逆性的变形叫做弹性变形。若外力去除后物体不能完全恢复到原来的形状，即残留一定量的永久变形，这种残留的永久变形称为塑性变形。

弹性模量：材料在弹性变形阶段，外力与变形呈正比关系，此阶段应力与应变的比值称为弹性模量，拉伸时弹性模量 $E=\sigma/\varepsilon$，单位 MPa。

在工程上，E 也称为材料的刚度，是材料的重要力学性能指标之一，它表征材料对弹性变形的抗力。其值愈大，材料产生一定量的弹性变形所需要的应力愈大，这就表明材料不容易产生弹性变形，即材料的刚度大。在机械工程上一些零件或构件，除了满足强度要求外，还应严格控制弹性变形量，如锻模、镗床的镗杆，若没有足够的刚度，所加工的零件尺寸就不精确。值得注意的是材料的刚度和零件的刚度决不是一回事，零件的刚度除取决于材料的刚度外，还和结构因素有关。弹性模量的大小，主要取决于材料的本性，反映了材料内部原子间的结合力或结合键的强弱。

（2）强度　强度的物理意义是表征材料对塑性变形和断裂的抗力。由拉伸实验可测定材料的弹性极限、屈服强度和抗拉强度等强度指标。

① 弹性极限（σ_e）是试样由弹性变形过渡到弹－塑性变形时所承受的应力（见图 1-5-10），即 $\sigma_e=F_e/S_0$（MPa）。式中 F_e 为试样在弹性变形范围内的最大弹性变形时所受外力（单位为 MN）；S_0 为试样标距部分的原始截面积（单位为 m^2）。

在实际拉伸实验中，弹性极限受测量精度影响，很难精确测试。所以在国家标准中规定以试样残余伸长量为 0.01%时的应力作为“规定弹性极限”，并以 $\sigma_{0.01}$ 表示。弹性极限表示材料对微量塑性变形的抗力。

有些零件，如精密弹簧、气压式仪表中的包端管、膜盒、波纹管以及枪炮管等在工作中不允许产生微量的塑性变形，那么设计时应根据弹性极限来选材，否则它们将不能长期正常工作，或虽能工作而起不到应有的作用。

② 屈服极限（σ_s 或 $\sigma_{0.2}$），如图 1-5-9 拉伸曲线上，当外力增加到 F_s 时出现平台阶段，此时外力虽不增加，试样却继续伸长，即试样产生屈服现象。试样屈服时承受的最小应力称为屈服强度（或屈服点），以 σ_s 表示，$\sigma_s=F_s/S_0$（MPa）。F_s 为屈服时的外载荷，S_0 为原始截面积。

对于拉伸曲线上不出现明显屈服现象的材料，国家标准规定以试样塑性变形量为试样标距长度的 0.2%时，材料所承受的应力作为“规定屈服强度”，并以 $\sigma_{0.2}$ 表示。

屈服强度表征材料对明显塑性变形的抗力。绝大多数机器零件，如紧固螺栓等，在工作中都不允许产生明显塑性变形，因此屈服强度是设计和选材的主要依据之一。

③ 抗拉强度（σ_b），塑性材料拉伸实验产生屈服后，由于塑性变形引起加工硬化，所以随后的试样伸长必须要继续增加载荷，直到 F_b 点（图 1-5-9）时，载荷达到最大值。在载荷达 F_b 以前试样变形是均匀的，而载荷达到 F_b 以后变形将集中在试样的薄弱处，因而试样产生细颈。由于细颈处截面急剧减小，所以试样能承受的载荷下降，直到最后断裂。

试样能承受的最大载荷除以原始截面积所得的应力，称为抗拉强度或强度极限，并以 σ_b 表示，$\sigma_b=F_b/S_0$（MPa）。

抗拉强度是材料在拉伸条件下能够承受最大载荷时的应力值。对于塑性材料，它表示材料对最大均匀变形的抗力；对于脆性材料，一旦达到最大载荷，材料便迅速发生断裂，所以 σ_b 也是材料的断裂抗力指标。

零件设计时不允许产生过量塑性变形，常用 σ_s 或 σ_b 作为设计依据。但从保证零件不产生断裂的安全角度出发，同时考虑到 σ_b 的测量方便，也往往将 σ_b 作为零件设计的依据，但要采用更大的安全系数。

（3）塑性　塑性的物理意义是表征材料断裂前具有塑性变形的能力。常用的塑性指标有伸长率和断面收缩率。

① 伸长率（δ）是试样拉断后标距长度的相对伸长值，用百分数表示：$\delta=\frac{l_1-l_0}{l_0}\times100\%$，式中 l_0 为试样原始标距长度（mm）；l_1 为试样拉断后的标距长度（mm），见图 1-5-8。

对于拉伸时形成颈缩的材料来说，δ 值大小包括均匀变形部分伸长率和颈缩部分的集中变形伸长率两部分。根据实验结果，对同一材料制成的几何形状相似的试样，均匀变形伸长率和试样尺寸无关，集中伸长率和 $F_0^{1/2}/l_0$ 有关。用 $l_0=10d_0$ 及 $l_0=5d_0$（d_0 是试样的原始直径）两种圆形试样所测得的伸长率 δ_{10} 和 δ_5 数值是不同的，δ_5 大约为 δ_{10} 的 1.2 倍。在用伸长率比较材料塑性大小时，只有相同符号的伸长率才有可比性。

② 断面收缩率（ψ）是断裂后试样截面的相对收缩值，按公式 $\psi=\frac{F_0-F_1}{F_0}\times100\%$ 计算。F_0 为试样原始截面积；F_1 为试样断裂后的最小截面积。断面收缩率不受试样尺寸的影响，能可靠地反映材料的塑性。

材料的塑性指标 δ、ψ 数值高，表示材料的塑性加工性能越好。如飞机蒙皮、燃烧室火焰筒等冷压成形的零件，在加工制造时应具有足够的塑性。服役的零件，也要求具有一定的塑性，以提高承受偶然过载的能力。零件因偶然过载就可能在局部地区产生塑性变形，塑性变形的同时引起加工硬化，使变形抗力增加，这就不致因偶然过载而发生突然断裂。因此，对机械零件都提出一定的 δ、ψ 要求，但他们和 $\sigma_{0.2}$、σ_b 不同，不能用于零件设计计算。

根据经验，一般零件 $\delta=5\%$、$\psi=10\%$ 即可满足要求。一般认为，零件在保证一定的强度要求前提下，塑性指标高，则零件的工作安全可靠性大。

若实验前将试样的初始直径 d_0，初始标距长度 l_0 等数据输入微型机算机，微型机算机可绘出应力-应变（σ-ε）曲线，并在实验结束后给出该材料的屈服点 σ_s 和抗拉强度 σ_b。

四、实验内容与步骤

① 全班分成两大组，一组老师讲解洛氏硬度实验原理和测试方法。并以 45 钢正火态、不同回火态为测试对象进行练习，熟练掌握洛氏硬度操作方法。

② 另一组老师讲解布氏硬度、冲击实验的实验原理，并以 45 钢正火态为示范，演示其操作方法，40min 后轮换。

③ 全班一起听老师讲解并示范 45 钢正火态拉伸实验过程。

④ 学会材料抗拉强度、屈服强度、延伸率、断面收缩率的测试方法。

五、实验数据记录与整理

完成表 1-5-3～表 1-5-5，并进行数据整理。

表 1-5-3 拉伸实验数据记录表

项目 实验材料	试样尺寸/mm				载荷/kN	
	原始标距 l_0	拉断后标距 l_1	原始直径	颈缩处最小直径	屈服载荷	最大抗拉载荷
45 钢供货态						

表 1-5-4 硬度实验记录表

布氏硬度	实验材料		处理状态		洛氏硬度	实验材料		处理状态	
	压头直径		载荷			硬度标尺		压头	
	压坑直径		硬度值			总载荷		硬度值	

表 1-5-5 冲击实验记录表

冲击实验	实验材料		处理状态	
	试样断口截面积		冲击功 A_K	
	冲击韧性 α_k			

实验二　塑性变形与再结晶

一、实验目的

① 了解金属塑性变形后组织与性能的变化；

② 对已经塑性变形的金属加热，了解其组织和性能变化。

二、概述

许多金属制品或零件是通过压力加工如轧制、锻造、挤压、冲压、拉拔等工艺来形成的。这些工艺的基本要求就是在外力作用下使金属产生塑性变形。所谓塑性变形，就是在去除外力以后，形状和尺寸不能恢复的那部分变形，也称范性变形。

从晶体结构看，金属的塑性变形是在切应力的作用下，通过滑移即晶体中的一部分原子沿着原子密度最大的晶面和晶向发生相对移动，大量原子的移动，导致宏观上尺寸和形状的改变；微观上，通过金相组织的观察，晶粒被拉长，晶粒内部产生许多滑移带，变形量增大，滑移带交叉，晶界模糊，晶粒破碎，即形变亚晶粒量增多，上述这些结构上的变化使金属继续变形受到阻碍，这意味着欲使金属进一步变形就必须加大外力，由此可以得出，塑性变形的结果，使金属的强、硬度提高，而塑性、韧性下降。

对于任何一种金属材料，利用塑性变形来提高它的强度、硬度是有限度的，因为每一种金属材料的强度极限是一定的，超过强度极限值就会断裂。同时，塑性变形的结果，材料的强度、硬度提高很多以后，若进一步变形带来困难，所以在生产中常常设有中间退火这道工序，也称再结晶退火。根据加热温度不同，一般分为回复、再结晶、晶粒长大三个阶段。在回复阶段，加热温度不高，原子只做微小的移动，显微组织与变形后未加热的没有什么区别，但内应力已去除大半，而强度、硬度降低很少，这一阶段也称为去应力退火。若进一步升高温度，在变形最大部位的原子重新规则排列成为结晶核心，随着保温时间的延长或加热温度的升高，晶核愈来愈多，晶粒不断产生，最后全部转变为等轴晶粒，此时的加热温度就是再结晶温度，在工程上再结晶温度是一个温度范围，不是一个具体的值。再结晶退火的目的是把难以再进一步塑性变形的金属变软，以恢复塑性，满足工艺上继续加工变形的需要。温度再升高或延长加热时间，晶粒会不断长大，一般情况下并不希望这样。

三、实验内容

1. 辗薄防锈铝 LF2 试片

变形在自制的小型辗压机上进行，辗压示意图见图 1-5-12。靠手轮来调节两轧辊间的间隙来实现。每人取一块厚约 4mm 的退火试片，按表 1-5-6 上理论参考的变形度变形，因为实际变形度由于种种原因（齿轮的啮合间隙，轧辊的磨损等）难以控制到理论变形所达到的数据，因此，实际变形度一栏是指在一定的控制条件下辗压后实测的厚度，根据公式计算而得。7 人为一组，每人只做一个变形度，并测出该变形度下的硬度，每组完成表 1-5-6 所列的内容，每人汇总本组数据，绘出硬度与变形度的关系曲线。

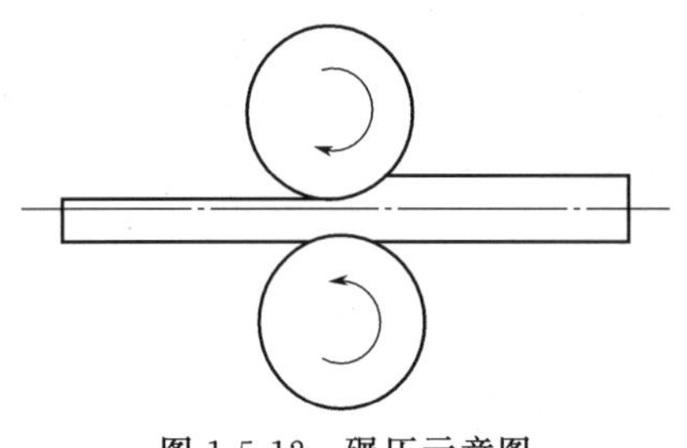

图 1-5-12　碾压示意图

$$变形度：\varepsilon\% = \frac{b_0 - b}{b_0} \times 100\%（取小数点后一位）$$

式中　b_0——为辗压前试片的厚度，mm，取小数点后两位；

b——为辗压后试片的厚度，mm，取小数点后两位。

表 1-5-6　硬度与变形度的关系

变形度/%	理论	0	3	5	10	20	30	50
	实际							
b_0 平均值/mm								
b 平均值/mm								
硬度 *HRF*	第 1 点							
	第 2 点							
	第 3 点							
	三点平均							

注：必须指出，辗压后试片上各部分的变形不是十分均匀的，翘曲不平，这对厚度与硬度的测量均带来误差，为减少这方面的误差，首先要求辗压后的试片应尽量平整，一般反复压 3～4 次即可；其次是厚度和硬度的测量部位能够统一起来，最好如图 1-5-13 所示，一般测三点取平均值。

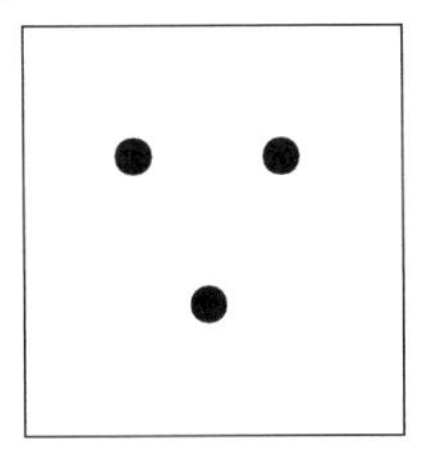

图 1-5-13　厚度和硬度的测量

2. 变形金属的回复和再结晶退火

每人取一块变形为 50%的 LF2 试片，按表 1-5-7 所列温度加热，保温 25min 取出水冷，测 *HRF*，每人选定一个温度，每组完成表 1-5-7 所列的内容，每人汇总本组数据，绘出硬度和退火温度的关系曲线。

表 1-5-7　变形 50%的 LF2 硬度与加热温度的关系

加热温度/℃		室温	100	180	250	300	350	480
硬度 *HRF*	第 1 点							
	第 2 点							
	第 3 点							
	三点平均							

注：100℃加热在恒温水浴中进行，其他在空气炉中进行。

四、实验步骤和注意事项

1. 步骤

全班分成四个小组，1 和 2 小组先做内容 1，3 和 4 小组先做内容 2，50min 后对换实验内容。

2. 注意事项

使用电炉，先把控制器上的电源开关打向“断”，以防绝缘不良而漏电，试片在炉膛内的位置尽量放在热电偶头的下面，但不能重叠在一起，确保温度的均匀一致，放好试片后，关上炉门，别忘了把电源开关打向“通”。

五、实验器材

① 辗压机；

② 千分尺；

③ 洛氏硬度计；

④ 电炉；

⑤ LF2 试片、50%变形度试片每人各 1 块。

六、实验报告要求

① 实验名称；

② 实验目的；

③ 根据本组数据，画出变形度与硬度，加热温度与硬度两条关系曲线（曲线要光滑，特性点要标上，但不一定在曲线上），并对两条曲线进行分析；

④ 写出去应力退火和再结晶退火的目的，并根据所作曲线，确定去应力退火和再结晶的加热温度。

实验三　光学金相显微镜的使用及铁碳合金平衡组织观察

一、实验目的

① 掌握金相显微镜的简单构造及使用方法；

② 识别铁碳合金在平衡状态下，每区域的组织特征；

③ 巩固平衡状态下碳钢的组织特征与含碳量及性能之间的关系。

二、概述

1. 金相显微镜的构造和使用

(1) 金相显微镜的构造　金相显微镜的种类和型式很多，但最常见的型式有台式、立式和卧式三大类。其构造通常均由光学系统、照明系统和机械系统三大部分组成，有的显微镜还附带照相装置和暗场照明系等。现以国产 XJB-1 型金相显微镜为例进行说明。

XJB-1 型金相显微镜的光学系统如图 1-5-14 所示。由灯泡 1 发生一束光线，经聚光透镜组 2 的汇聚和反光镜 8 的反射，聚集在孔径光栏 9 上，然后经过聚光镜 3，再度将光线聚集在物镜的后焦面上，最后光线通过物镜，使试样表面得到充分均匀的照明。从试样反射回来的光线复经物镜组 6、辅助透镜 5、半反射镜 4、辅助透镜 11 以及棱镜 12 和棱镜 13，形成一个倒立放大实像。该物像再经场透镜 14 和目镜 15 的放大，即得到所观察试样表面的放大图像。

XJB-1 型金相显微镜的外形结构如图 1-5-15 所示。各部件的功能及使用简要介绍如下。

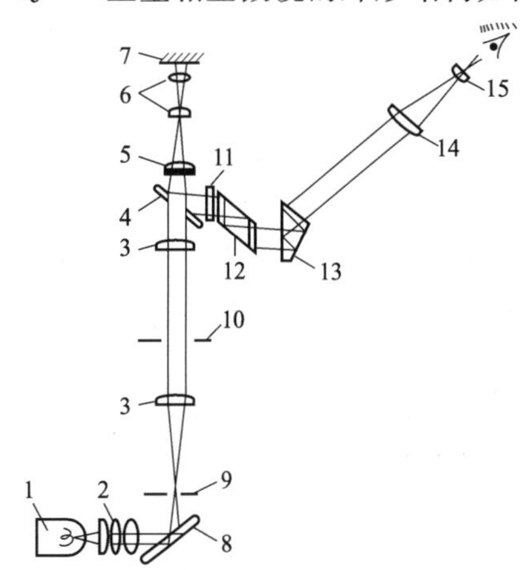

图 1-5-14　XJB-1 型金相显微镜光学系统

1—灯泡；2—聚光镜组；3—聚光镜组；4—半反射镜；5—轴助透镜；6—物镜组；7—试样；8—反光镜；9—孔径光栏；10—视场光栏；11—辅助透镜；12,13—棱镜；14—场镜；15—接目镜

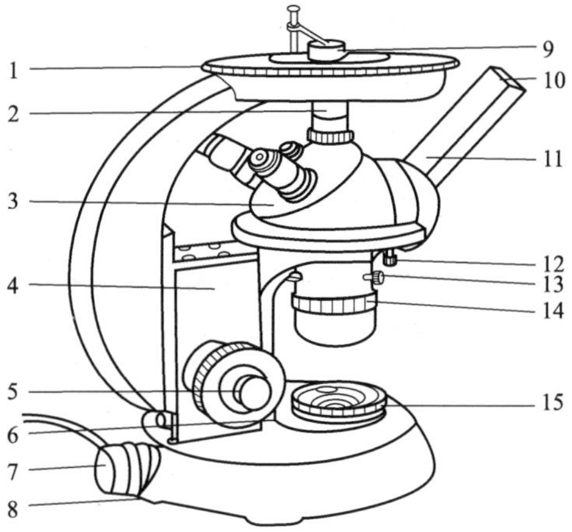

图 1-5-15　XJB-1 金相显微镜外形结构图

1—载物台；2—物镜；3—转换器；4—传动箱；5—微动调焦手轮；6—粗动调焦手轮；7—电源；8—偏心圈；9—样品；10—目镜；11—目镜管；12—固定螺钉；13—调节螺钉；14—视场光栏；15—孔径光栏

照明系统　在底座内装有一个低压灯泡作为光源，灯泡前安装有聚光镜、反光镜和孔径光栏 15，视场光栏 14 和另一聚光镜则安装在支架上。通过以上一系列透镜及物镜本身的作用，试样表面获得了充分均匀的照明。

显微镜调焦装置 在显微镜的两侧有粗动和微动调焦手轮，两者在同一部位。转动粗调手轮6，可以通过内部齿轮带动支承载物台的弯臂作上下运动。在粗调手轮的一侧有制动装置，用以固定调焦正确后载物台的位置。微调手轮5传动内部齿轮，使其沿着滑轨缓慢移动。在右侧手轮上刻有分度格，每小格表示物镜座上下微动0.002mm。与刻度盘同侧的齿轮箱上刻有两条白线，用以指示微动升降的极限位置，微调时不可超出这一范围，否则会损坏机件。

载物台（样品台） 用于放置金相试样。载物台和下面托盘之间有导架，移动结构采用黏性油膜连接。用手推动，可引导载物台在水平面上作一定范围的移动，以改变试样的观察部位。

孔径光栏和视场光栏 孔径光栏装在照明反射镜座上面，刻有0～5分刻线，它们表示孔径大小的毫米数。调整孔径光栏能控制入射光束的粗细，以降低球面像差。视场光栏装在物镜支架下面，可以旋转滚花套圈来调节视场范围，使目镜中所见视场照亮而无阴影。在套圈上方有两个调中螺钉，用来调整光栏中心。

物镜转换器 转换器呈球面形，上面有三个螺孔，可安装不同放大倍数的物镜。旋动转换器可使物镜镜头进入光路，并定位在光轴上。

目镜筒 目镜筒呈45°倾斜安装在附有棱镜的半球形座上。目镜可转向90°呈水平状态，以配合照相装置进行金相显微摄影。

(2) 金相显微镜的使用方法及注意事项 金相显微镜是一种精密光学仪器，在使用时要求细心和谨慎，严格按照使用规程进行操作。

① 金相显微镜的使用规程，具体有：

• 根据放大倍数，选用所需的物镜和目镜，分别安装在物镜座上和目镜筒。旋动物镜转换器，使物镜进入光路并定位（可感觉到定位器定位）；

• 将试样放在样品台中心，使观察面朝下并用弹簧片压住；

• 转动粗调手轮先使镜筒上升，同时用眼观察，使物镜尽可能接近试样表面（但不得与之相碰），然后反向转动粗调手轮，使镜筒渐渐下降以调节焦距。当视场亮度增强时，再改用微调手轮调节，直到物像最清晰为止；

• 适当调节孔径光栏和视场光栏，以获得最佳质量的物像；

• 如果使用油浸系物镜，可在物镜的前透镜上滴一些松柏油，也可以将松柏油直接滴在试样上。油镜头用后，应立即用棉花沾取二甲苯溶液擦净，再用擦镜纸擦干。

② 注意事项，具体有：

• 操作应细心，不能有粗暴和剧烈动作。严禁自行拆卸显微镜部件；

• 显微镜的镜头和试样表面不能用手直接触摸。若镜头中落人灰尘，可用镜头纸或软毛刷轻轻擦试；

• 旋转粗调和微调手轮时，动作要慢，碰到故障应立即报告，不能强行用力转动，以免损坏机件。

2. 铁碳合金室温下基本组织组成物的显微组织特征

(1) 铁素体（F） 铁素体是碳在α-Fe中的间隙固溶体，由于在室温下其溶碳量几乎等于零，故其显微组织与纯铁相同。用3%～5%硝酸酒精浸蚀后呈白色多边形晶粒，晶界呈黑色网络状。

(2) 渗碳体（Fe_3C） 渗碳体是具有复杂晶格结构的间隙化合物，其含碳量为6.69%，用3%～5%硝酸酒精浸蚀后，渗碳体呈白亮色；而用碱性苦味酸钠溶液（苛性钠苦味酸水溶液）热浸后呈暗黑色，故可用此法区别碳钢中的铁素体与渗碳体。渗碳体在碳钢和铸铁中与其他相共存时，可以呈片状、网状、针状或板条状。

(3) 珠光体 (P) 珠光体是由铁素体和渗碳体组成的细密机械混合物，在平衡状态下，其含碳量为0.77%。珠光体有片状和球状两种形貌。由于珠光体中铁素体比渗碳体的电极电位低，在正常浸蚀下，铁素体为阳极而被溶解，渗碳体则不被溶解而凸出。因而在高倍显微镜下就能看到珠光体是由层片的渗碳体与铁素体互相平行交替排列而成。而在低倍下，则珠光体的层片组织就无法分辨而呈黑色一片。

(4) 低温莱氏体 (L_d') 低温莱氏体是珠光体和渗碳体组成的机械混合物。在平衡状态下，其含碳量为4.3%，低温莱氏体中白色基体为渗碳体，而珠光体的层片组织一般无法分辨而成黑色。

3. 铁碳合金平衡组织的显微分析

$Fe\text{-}Fe_3C$ 相图上的各种合金，按其含碳量与平衡组织的不同，可分为工业纯铁、碳钢及白口铸铁三类。

(1) 工业纯铁 含碳量小于0.0218%的铁碳合金为工业纯铁。工业纯铁的显微组织为单相铁素体。当含碳量较高时，将沿 $Fe\text{-}Fe_3C$ 相图上 PQ 线自铁素体中析出三次渗碳体。

(2) 碳钢 含碳量在0.0218%～2.11%范围的铁碳合金称为碳钢。按其含碳量与平衡组织的不同，可分为亚共析碳钢、共析碳钢和过共析碳钢三种。

① 亚共析碳钢：含碳量在0.0218%～0.77%范围的碳钢为亚共析碳钢，其室温下的显微组织为铁素体和珠光体。随着钢中含碳量增加，珠光体量逐渐增多，铁素体量逐渐减少。且铁素体的形态也由块状变成碎块状，最后变成网状或断续网状分布在珠光体的边界上。

根据显微镜下观察到珠光体和铁素体所占面积，可用下式估算出亚共析碳钢中的含碳量

$$C\% = P\% \times 0.77\%$$

式中 C%——钢的含碳量；

P%——珠光体所占面积。

② 共析碳钢：含碳量为0.77%的碳钢称为共析碳钢，其室温下的组织为珠光体。在高倍显微镜下观察珠光体是由层片的渗碳体与铁素体互相平行交替排列而成。在通常情况下，近似认为T8钢（含0.8%C）即为共析钢。

③ 过共析碳钢：含碳量在0.77%～2.11%范围的碳钢为过共析碳钢。其室温下的显微组织为珠光体和二次渗碳体。二次渗碳体呈网状分布在晶界上。随着钢中含碳量的增加，二次渗碳体网逐渐变宽。用3%～5%硝酸酒精溶液浸蚀时，渗碳体在显微镜下呈亮白色，与铁素体相似而珠光体呈暗黑色。

(3) 白口铸铁 白口铸铁是含碳量为2.11%～6.69%范围的铁碳合金。按其含碳量及平衡组织的不同，又可分为亚共晶白口铸铁、共晶白口铸铁和过共晶白口铸铁三种。

① 亚共晶白口铸铁：含碳量为2.11%～4.3%范围的白口铸铁。其室温下的显微组织为珠光体、二次渗碳体和低温莱氏体。组织中黑色块状或树枝状分布的是由初生奥氏体转变的珠光体，白色底上分布着暗黑色粒状的基体是低温莱氏体，从初生奥氏体及共晶奥氏体中析出的二次渗碳体与共晶渗碳体连在一起，在显微镜下难以分辨。

② 共晶白口铸铁：含碳量为4.3%，其室温下的显微组织为低温莱氏体，其中白色基体为渗碳体、暗黑色粒状或棒状组织为莱氏体，二次渗碳体与共晶渗碳体连在一起而难以分辨。

③ 过共晶白口铸铁：室温下的显微组织为一次渗碳体和低温莱氏体，其含碳量为4.3%～6.69%，组织中白底上散布着暗黑色散粒状的基体是低温莱氏体，自液态直接结晶出来的一次渗碳体较粗大，呈白色板条状分布在莱氏体基体上。

三、实验方法指导

① 在本实验中，学生应根据铁碳合金相图分析各类成分合金的组织形成过程，并通过对铁碳合金平衡组织的观察和分析，熟悉钢和铸铁的金相组织和形态特征，以进一步建立成分和组织之间相互关系的概念。

② 在显微镜下对各种试样进行观察和分析，确定其所属类型。

③ 绘出所观察的显微组织图，画图时应抓住组织形态的特征，并在图中用箭头表示出组织组成物。

④ 根据显微组织近似地判定亚共析钢的平均含碳量。

四、注意事项

① 在观察显微组织时，先用低倍全面地进行观察，找出典型组织，然后再用高倍放大，对部分区域进行详细的观察。

② 在移动金相试样时，不得用手摸试样表面，以免引起显微组织模糊不清影响观察。

③ 画组织图时应抓住组织形态的特点，画出典型区域的组织，注意不要将磨痕或杂质画在图上。

五、实验设备及材料

1. 金相显微镜若干台

2. 各种铁碳合金的显微样品（见表 1-5-8）

表 1-5-8　铁碳合金的显微样品

材　　料	处理状态	浸蚀剂	组　　织
工业纯铁	退火	4%硝酸酒精	F
15 钢	退火	4%硝酸酒精	F+P
45 钢	退火	4%硝酸酒精	F+P
T8	退火	4%硝酸酒精	P
T12	退火	4%硝酸酒精	$P+Fe_3C_{II}$
亚共晶白口铸铁	铸态	4%硝酸酒精	$L_d'+P+Fe_3C_{II}$
共晶白口铸铁	铸态	4%硝酸酒精	L_d'
过共晶白口铸铁	铸态	4%硝酸酒精	$Fe_3C_I+L_d'$

六、实验报告要求

① 用铅笔画出所观察过的组织，并在图下方注明材料名称、组织、浸蚀剂和放大倍数。显微组织图画在直径为 40mm 的圆内，并将组织组成物名称以箭头引出标明。

② 根据所观察的显微组织近似地确定和估算一种亚共析钢的含碳量。

③ 本次实验的心得体会。

实验四　碳钢的淬火与回火

一、实验目的

① 掌握碳含量对淬火后硬度的影响；

② 掌握中碳钢回火温度对钢的硬度的影响和回火后的显微组织特征；

③ 熟悉碳钢淬火及回火的操作过程。

二、概述

工程材料学主要是研究材料的化学成分—组织结构—性能—用途之间相互关系与规律的一门课程。而组织结构又取决于材料的加工工艺，同样的化学成分通过不同的热处理工艺，可以得到不同的组织，而不同的组织就会表现出不同的性能。

淬火是钢的主要热处理工艺，不同成分的钢种，其淬火加热的温度不同，碳钢的淬火加热温度根据 $Fe\text{-}Fe_3C$ 状态图来决定，对于亚共析钢来说，应在 A_{c_3} 线以上 30～50℃，对于共析钢和过共析钢来说，应在 A_{c_1} 线以上 30～50℃。钢的淬火加热保温时间，必须保证钢件内外温度均匀一致和相变进行完全，保温时间的长短，主要根据钢件的形状、厚度、装炉方式、加热介质等来决定。在空气炉中加热时，加热保温时间按 1～1.5min/mm 计算。

按照不同的冷却条件过冷奥氏体将在不同的温度范围内发生不同类型的转变。通过金相显微镜观察，可以看出过冷奥氏体各种转变产物的组织形态各不相同。从冷却曲线上可以看出，冷却速度不同，它直接影响到钢淬火后的组织。当冷却速度大于临界冷却速度 V_k 时，才能得到马氏体组织；当冷却速度小于 V_k，得到的组织为马氏体和部分屈氏体（混有少量的贝氏体）；当冷却速度缓慢时，得到的组织为铁素体和块状珠光体。碳钢一般为了消除内应力，稳定组织，改善钢的力学性能，一般钢淬火后都要经过回火处理。在回火过程中要发生马氏体的分解、残余奥氏体的转变、碳化物的析出和聚集长大、α 相的回复和再结晶等组织变化。根据回火温度的不同，可将回火组织分为三类。

1. 回火马氏体

淬火钢经低温回火（150～250℃），马氏体内的过饱和碳原子脱溶沉淀，析出与母相保持着共格联系的 ε 碳化物，这种组织称为回火马氏体。回火马氏体仍然保持针状特征，但容易受侵蚀，故颜色要比马氏体深些，是暗黑色的针状组织。

2. 回火屈氏体

淬火钢经中温回火（350～500℃），得到在铁素体基体中弥散分布着微小粒状渗碳体的组织，称为回火屈氏体。回火屈氏体中的铁素体仍然保持原来针状马氏体的形态，渗碳体以细小的颗粒状，在光学显微镜下不易分辨清楚，故呈暗黑色。

3. 回火索氏体

淬火钢经高温回火（500～650℃），得到的组织称为回火索氏体。其特征是已经聚集长大的渗碳体颗粒分布在铁素体基体上。用电子显微镜可以看出回火索氏体中的铁素体已不呈针状形态而呈等轴状。

三、实验内容

1. 不同含碳量对碳钢淬火后硬度的影响

按照表 1-5-9 内容进行实验。

2. 不同回火温度对 45 钢淬火后回火硬度的影响

按照表 1-5-10 内容进行实验。

四、实验步骤及注意事项

1. 实验步骤

① 每组领取 20、45、T8、T12 钢试样各一块，按表 1-5-9 所规定的淬火温度分别放入箱式电阻炉中，待试样加热到规定的温度后，开始计算保温时间，达到保温时间后，取出试样迅速水冷淬火，然后测定硬度，每块试样测三次硬度，取平均值填入表 1-5-9。

② 每组领取未经淬火的 45 钢试样六块，首先进行淬火（加热温度 840℃，按 1～1.5min/mm 保温），然后测定硬度，如硬度值 $HRC>50$ 即可，淬火硬度 $HRC<50$ 应重新淬火。按表 1-5-10 所规定的温度进行回火，回火时间最短为 15min，回火后测量硬度，测三点硬度，取平均值填入表 1-5-10 中。

表 1-5-9　含碳量对碳钢淬火后硬度的影响

钢　　号	20	45	T8	T12
淬火加热温度/℃	910±10	840±10	780±10	780±10
淬火后平均硬度值 *HRC*				

表 1-5-10　不同回火温度对 45 钢淬火后回火硬度的影响

回火温度/℃	室　　温	180	250	350	500	600
回火后平均硬度值 *HRC*						

2. 注意事项

① 从炉内取出试样入水冷却时，动作要迅速，切不可在炉外空气中停留较长时间。

② 开启炉门前必须关闭电源。

③ 试样测定硬度前，用砂纸将两面打光磨平。

五、实验设备及材料

① 4kW 箱式电阻炉；

② 洛氏硬度计；

③ 砂纸；

④ 20、45、T8、T12 钢试样。

六、实验报告要求

(1) 实验名称。

(2) 实验目的。

(3) 根据本组实验数据汇出：

① 含碳量与淬火硬度的关系曲线，分析其规律及其原因；

② 45 钢淬火后经不同温度回火，其回火温度与硬度的关系曲线，分析其规律性，并说明其原因。

第二篇 材料成形工艺基础

第一部分 学习重点与内容提要

绪 论

一、学习重点

绪论重点了解机器零件毛坯生产方法及其在机器生产工艺过程中的位置和作用。

二、内容提要

（一）材料成形工艺基础课程的学习目的

材料成形工艺基础是研究金属材料加工工艺的一门综合科学，是机械类各专业必修的专业基础课。一部完整的机器是由许多种零件组装而成，这些机器零件是由什么材料制造的问题已经由工程材料学课程解决了。那么这些零件是用什么方法生产出来的？要合理的、经济的生产出这些零件，对它的结构有什么要求？这两个是由材料成形工艺基础课解决的问题。零件的加工成形首先需要制备相应的零件毛坯，本门课程主要讲铸造、锻压和焊接这三种基本的毛坯成形方法及毛坯选择的原则。

为了弄清毛坯生产在机器制造过程中的位置，下面简单地介绍机器生产的工艺流程，如图 2-1-1 所示。

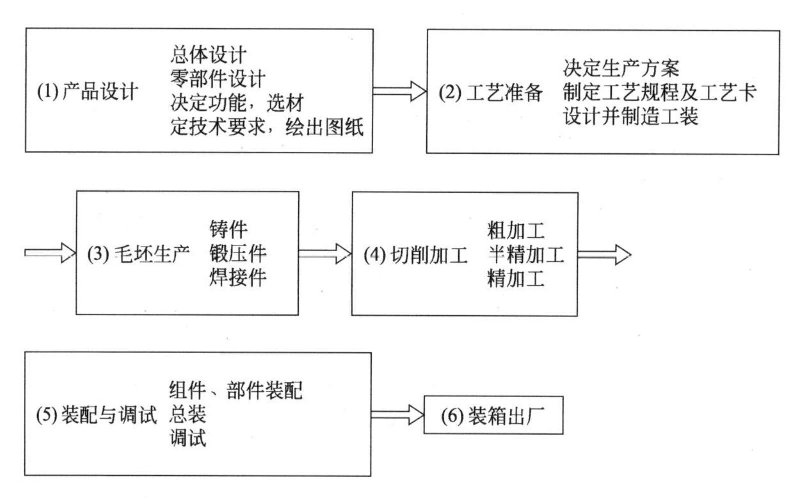

图 2-1-1 机器生产的工艺流程

（二）材料成形工艺基础课程的学习要求

① 掌握各种毛坯生产方法的实质及工艺特点，具有合理选择毛坯生产方法及工艺分析的能力。

② 掌握常用金属材料的工艺性能和零件结构设计的工艺性要求，为以后做设计打下必要的工艺基础。

第一章　铸　　造

一、本章重点

铸造生产的实质、特点与应用；合金铸造性能的流动性和收缩性；各种铸造方法的特点；铸件结构工艺性。

二、内容提要

（一）铸造的实质、特点与应用

铸造：将熔融的液体浇注到与零件的形状相适应的铸型型腔中，冷却后获得铸件的工艺方法。

1. 铸造的实质

利用了液体的流动成形。

2. 铸造的特点

① 适应性大（铸件重量、合金种类、零件形状都不受限制）；

② 成本低；

③ 工序多，质量不稳定，废品率高；

④ 力学性能较同样材料的锻件差。力学性能差的原因是：铸造毛坯的晶粒粗大，组织疏松，成分不均匀。

3. 铸造的应用

铸造毛坯主要用于受力较小，形状复杂（尤其是内腔复杂）或简单、重量较大的零件毛坯。

（二）铸造工艺基础

这一部分是本章的理论基础，也是本章的重点和难点。

1. 铸件的凝固

（1）铸造合金的结晶　结晶过程是由液态到固态晶体的转变过程。它由晶核的形成和长大两部分组成。通常情况下，铸件的结晶有如下特点：

① 以非均质形核为主；

② 以枝状晶方式生长为主。

结晶过程中，晶核数目的多少是影响晶粒度大小的重要因素，因此可通过增加晶核数目来细化晶粒。晶体生长方式决定了最终的晶体形貌，不同晶体生长方式可得到枝状晶、柱状晶、等轴晶或混合组织等。

（2）铸件的凝固方式　凝固和结晶虽然都是描述了同一转变过程，但结晶是从晶体学角度来描述，而凝固是从传热学角度来考察液态转变为固态的过程，因而，结晶与凝固是有一定区别的。

根据凝固区域宽度不同，铸件的凝固方式有三种类型：

① 逐层凝固；

② 糊状凝固；

③ 中间凝固。

凝固区域的宽度主要取决于铸件断面上液固两相共存区的大小，而这个区域的大小又决定于该合金的结晶温度范围（液相线与固相线间的温度差）和铸件断面上的温度场分布这两个因素。从图 2-1-2(a) 可见，纯金属、共晶成分合金或具有窄结晶温度范围的合金在一般铸造条件下以逐层方式凝固。图 2-1-2(b) 所示宽结晶温度范围的合金则倾向于糊状凝固方式。中等结晶温度范围的合金如图 2-1-2(c) 所示，表面趋于逐层凝固方式而中心则表现为糊状凝固方式。

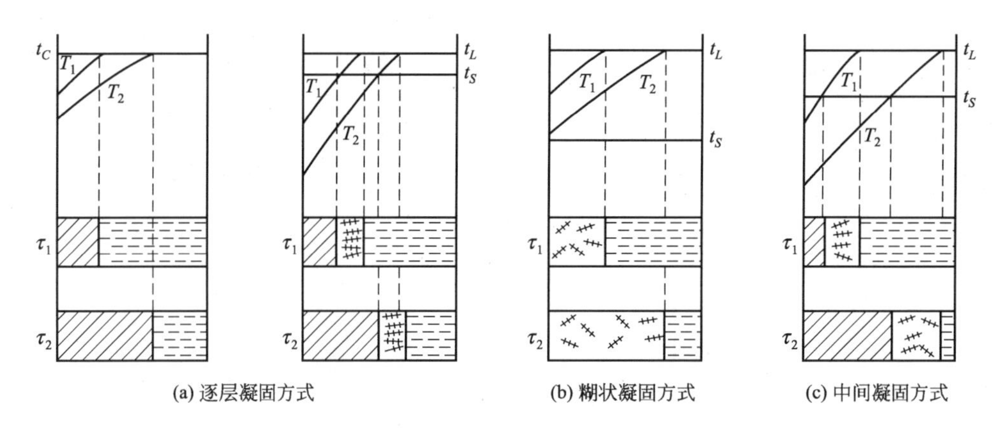

图 2-1-2　铸件凝固方式示图

t_C—纯合金或共晶合金结晶温度（$t_C=t_L=t_S$）；t_L，t_S—液相线、固相线温度；

T_1，T_2—分别为 τ_1、τ_2 时刻时铸件断面上的温度梯度

2. 合金的铸造性能

合金的铸造性能是合金在铸造生产中表现出来的工艺性能。主要包括流动性、收缩性、吸气性等。合金的铸造性能直接影响铸件的质量，是铸造工艺设计的重要依据。

（1）流动性　合金的流动性即为液态合金的流动能力，是合金本身的性能。它反映了液态金属的充型能力，但液态金属的充型能力除与流动性有关外，还与外界条件如铸型性质、浇注条件和铸件结构等因素有关，是各种因素的综合反映。

生产上要改善合金的充型能力可从以下几方面着手：

① 选择靠近共晶成分的趋于逐层凝固的合金，它们的流动性好；

② 提高浇注温度，延长金属液流动时间；

③ 提高充填压力；

④ 设置出气冒口，减少型内气体，降低金属液流动时的阻力。

（2）收缩性　这部分内容要掌握不同阶段的收缩对铸件质量的影响。弄清铸件的缩孔、缩松、内应力、变形和裂纹的形成原因及防止措施。

① 缩孔、缩松形成于铸件的液态收缩和凝固收缩的过程中。对于逐层凝固的合金，由于固液两相共存区很小甚至没有，液固界面泾渭分明，已凝固区域的收缩就能顺利得到相邻液相的补充，如果最后凝固处的金属得不到液态金属的补充，就会在该处形成一个集中缩孔。适当控制凝固顺序，让铸件按远离冒口部分最先凝固，然后朝冒口方向凝固，最后才是冒口本身的凝固（即顺序凝固方式），就把缩孔转移到最后凝固部位——冒口中去，而去除冒口后的铸件则是所要的致密铸件。

具有宽结晶温度范围，趋于糊状凝固的合金，由于液固两相共存区很宽甚至布满整个断面，发达的枝状晶彼此相互交错而把尚未结晶的金属液分割成许多小而分散的封闭区域，当该区域内的金属液凝固时，收缩得不到外来金属液的补偿，而形成了分散的小缩孔，即缩松。这类合金即使采用顺序凝固加冒口的措施也无法彻底消除缩松缺陷。因此，对于气密性要求不高，而要求内应力小的场合可采用同时凝固措施来满足要求。

② 铸件内应力主要是由于铸件在固态下的收缩受阻而引起的。这些阻碍包括机械阻碍和热阻碍。

机械阻碍引起的内应力容易理解，如型芯、铸型或浇冒口等对铸件收缩的阻碍。这样产生的应力是暂时性的，一旦机械阻碍消除，应力便自行消失。

热应力则较难理解，它与铸件结构有关。壁厚不均铸件，冷却过程中各部分冷速不一，薄壁部分由于冷速快，率先从塑性变形阶段进入弹性变形阶段，此时，由于厚壁部分仍处于塑性变形阶段，厚、薄两部分之间不会产生应力；当厚壁部分从塑性变形阶段进入弹性变形阶段进行弹性收缩时，由于这两部分为一整体，厚壁部分的弹性收缩必然受到薄壁部分的弹性阻碍，为维持它们共同的长度，厚壁部分受到薄壁部分对它的拉应力，而薄壁部分则受到相反的力——压应力。因此，必须尽量使铸件壁厚均匀，避免金属局部积聚，以减小热应力。

铸件的内应力将导致铸件发生变形，甚至开裂。因此应正确设计铸件结构，合理地制订铸造工艺。

在这里要指出顺序凝固原则对逐层凝固合金来讲，可消除缩孔缺陷。但由于铸件各部分有温差，而易产生热应力，因此在决定铸件结构和铸造工艺时，应抓住主要矛盾，采取相应措施。

偏析和吸气性也会影响到铸件质量，应有所了解。

（三）砂型铸造

1. 手工造型

要求同学参加过铸工实习，有一定的感性认识基础。手工造型方法很多，如何合理地选择造型方法，同学们应抓住怎样“起模”这个核心问题进行类比分析。根据铸件结构特点，使用要求、批量大小及生产条件，从简化造型，保证铸件质量，降低成本等方面综合比较，从而得出造型方法的合理方案。

2. 机器造型

由机器来完成紧砂和起模这两个基本操作程序称为机器造型。震压式造型机最为常用，它可获得较均匀的紧实度。

3. 铸造工艺设计

铸造工艺设计的内容，最终表现在一张铸造工艺图上。这张图中规定了铸件的形状和尺寸，也规定了铸件的基本生产方法和工艺过程，如浇注位置、分型面选择、型芯、工艺参数确定、浇冒口及冷铁等的类型及位置等，应认真掌握。

“浇注位置”选择应考虑符合铸件的凝固方式，避免产生铸造缺陷，保证铸件质量。

“分型面”的选择则主要考虑便于取模，工艺简便。浇注位置和分型面的选择是制定铸造工艺方案的第一步，直接影响到铸件质量、劳动生产率和铸件成本。教材中介绍的一些原则，不应作为教条看待，当有些原则相互矛盾时，应抓住主要矛盾，最后确定合理而先进的工艺方案。

在“加工余量”、“拔模斜度”、“铸造圆角”和“铸造收缩率”等内容的学习中，应清楚地掌握零件、铸件和模型三者之间在形状和尺寸等方面的差别与联系。这三者的形状应相近，但铸件与零件相比要考虑加工余量、拔模斜度和铸造圆角等，而模型除了这些方面的考虑外，还需考虑铸造收缩率，型芯头形状等。

（四）特种铸造

各种特种铸造方法的引出应在分析砂型铸造的特点后，根据砂型铸造存在的问题，提出改进方法，从而引申出各种不同于砂型铸造的特种铸造方法。这样就能更好地掌握各种铸造方法的特点，达到合理选择铸造方法的目的。

如果以金属型替代砂型用于铸造就形成了“金属型铸造”。通过金属铸型与砂型的比较，突出表现为金属型导热快，一方面导致晶粒细化，力学性能提高；另一方面，冷速快又使铸件易产生浇不足和冷隔缺陷，因此金属型需预热和喷刷涂料。金属铸型还能反复使用，不用砂或少用砂，从而提高了生产率，改善了劳动条件。再如，金属型没有退让性，也不透气，因此，工艺上应采取开排气槽，控制铸件在铸型停留时间等。还有，金属型生产的铸件比砂型铸件表面光洁，尺寸精度高。所有这一切都决定了金属型铸造适用于大批量生产的、具有较高质量的、中等复杂程度的有色金属件。

从金属型铸造中，可知道这种铸造方法生产的铸件壁厚不能太薄，如果对金属型铸造加以改进，让金属液在压力作用下充型并冷凝，就弥补了这样的缺陷，这种铸造方法就是“压力铸造”，它适宜于有色合金薄壁小铸件的大批量生产。但由于压铸高压、高速的特点，气体来不及析出而形成一些皮下气孔，因此压铸件不宜表面加工，也不宜热处理。

“离心铸造”是通过液体金属在离心力的作用下充型结晶而获得铸件的铸造方法。从而使它成为中空旋转体铸件的主要铸造方法之一。

如果用蜡模代替模样，再在蜡模的表面制上有一定强度的硬壳，熔去硬壳内的蜡模就形成了所需的型腔。这种铸造方法就是“熔模铸造”。从它的工艺流程可知，蜡模制取和硬壳的形成是熔模铸造的两大关键工序。它的特点是无分型面，铸件复杂程度以及铸造合金不限，尺寸精度高，表面粗糙度低，因而适合于尺寸精度高和表面粗糙度低的、难切削或少切削的复杂铸件。但从它的工艺过程可知，这种方法生产工序多，周期长，铸件不宜太大。

总之，各种铸造方法都有其自身的特点，有些铸造方法之间又有联系，它们都有其优缺点，不能认为某种方法最好，也不能说某种方法（包括砂型铸造）最差，必须根据铸件的大小形状、结构特点、合金种类、质量要求、生产批量和成本以及生产条件等进行全面综合分析，才能正确地选择铸造方法。砂型铸造尽管有许多缺点，但因其适应性最强，且设备简单，因此，仍是当前最基本的铸造方法。而特种铸造方法只是在一定条件下，才显示其优越性。

（五）常用合金的铸件生产特点

要获得优质铸件，除了需要良好的铸型外，还需要适当温度的优质液态铸造合金。这部分内容以灰铸铁为主，介绍了几种常用合金的生产特点。

1. 铸铁件生产

铸铁件包括灰口铸铁、可锻铸铁和球墨铸铁等。应抓住这几种铸铁的组织特点，去分析它们的成分、铸造工艺、以及熔铸设备等，重点掌握它们的生产特点。表 2-1-1 列出常用灰铸铁成分、组织、工艺、熔炼等方面的特点。

表 2-1-1　常用灰铸铁一览表

种　类	组织特征	成分特点	铸造工艺特点	牌　　号	熔炼特点	主要用途
灰口铸铁	钢的基体＋片状石墨	接近于共晶成分	流动性好，石墨的膨胀而导致收缩小，因而铸造性能优良	HT100～HT200 HT250～HT350（需经孕育处理）	冲天炉为主，工频炉等（孕育铸铁熔炼后需加硅铁孕育处理）	床身、箱体、支座等减振、冲击载荷不大场合的零件
可锻铸铁	钢的基体＋团絮状石墨	C、Si 含量较低，以得到全白口组织，再在高温下长期退火，使 Fe_3C→团絮状石墨	流动性差，无石墨膨胀作用，收缩较大，因而铸造性能差	KTH350-10 ～ KTH370-12（铁素体可铁）KTZ450-06～KTZ700-02（珠光体可铁）	冲天炉、工频炉等	薄壁小件（以得到全白口），如各种阀门和管接头等
球墨铸铁	钢的基体＋球状石墨	高碳、低硅、低硫、磷	铸造性能比灰口铸铁差，与其相比易形成夹渣、皮下气孔、缩孔等缺陷，流动性差	QT400-18 ～ QT900-2	冲天炉。出炉后，用镁稀土合金进行球化，再用75%硅铁进行孕育处理	可代替部分钢件，如曲轴、连杆等重要件

2. 铸钢件和有色金属铸件

分析铸钢件生产特点时，应紧紧围绕 $Fe\text{-}Fe_3C$ 相图中钢的部分来进行。从相图中可知，钢的熔点高，多数钢种结晶温度范围较宽，因而流动性差。并且 C 以 Fe_3C 形式存在，冷却时收缩大。这些因素决定了钢的铸造性能很差，因此在型砂、铸造工艺等方面提出了更高的要求。常用的熔炼设备主要是电弧炉。

至于有色合金铸件，如铜、铝合金，由于它们在熔炼过程中有氧化和吸气现象，在铸造工艺上应采取一定的措施，如采用平稳引入金属液的底注式浇注系统等。

（六）铸件结构设计

要明确铸件结构设计是在保证铸造零件的结构符合机械设备本身的使用性能及容易机械加工的前提下，为简化铸型工艺和防止铸造缺陷的产生而进行的铸件结构的合理化工作。应抓住两项基本工作：一是审查铸造零件结构是否符合铸造生产的工艺要求，并在不影响使用要求的前提下，进行改进，二是在既定的铸件结构条件下，研究分析在铸造生产过程中可能出现的主要缺陷，以便预先采取防止措施。

1. 简化铸造工艺

简化铸造工艺，关键在于造型过程中，使铸件的轮廓结构形状能够给制模、造型（如起模）、制芯、安放型芯以及其他造型工艺（如少用砂箱）等带来方便。因此重点应放在铸件的外廓形状和内腔形状的要求上。

外廓形状上要求改进妨碍起模的凸面、侧凹面、突缘和筋板结构，使分型面尽量平直并且减少分型面数目。

内腔形状上，应考虑到形成内腔的砂芯的稳固地安放、方便的排气和清理。因此为达到这样的一些目的，常常开出一些工艺孔。

2. 避免产生铸造缺陷

合理的结构设计，可避免产生铸造缺陷。首先对铸造缺陷产生的原因应该有比较清楚的了解，这就要求同学对前面的内容，特别是有关铸造性能的内容学得扎实。为保证铸造合金有一定的充型能力以避免冷隔、浇不足缺陷，铸件应有合理的壁厚。从防止铸件产生缩孔缺陷来考虑，应避免热节，有利于金属液的补缩。为减小应力，防止铸件变形、裂纹，应使铸件各部分冷速趋于一致，各部分截面能自由收缩。为防止夹砂等缺陷形成，应避免水平方向出现较大平面等。

当然，铸件结构是否合理，除与上述因素有关外，还与铸件的产量、铸造合金的种类、铸造方法和生产条件有着密切的关系，应当综合考虑。由于各种特种铸造方法有别于砂型铸造方法，因此各种特种铸造的铸件结构也理应有别于砂型铸造的铸件结构。例如对于壁厚设计，金属型铸造要求壁厚不宜过薄，而压铸件则是在高压作用下充型并冷凝，因此它的壁厚不宜太厚，并力求均匀，而离心铸造中离心力与半径平方成正比，因此，铸件内外壁的直径不宜相差太大，否则内外壁处的离心力相差太大；熔模铸造中，应力求壁厚均匀以减少缩孔缺陷。其他方面的设计原则与砂型铸造原则有类似之处，可根据各种铸造方法的特点来对比分析，从而得出正确的设计原则。

当然，就一个合理的铸件结构而言，它应同时满足上述几方面对其结构提出的要求。因而设计铸件结构应综合分析，反复比较，使之能够简化造型工艺过程，减少和防止铸件缺陷的产生，以达到优质、高产和低成本的目的。

第二章　锻　压

一、本章重点

锻压的理论基础——金属的塑性变形。自由锻、锤上模锻、冲压的特点及应用。自由锻、锤上模锻、冲压件的结构工艺性。

二、内容提要

锻压是锻造和冲压的统称。它是通过金属在固态下发生塑性变形来实现的，是制造机械零件毛坯的主要加工方法之一。

本章在阐述塑性变形机理的基础上，重点介绍了自由锻、锤上模锻的工艺及锻件设计；介绍了其他模锻方法、板料冲压方法；并对一些先进的锻压工艺进行了简要介绍。

（一）锻压工艺基础

这部分内容是本章的理论基础，也是本章的难点，同学应具备一定的金属材料塑性变形的知识才能较深入地理解塑性变形对金属组织和性能的影响以及金属的可锻性概念。有关金属材料塑性变形的知识在工程材料学的第 4 章已有详细的叙述，这里不再重复。

金属的可锻性及影响因素：金属的可锻性决定于金属的塑性（δ、ψ）和变形抗力（σ_b），金属的塑性越好，变形抗力越小，则可锻性越好。

金属的可锻性除与金属的本质有关外，还决定于变形条件，其中最重要的因素是温度。应选择适当的始锻、终锻温度。变形速度的影响有双重性，一般而言，提高变形速度，金属的再结晶来不及消除加工硬化，使金属的塑性下降，变形抗力增加，从而使可锻性降低。但当变形速度达到某一临界值后，由于塑性变形的热效应，而导致温度升高，从而又使可锻性提高。高速锤锻造就是利用这个原理。常用的各种锻造方法，变形速度都低于临界速度，对塑性差的材料，宜采用减慢变形速度的工艺，以防断裂。应力状态对可锻性也有影响，出现拉应力会引起金属内部缺陷的扩展，因而在各向受拉时，金属呈现较小的塑性，而各向受压时，则呈现较大的塑性。

（二）自由锻

1. 自由锻工序的变形特点及应用

要求掌握每一个工序的特点。比如拔长工序，其变形过程是垂直于坯料轴线方向反复压缩不断翻转送进。每次压缩时，坯料既增长又增宽。为提高拔长效率，即保证每次压缩中增长大而增宽小，根据金属流动规律，需采用较小的送进量，如图 2-1-3 所示。在平砧上拔长时，总是先锻方，因为方截面可使用较大的压缩量，拔长效果较好。拔长时使用 V 形砧，能改善应力状态，提高拔长效率。此外要获得空心轴，套筒类锻件可采用心轴拔长，坯料先经镦粗、冲孔，再套在心轴上进行拔长。

镦粗时，为保证锻透，防止锻弯，应使坯料的高径比小于 2。

自由锻件的获得除了一些基本工序外，还有一些必要的辅助工序，如阶梯轴锻造前的压肩工序以及一些精整工序，如终锻温度以下的整平、整形等。

2. 自由锻工艺规程的制订

这部分内容是本章的重点，它又以绘制锻件图，确定锻造工序为主要内容。

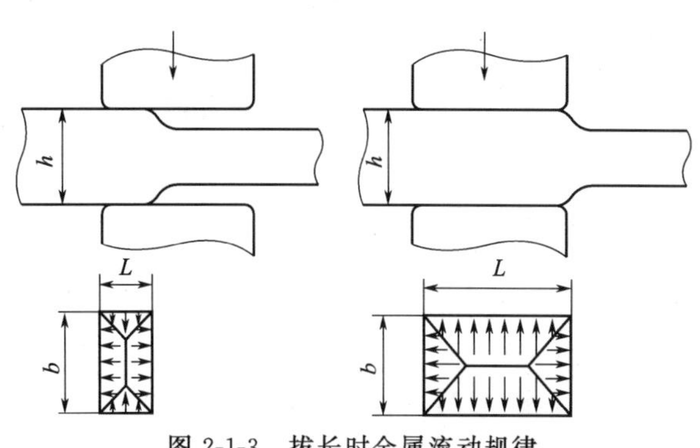

图 2-1-3　拔长时金属流动规律

锻件图的设计中，加工余量和锻造公差的概念较易理解，而敷料（余块）的出现是为了简化锻件外形，利于锻造而多留的金属，但其取舍不仅会影响锻造及其后续工序工时的分配、材料利用率等，而且还会影响流线组织的分布和零件的质量，应慎重对待。

锻造工序的确定应根据锻件的结构特点以及具体的生产条件，结合各变形工序的特点，综合比较分析后确定。

锻造设备选用时，要大体知道各类设备的能力。空气锤吨位小于 10kN，用于小型锻件生产，蒸汽锤吨位在 50kN 以下，用于中小型锻件生产。水压机吨位可达 10^5kN 以上，用于大型锻件生产。

此外，还应根据锻件尺寸，控制锻件的加热和冷却速度。由于锻造过程中的应力的产生，因此应配备以适当的热处理。

（三）模锻

这部分内容的重点是锤上模锻工艺及模锻件设计，对其他设备上的模锻只需一般性了解。

① 对模锻特点及生产全过程应有一个全貌的了解。

② 锤上模锻的模膛一般分为制坯模膛、预锻模膛和终锻模膛。应分析比较这几类模膛的功用及其各自的特点。

终锻模膛的形状应与锻件形状相同，尺寸要比锻件尺寸放大一个收缩量。为便于坯料和锻件出模，垂直于分模面的表面必须有斜度。在锻模上两个面相交处以圆角过渡，其作用是减小坯料流入模槽的摩擦阻力，减小转角处的应力集中。模膛四周的飞边槽以容纳被挤出的多余金属。对于通孔锻件因无法直接冲出通孔，只能压凹成盲孔，中间留有冲孔连皮，锻后与飞边一同切除。

对于简单锻件只需终锻模膛一次成形，但对于形状复杂锻件则需经过制坯模膛和预锻模膛逐步成形，使坯料变形接近于锻件的形状和尺寸。制坯模膛如滚压模膛等实现坯料体积的重新分配。预锻模膛不同于终锻模膛之处在于预锻模膛的圆角和斜度较大，没有飞边槽。

了解了各类模膛功用后就能理解为什么对长轴类零件常选用拔长、滚压、弯曲、预锻和终锻等工序。而盘类锻件，一般无需制坯工序，只需将坯料墩粗一下，即可进入终锻模膛。

在模锻件图设计时，应考虑公差、余量、模锻斜度、圆角半径、分模面和冲孔连皮等。其中分模面的选择当然是至关重要的，它决定了金属在终锻模膛中充填的难易，锻件能否顺利取出以及锻模制造的繁简等一系列问题。

③ 其他模锻方法只需了解各自的特点及其应用范围即可。

曲柄压力机模锻由于作用力的性质是压力而非冲击力，因此具有高的模锻精度。

平锻机相当于卧式的曲柄压力机，除具有曲柄压力机的特点外，还因为它具有两个分模面（凹模可分），因而特别适合锻制带头部的杆类锻件和带孔的以及同时带有凹挡的锻件等。

摩擦压力机则主要适用于小型锻件的批量生产。

（四）板料冲压

这部分内容的重点是板料冲压各基本工序的特点及应用，对各种冲模的结构需有一定程度的了解。

① 板料冲压在常温下进行。由于塑性变形产生的加工硬化使冲压件的强度、刚度提高，加上冲压模具能保证相当高的精度，因此无需进一步加工即可直接作为零件使用。并且板料冲压具有很高的生产率。

② 应认真弄懂每一工序的变形特点。如落料和冲孔时坯料的切离过程；弯曲时，板料各层的受力和变形情况；拉深时，板料各部分受力情况等。在此基础上，应能正确分析出确保每一工序顺利进行，获得符合要求的冲压件的必要条件。如落料和冲孔时，凸模与凹模刀口要锋利，两者间隙合理；弯曲时注意控制相对弯曲半径 r/S；拉深时，凸、凹模的顶角要做成圆角，两者有合理的间隙，并且有一定的拉深系数 d/D（拉深后零件直径 d 与拉深前的板料直径 D 之比，一般为 0.5～0.8）要求。

其他如旋压、翻边、胀形和冲口变形工序应作一般性的了解。

③ 冲模按完成工序的多少和方式可分为简单冲模、连续冲模和复合冲模三种。简单冲

模和复合冲模都只在一个工位上完成工作，在一次行程中，简单冲模只完成一道工序，而复合冲模则完成多个工序。连续冲模是在一次行程中，在板料上顺序完成多个工序。

（五）锻压件结构设计

1. 自由锻件结构工艺性

由于自由锻本身的特点，外形结构的复杂程度受到很大限制。因此在设计自由锻件时应考虑锻造是否可能、方便和经济。如锥面、斜面（锻打过程中产生水平分力，不易操作）及其他复杂截面，非平面交接结构以及加强筋、小凸台等，均应改为简单的、平直的形状。

2. 模锻件结构工艺性

要使金属易于充填模膛，并注意合理的分模面、模锻斜度和圆角半径等。

3. 冲压件结构工艺性

冲压件结构工艺性是根据各工序的具体特点分别考虑。弄懂了冲压过程中各工序的变形特点，就不难理解教材中的冲压件结构工艺性分析。

（六）先进锻压工艺简介

对一些先进锻压工艺，只需作一般性了解。

与常规模锻工艺相比较，这些先进的模锻工艺具有下述特点：

① 改变坯料锻压过程中的受力状态，使之处于三向受压，抑制材料的断裂，如精密冲裁；或使其在超塑性状态下进行冲压、挤压以及模锻，这样就能大大改善材料的锻造性能。

② 采用少氧、无氧加热，甚至不加热，直接采用冷变形（如冷挤压），以提高表面质量，使产品具有更高的精度和更小的粗糙度，实现少切削、无切削加工的目的。

③ 提高锻模精度来实现精密模锻。

第三章 焊　　接

一、本章重点

焊接接头形成的物理、冶金过程以及焊接接头的组织与性能；掌握控制焊接质量的内在因素，防止焊接缺陷的产生。能够分析和拟订一般焊接件的焊接工艺，包括焊接材料、焊接方法、电焊条的选择，接头设计，焊接工艺性以及焊接件结构工艺性分析等。了解各种焊接方法的实质，针对不同材料的焊接特点，选用合适的焊接方法

二、内容提要

焊接是现代工业生产中应用很广泛的一种连接金属的工艺方法，主要用来制造各种金属结构和机器零部件。本章以手工电弧焊为主，对焊接的物理本质、不同焊接方法、焊接结构工艺性等进行了分析。

（一）焊接工艺基础

这部分内容是本章的重点和难点，同学们应从获得合格的焊接接头的角度出发，抓住焊接本身的特点，分析焊接过程、物理冶金过程以及焊接接头组织。保证焊接接头质量，防止焊接缺陷的产生。

1. 焊接冶金反应

焊接冶金反应揭示了焊接过程中物理、化学变化过程，是制造电焊条的理论依据之一。

焊接过程中的冶金反应不同于一般冶炼过程，应抓住如下几个特点：

① 熔池体积小，熔池处于液态的时间短；

② 熔池中液态金属温度高于一般熔化的金属温度；

③ 空气中的氧和氮在电弧高温下被分解成原子状态的氧和氮。

这些特点，使得采用光焊芯焊接时，合金元素急剧烧损，氧化物和氮化物残留在焊缝中，并且焊缝中易产生气孔和夹渣缺陷。这就使得焊缝力学性能，特别是 α_k 和 δ 值剧降，为此采取下述措施。

① 造成有效保护，限制空气侵入焊接区。如焊条药皮、惰性保护气体等；

② 添加合金元素以保证焊缝的成分。如通过焊条药皮中添加合金元素；

③ 进行脱氧、脱硫和脱磷。也可通过焊条药皮来实现。

2. 焊接接头组织与性能

焊接接头应包括两部分：一部分是在焊接时，经过熔化、凝固的金属，叫焊缝；另一部分是紧靠焊缝受到加热、冷却作用发生组织变化的金属，叫做热影响区。这两部分的组织性能，决定了最终焊接接头的性能。因此，研究焊接热过程对焊接接头组织和性能的影响就显得很重要。为此，应掌握以下几点：

① 焊缝和热影响区温度分布不均匀性以及焊接本身的特点，导致了焊缝区细小柱状晶组织的产生以及热影响区经历了不同规范的“热处理”，这就引起了焊接接头的性能变化；

② 能结合相图分析热影响区的组织，进而找出焊接的薄弱环节所在（如熔合区、过热区）；

③ 为提高焊接接头的性能，应减小热影响区的宽度。如采用合适的母材，正确的焊接工艺、焊接方法以及焊后热处理等措施。

3. 焊接应力与变形

这一部分的关键是怎样正确理解焊接应力的产生。焊接过程中，焊缝就相当于一个加热的杆件，焊缝周围部分可看成是具有一定的刚性拘束，焊缝（杆件）受热时不能自由伸长，冷却时不能自由收缩，这样最终在焊缝处产生拉应力，而周围金属产生压应力。刚性约束越大，最终产生的应力越大。

焊接应力产生的结果，就会导致变形，应力和变形的存在影响了焊接件的尺寸精度和表面质量，降低了承载能力，甚至产生裂纹。因此，应通过设计和工艺两方面来减小焊接应力与变形。如通过采用合理的焊接顺序（拼板时，应先焊错开的短焊缝，后焊直通的长焊缝），焊接前预热，加热适当的部位（减小焊缝热胀冷缩的阻碍），锤击焊缝，去应力退火等措施来消除焊接应力和变形。

4. 焊接缺陷

对各种焊接缺陷的特征、成因、危害及防止措施应有一基本了解。

（二）手工电弧焊

这部分内容是本章的重点，它以焊条及手弧焊工艺为主要线索展开讨论。

1. 焊接过程

了解手弧焊焊接过程的三个工步，即电弧的引燃，焊条向熔池的送进和焊条沿焊接方向的运行。

2. 对电源设备的要求

对电源设备的要求应满足下述几点：

① 适当的空载电压；

② 陡降的外特性；

③ 焊接电流能调节。

其中，如何理解陡降的外特性是关键。由实践可知，若将一般的照明电源直接用作焊接电源时，会出现人身事故及烧毁电源的可能，这是由于照明电源电压较高及手弧焊过程中出现短路所引起的。而陡降的外特性，在引弧时，电源能供给电弧较高的电压和较小的电流；当电弧稳定燃烧时，电流增大，而电压急剧降低，当焊条与焊件短路时，短路电流不是太大，满足焊接使用要求。

3. 药皮焊条

应从焊接冶金反应特点中去理解如下问题：

① 焊条为什么要用药皮，药皮究竟起什么作用？

② 分析和比较酸性焊条与碱性焊条的特点、作用及其应用场合；

③ 焊条的选用原则。

此外，应掌握常用焊条的型号表示方法，并注意与原牌号焊条的区别，如 E4303 与结 422。新型号中前两位数字表示的是熔敷金属的抗拉强度（如 E4303，σ_b 为 430MPa），而老牌号中前两位数字为焊缝的抗拉强度（如结 422，σ_b 为 420MPa）。

4. 手弧焊工艺

主要掌握从保证焊接质量的角度出发，如何在焊前准备工作、焊接规范等方面选用合适的工艺：

① 焊前准备工作有工件的清理、接头型式的选择、坡口的制备及焊条的选择和烘干等；

② 焊接规范方面有焊接电流、焊接电压及焊接速度等，而这些参数又集中表现为线能量 $E=\eta\frac{IU}{v}$，应合理选择 E 值，手弧焊电流可由经验公式 $I=Kd^2$ 估算（d 为焊条直径）。

此外，工艺上还应采取相应的措施，最大限度地减小焊接应力和变形。

（三）其他焊接方法

焊接方法很多，应抓住每一种方法的原理、工艺特点和应用范围来进行分析比较，从而能合理地选用各种焊接方法。现从上述三个方面列表说明各种焊接方法。见表 2-1-2。

表 2-1-2 各种焊接方法的原理、工艺特点及应用范围

<table>
<tr><th colspan="4">焊接方法</th><th>工作原理</th><th>工艺特点</th><th>应用</th></tr>
<tr><td rowspan="5">熔化焊</td><td rowspan="4">电弧焊</td><td colspan="2">埋弧焊</td><td>利用焊丝与焊件间产生的电弧将覆盖其上的颗粒状焊剂熔化，使电弧与外界隔绝，焊丝自动进给，不断熔化，冷凝后形成焊缝</td><td>① 自动化程度高，生产率高
② 焊缝质量好
③ 节省焊接材料和电能
④ 焊件变形小
⑤ 改善劳动条件</td><td>长直焊缝平焊</td></tr>
<tr><td rowspan="2">气体保护电弧焊</td><td>氩弧焊</td><td rowspan="2">用保护性气体（氩气、二氧化碳气体等），将空气和熔化金属机械隔开，防止熔化金属氧化和氮化</td><td rowspan="2">① 采用明弧焊，熔池可见性好，方便操作，易实现自动和半自动化
② 适于薄板及有色件
③ 焊缝质量高
④ CO_2 有氧化性，焊丝中需加脱氧元素</td><td rowspan="2">所有金属材料除仰焊外的全位置焊</td></tr>
<tr><td>CO_2 保护焊</td></tr>
<tr><td colspan="2">电渣焊</td><td>利用电流通过熔渣而产生电阻热来进行焊接</td><td>① 很厚工件可一次焊成
② 生产率高，焊缝金属比较纯净</td><td>厚大件的立焊</td></tr>
<tr><td colspan="3">气焊</td><td>利用可燃气体与氧气混合燃烧产生的高热熔化焊件和焊丝进行焊接</td><td>① 不易烧穿
② 不需电源设备
③ 灵活方便</td><td>焊接较薄、小工件，全位置</td></tr>
<tr><td rowspan="4">压力焊</td><td rowspan="3">电阻焊</td><td colspan="2">对焊</td><td rowspan="3">利用电流通过焊件产生的电阻热，进行焊接</td><td rowspan="3">① 生产率高
② 焊接变形小
③ 自动化
④ 设备复杂</td><td rowspan="3">薄板、棒料</td></tr>
<tr><td colspan="2">点焊</td></tr>
<tr><td colspan="2">滚焊</td></tr>
<tr><td colspan="3">摩擦焊</td><td>利用焊件摩擦产生热量将工件加热到塑性状态，加压焊接</td><td>① 适于同类或异类金属连接
② 旋转型工件
③ 设备简单</td><td>用于焊接导热性好，易氧化的金属</td></tr>
<tr><td rowspan="2">钎焊</td><td colspan="3">硬钎焊（硬钎料）</td><td rowspan="2">利用熔融钎焊材料的黏着力或熔合力使焊件表面粘合</td><td rowspan="2">① 焊件本身不熔化
② 母材化学成分等不变
③ 强度不太高</td><td rowspan="2">电器仪表等</td></tr>
<tr><td colspan="3">软钎焊（软钎料）</td></tr>
</table>

此外，还有电子束焊、激光束焊、超声波焊及等离子孤焊等。另外，还可用氧气切割和等离子弧切割等。

（四）常用金属材料的焊接特点

不同的材料、不同的焊接方法及焊接材料，表现出来的可焊性不一样。因此，了解及评价材料的可焊性，是产品设计、施工准备及正确制定焊接工艺的重要依据。

1. 焊接性及其评定

焊接性是指在给定的焊接工艺条件下，获得优质焊接接头的能力。对一般的钢材来说，影响焊接性的主要因素是化学成分，因此常用碳当量来评定材料的可焊性，碳当量越高，可焊性越差。另一种评定可焊性大小的方法是冷裂敏感系数法，对此可作一般了解。

可焊性有两个方面的内容：一是焊接接头产生工艺缺陷的倾向，尤其是出现各种裂纹的可能性；二是焊接接头在使用中的可靠性。可焊性的各种实验方法就基于上述内容。

2. 碳钢的焊接

按含碳量的大小来区别各种碳钢的焊接性。一般低碳钢的焊接性较好，而中、高碳钢的焊接性较差。

3. 合金结构钢焊接

应根据合金结构钢的特点、碳当量的大小进行综合分析。

4. 不锈钢的焊接

应抓住不锈钢件焊接后接头易出现晶间腐蚀和裂纹的特点，在焊接工艺以及焊条等方面采取一定的措施，如采用小电流、快速焊、短弧焊、多层焊、强制冷却等工艺，以保证焊接质量。

5. 灰铸铁的焊接

灰铸铁的焊接性很差，工艺上可采用热焊法和冷焊法进行一些焊补工作。

6. 铜合金、铝合金的焊接

铜合金、铝合金的共同点是易氧化、吸气、线收缩大等，因此在焊缝中易形成夹渣、气孔、裂纹等缺陷，焊接性能较差，工艺上应采取一定措施，如采用氩弧焊等。

（五）焊接结构设计

焊接结构工艺性一般包括焊接结构材料选择、焊缝布置和焊接接头设计等内容。要求如下：

1. 焊接材料及焊接方法的选择

应根据焊接结构的使用要求，从实际生产条件出发，尽可能选用焊接性能好的材料。根据焊接材料的特点，选择适当的焊接方法，以保证工艺简单，焊接质量优良。

2. 焊缝布置

① 焊缝位置应便于焊接操作。手弧焊时应留有焊条的操作空间，点焊、缝焊时应留有电极的位置等。

② 焊缝布置应有利于减小焊接应力与变形。在弄清焊接应力和变形产生的原因及防止措施后，不难理解这部分内容。如焊缝的对称分布；避免焊缝过分集中或交叉；尽量减少焊缝长度和数量；焊缝端部产生锐角处应去掉等。

③ 焊缝应尽量避开最大应力或应力集中处。

④ 焊缝应避开加工表面。

3. 接头设计

(1) 接头型式选择

接头型式的选择主要根据结构形状、使用要求和焊接生产工艺而定。一般当接头构成直角连接时，通常采用角接接头和 T 形接头；对于要求接头应力分布均匀，接头质量较高等场合一般采用对接接头；对于一些不十分重要的焊接件，为简化焊前准备及装配工作一般多用搭接接头。

(2) 坡口型式选择

坡口型式的选择，主要根据板厚和熔透要求，同时应考虑坡口加工可能性和焊缝的可焊程度等。通常，要求焊透的受力焊缝应尽量采用双面焊，以保证质量，不能采用双面焊的可采用单面焊双面成形技术，设计如 I 形、V 形、U 形等。

第四章　毛坯成形方法选择

一、本章重点

掌握各种毛坯生产的特点及应用，合理地选择毛坯材料和毛坯生产方法。了解影响毛坯选择的因素，能对一些典型零件进行合理的毛坯选择。

二、内容提要

从原料到制成零件，一般需要经过毛坯生产和机械加工两个阶段。为了改善材料的性能还要进行热处理。

一个好的工艺方案，就是根据零件的尺寸、形状、技术要求以及现有设备等情况，正确选择合适的毛坯和机械加工方法，使零件的制造最经济合理，生产率最高，成本最低。毛坯的选择是工艺设计的第一步，它选择的好坏直接影响整个工艺过程，因而显得格外重要。本章就是针对如何合理选择毛坯而展开的。

1. 毛坯的种类

机械加工中常用的毛坯有：

(1) 铸件　适用于形状复杂尤其是内腔复杂的零件毛坯。

(2) 锻件　适用于强度要求较高，形状比较简单的零件毛坯。

(3) 冲压件　适用于中小尺寸的板料零件，一般可不再经过切削加工，用于成批大量生产。

(4) 型材　它是钢锭经轧制、挤压或拉制的方法制成的原材料，有较高的力学性能。热轧型材的尺寸较大，精度低，用于做一般零件的毛坯。拉制的型材尺寸较小，精度较高，用于制造中小型零件，适合自动机床加工。

(5) 焊接组合件　它是将板料、锻压件、铸件、型材或机械加工的半成品，通过焊接组合成毛坯。焊接组合件适用于制造大型零件的毛坯，如大型柴油机的缸体等。焊接组合件制造简单方便，可以大量减少材料消耗，缩短生产周期，但焊接件的热变形较大，需注意消除。

2. 毛坯的选择原则

(1) 零件使用的材料

零件的材料选用一般是根据其使用性能来确定的。而材料和性能在大多数情况下也就决定了毛坯的制造方法。如铸铁材料就必须选用铸造方法制造毛坯。

(2) 零件的形状和尺寸

大型零件的毛坯可用砂型铸造、自由锻造和焊接组合件制得。形状复杂的大型零件毛坯，用铸造方法更为合适。铸件的力学性能虽然比锻件差，但较经济。而锻造毛坯适于形状简单，受载荷较大的零件。

（3）生产批量

批量的大小对毛坯的选择也有很大的影响。批量愈大，就应选用高精度和高生产率的制造毛坯方法，如精密铸造、模锻和冷挤压等。采用这些方法，虽然需要有昂贵的设备和模具，但由于提高了精度和生产率，减少了加工余量，缩短了机械加工工艺过程，从而节省了材料和加工费用。

（4）现有条件和发展可能

尽可能利用本单位毛坯车间的现有条件，同时也要考虑到生产的发展和采用新工艺、新设备的可能。例如，柴油机的曲轴毛坯，早期都采用自由锻，后来改为模锻，由于球墨铸铁的性能提高，曲轴材料就可选用球墨铸铁，因此毛坯的制造方法就由锻造改变为铸造。

总之，毛坯的选择是机器制造过程中一个复杂而又重要的问题，必须从各个方面综合加以考虑。

各种典型零件毛坯选择应根据上述原则进行比较而合理选用。

材料成形工艺基础总结与复习指导

（一）本课程内容分为四大部分

第一部分是铸造成形。应掌握铸造生产方法的实质、特点与应用。铸造是利用了液体的流动成形。由于液体的流动能力强。所以铸造特别适合于生产形状复杂尤其是内腔复杂、重量较大的零件毛坯。但是，由于铸造毛坯的晶粒粗大、组织疏松、成分不均匀，力学性能较同样材料的锻件差。所以铸造主要用于受力较小零件毛坯的生产。

第二部分是锻压成形。应掌握锻压生产方法的实质、特点与应用。锻压是借助外力的作用，使金属坯料产生塑性变形，从而获得一定形状、尺寸和性能的毛坯或零件的方法。由于金属在固态下的塑性变形量较小，所以，锻压只能用于形状简单零件或毛坯的生产。但是，锻压可以压合铸造组织的内部缺陷，使成分均匀，夹杂物均匀分布，形成合理的纤维组织，细化晶粒，所以，锻压件的力学性能好，主要用于受力较大而且受力复杂的零件或毛坯。

第三部分是焊接成形。应掌握焊接生产方法的实质、特点与应用。焊接是将两块分离的金属，用局部加热、加压或两者同时进行的手段，借助于金属内部原子之间的结合，使金属连接成牢固整体的加工方法。根据内部原子之间产生结合的方式不同，分为熔化焊、压力焊和钎焊三大类。熔化焊是将接头加热到熔化状态，靠液体金属的凝固结晶，形成牢固的接头，属于液相连接。压力焊时，不论对焊接接头是否加热，但都需要加压，在压力的作用下，靠接头金属的塑性变形连接在一起，属于固相连接。钎焊加热时，熔点低的钎料熔化而熔点高的焊件不熔化，依靠毛细管的作用，完成接头的连接。与古老的连接方法——铆接相比，焊接方法的适应性广（大小结构、不同合金、锻焊结合、铸焊结合、不同型材），省工时，省材料（节约15%～20%），有高的结合强度，接头的严密性好。但是，由于局部加热，热影响区组织变坏，焊接后产生残余应力。焊接主要用于工程结构的生产。各种压力容器、桥梁、汽车、船体、飞机等的制造。

第四部分是毛坯生产方法的选择。在充分了解了各类毛坯生产方法的特点后，根据零件毛坯的结构形状，生产批量、力学性能要求、合金种类、现场条件等情况，合理的选择毛坯生产的具体方法。

（二）重点掌握各章的理论基础

这部分知识与工程材料学密切相关。铸造成形的理论基础是金属的凝固结晶。有关结晶的概念，结晶的特点，铸件的凝固方式，铸态下细化晶粒的方法及铸造的性能等。锻造成形的理论基础是金属的塑性变形。塑性变形对金属组织与性能的影响，加工硬化、回复与再结晶、热变形与冷变形等概念。

（三）各类毛坯生产方法的特点

① 铸造毛坯适用于形状复杂但力学性能要求不高的零件毛坯的生产。砂型铸造与特种铸造方法的特点也有区别。

② 锻造适用于强度要求较高，但形状比较简单的零件毛坯的生产。自由锻与各种模锻方法的特点也不相同。

③ 冲压适用于中小尺寸的板料零件，一般可不再经过切削加工，用于成批大量生产。

④ 焊接可以将板料、锻压件、铸件、型材或机械加工的半成品组合成毛坯。焊接组合件适用于制造大型零件的毛坯，如大型柴油机的缸体等。焊接组合件制造简单方便，可以大量减少材料消耗，缩短生产周期，但焊接件的热变形较大，需注意消除。

（四）零件结构的工艺性

重点掌握砂型铸件、自由锻件、锤上模锻件、冲压件、焊接件的结构工艺性要求。

第二部分　复习思考题与自测题

第一章　铸　　造

一、名词解释

铸造、热应力、收缩、金属型铸造、流动性。

二、填空题

1. 手工造型的主要特点是（　　）、（　　）、（　　）和（　　），在（　　）和（　　）生产中采用机械造型。

2. 常用的特种铸造方法有（　　）、（　　）、（　　）、（　　）和（　　）。

3. 铸件的凝固方式是按（　　）来划分的，有（　　）、（　　）和（　　）三种凝固方式。纯金属和共晶成分的合金易按（　　）方式凝固。

4. 铸造合金在凝固过程中的收缩分三个阶段，其中（　　）收缩是铸件产生缩孔和缩松的根本原因，而（　　）收缩是铸件产生变形、裂纹的根本原因。

5. 按照气体的来源，铸件中的气孔分为（　　）、（　　）和（　　）三类。因铝合金液体除气效果不好等原因，铝合金铸件中常见的“针孔”属于（　　）。

6. 铸钢铸造性能差的原因主要是（　　）和（　　）。

7. 影响合金流动性的内因有（　　），外因包括（　　）和（　　）。

8. 铸造生产的优点是（　　）、（　　）和（　　）。缺点是（　　）、（　　）和（　　）。

三、是非题

1. 铸造热应力最终的结论是薄壁或表层受拉。　（　　）

2. 铸件的主要加工面和重要的工作面浇注时应朝上。　（　　）

3. 冒口的作用是保证铸件同时冷却。　（　　）

4. 铸件上宽大的水平面浇注时应朝下。　（　　）

5. 铸铁的流动性比铸钢的好。　（　　）

6. 含碳4.3%的白口铸铁的铸造性能不如45钢好。　（　　）

7. 铸造生产特别适合于制造受力较大或受力复杂零件的毛坯。　（　　）

8. 收缩较小的灰铁铸件可以采用定向（顺序）凝固原则来减少或消除铸造内应力。　（　　）

9. 相同的铸件在金属型铸造时，合金的浇注温度应比砂型铸造时低。　（　　）

10. 压铸由于熔融金属是在高压下快速充型，合金的流动性很强。　（　　）

11. 铸件的分型面应尽量使重要的加工面和加工基准面在同一砂箱内，以保证铸件精度。　（　　）

12. 采用震击紧实法紧实型砂时，砂型下层的紧实度小于上层的紧实度。　（　　）

13. 由于压力铸造具有质量好、效率高、效益好等优点，目前大量应用于黑色金属的铸造。　（　　）

14. 熔模铸造所得铸件的尺寸精度高，而表面光洁度较低。　（　　）

15. 金属型铸造主要用于形状复杂的高熔点难切削合金铸件的生产。　（　　）

四、选择题

1. 形状复杂的高熔点难切削合金精密铸件的铸造应采用（　　）

(a) 金属型铸造　　(b) 熔模铸造　　(c) 压力铸造

2. 铸造时冒口的主要作用是（　　）

(a) 增加局部冷却速度

(b) 补偿热态金属，排气及集渣

(c) 提高流动性

3. 下列易产生集中缩孔的合金成分是（　　）

(a) 0.77%C　　(b) 球墨铸铁　　(c) 4.3%C

4. 下列哪种铸造方法生产的铸件不能进行热处理，也不适合在高温下使用

(a) 金属型铸造　　(b) 压力铸造　　(c) 熔模铸造

5. 为了消除铸造热应力，在铸造工艺上应保证（　　）

(a) 顺序（定向）凝固　　(b) 同时凝固　　(c) 内浇口开在厚壁处

6. 直浇口的主要作用是（　　）

(a) 形成压力头，补缩　　(b) 排气　　(c) 挡渣

7. 在各种铸造方法中，砂型铸造对铸造合金种类的要求是（　　）

(a) 以碳钢、合金钢为主

(b) 以黑色金属和铜合金为主

(c) 能适用各种铸造合金

8. 由于（　　）在结晶过程中收缩率较小，不容易产生缩孔、缩松以及开裂等缺陷，所以应用较广泛

(a) 可锻铸铁　　(b) 球墨铸铁　　(c) 灰铸铁

9. 灰口铸铁适合于制造床身、机架、底座、导轨等结构，除了铸造性和切削性优良外，还因为（　　）

(a) 抗拉强度好　　(b) 抗压强度好　　(c) 冲击韧性好

10. 制造模样时，模样的尺寸应比零件大一个（　　）

(a) 铸件材料的收缩量

(b) 机械加工余量

(c) 铸件材料的收缩量＋机械加工余量

11. 下列零件适合于铸造生产的有（　　）

(a) 车床上进刀手轮　　(b) 螺栓　　(c) 自行车中轴

12. 普通车床床身浇注时，导轨面应该（　　）

(a) 朝上　　(b) 朝下　　(c) 朝左侧

13. 为提高合金的流动性，生产中常采用的方法是（　　）

(a) 适当提高浇注温度　　(b) 加大出气口　　(c) 延长浇注时间

14. 浇注温度过高时，铸件会产生（　　）

(a) 冷隔　　(b) 粘砂严重　　(c) 夹杂物

15. 金属型铸造主要适用于浇注的材料是（　　）

(a) 铸铁　　(b) 有色金属　　(c) 铸钢

五、综合分析题

1. 何谓合金的充型能力？影响充型能力的主要因素有哪些？

2. 合金的充型能力不好时，易产生哪些缺陷？设计铸件时应如何考虑充型能力？

3. 为什么对薄壁铸件和流动性较差的合金，要采用高温快速浇注？

4. 缩孔和缩松产生原因是什么？如何防止？

5. 什么是定向凝固原则和同时凝固原则？如何保证铸件按规定凝固方式进行凝固？

6. 哪类合金易产生缩孔？哪类合金易产生缩松？如何促进缩松向缩孔转化？

7. 图 2-2-1 是两种 T 型铸件，试分析铸件中热应力分布情况，并画出热应力引起的弯曲变形。

8. 图 2-2-2 为应力框铸件，凝固冷却后沿 *A*—*A* 线锯断，此时断口间隙大小会产生什么变化？试分析原因。

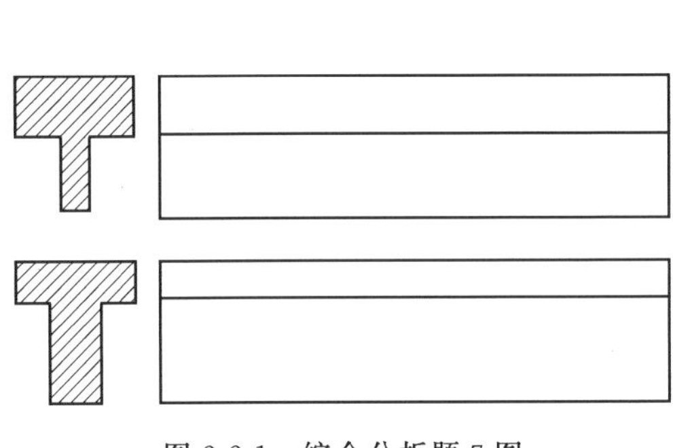

图 2-2-1 综合分析题 7 图

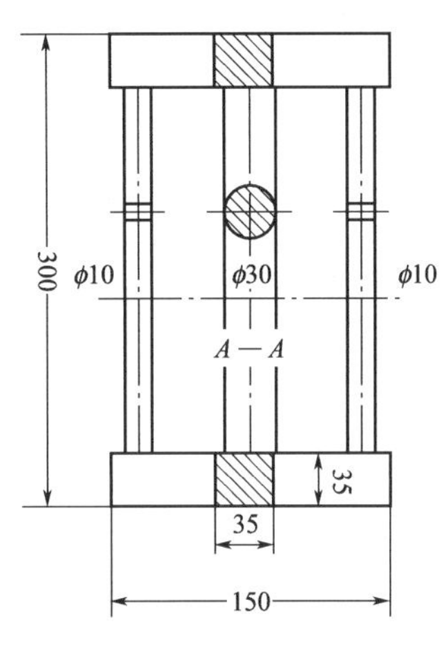

图 2-2-2 应力框铸件

9. 借助 $Fe\text{-}Fe_3C$ 与 Fe-G 双重相图，分析铁碳合金的流动性及缩孔、缩松倾向与含碳量关系。

10. 铸钢的铸造性能如何？铸造工艺上的主要特点是什么？

11. 金属型铸造为何能改善铸件的力学性能？灰铸铁件用金属型铸造时，可能遇到哪些问题？

12. 压力铸造、低压铸造和挤压铸造的工艺特点及应用范围有何不同？

13. 下列铸件在大批量生产时，采用什么铸造方法为佳？

①铝活塞 ②汽缸套 ③汽车喇叭 ④缝纫机头 ⑤汽轮机叶片 ⑥车床床身 ⑦大模数齿轮滚刀 ⑧带轮及飞轮 ⑨大口径铸铁管 ⑩发动机缸体。

14. 如图 2-2-3 铸件在单件生产条件下，应采用哪种造型方法（选做）？

15. 图 2-2-4 所示铸件两种结构应选哪一种？为什么？

16. 何为铸件结构斜度？与起模斜度有何不同？图 2-2-5 所示结构是否合理？如何改进？

17. 请指出图 2-2-6 铸件结构各有何缺点？应如何改进设计。

18. 为什么铸件会产生热裂纹？影响铸件产生热裂纹的主要因素是什么？

19. 图 2-2-7 是一灰口铸铁端盖，密度为 $7.2\times10^3 kg/m^3$，试画出铸造工艺简图。

20. 图 2-2-8 是一材质为 ZG230—450 的铸钢法兰（密度为 $7.8\times10^3 kg/m^3$），试确定其铸造工艺，具体内容是：

（1）分型面及浇注位置；（2）铸件线收缩率；（3）机械加工余量及起模斜度；（4）砂芯；（5）冒口的形状、尺寸和数量；（6）补贴；（7）冷铁的形状、尺寸和数量；（8）铸肋；（9）浇注系统的位置。

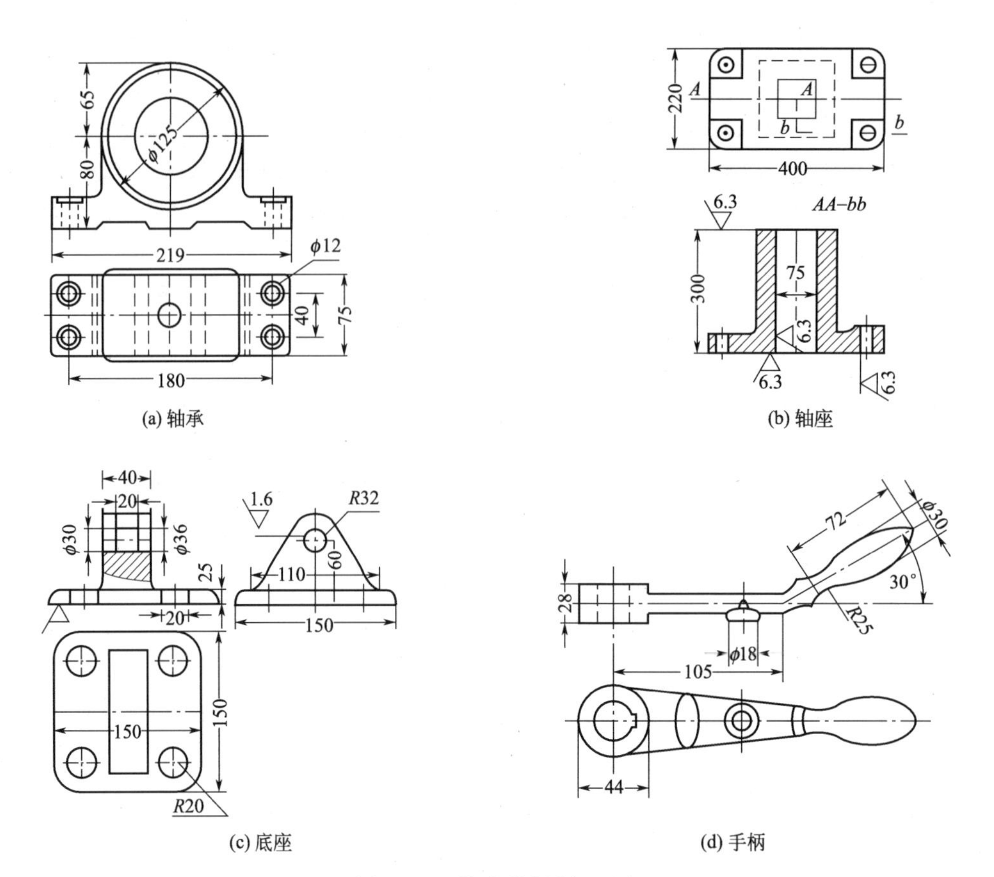

图 2-2-3 综合分析题 14 图

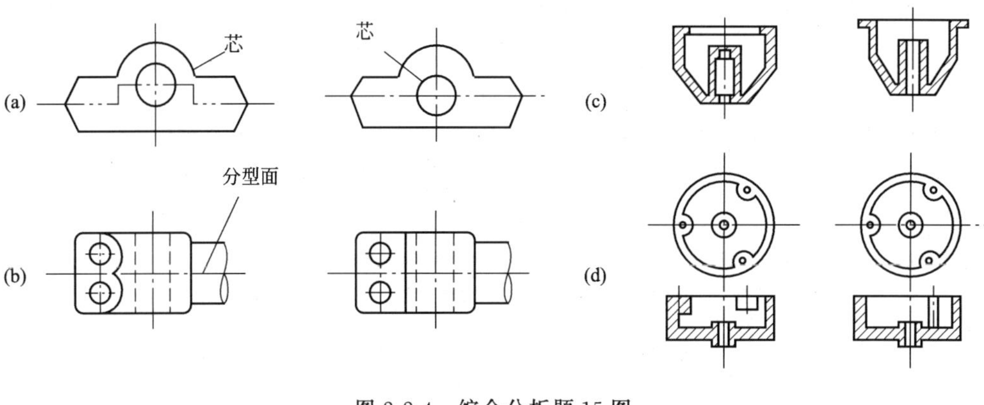

图 2-2-4 综合分析题 15 图

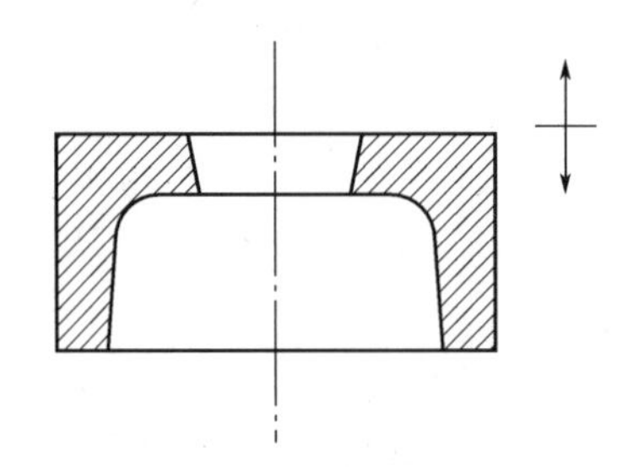

图 2-2-5 综合分析题 16 图

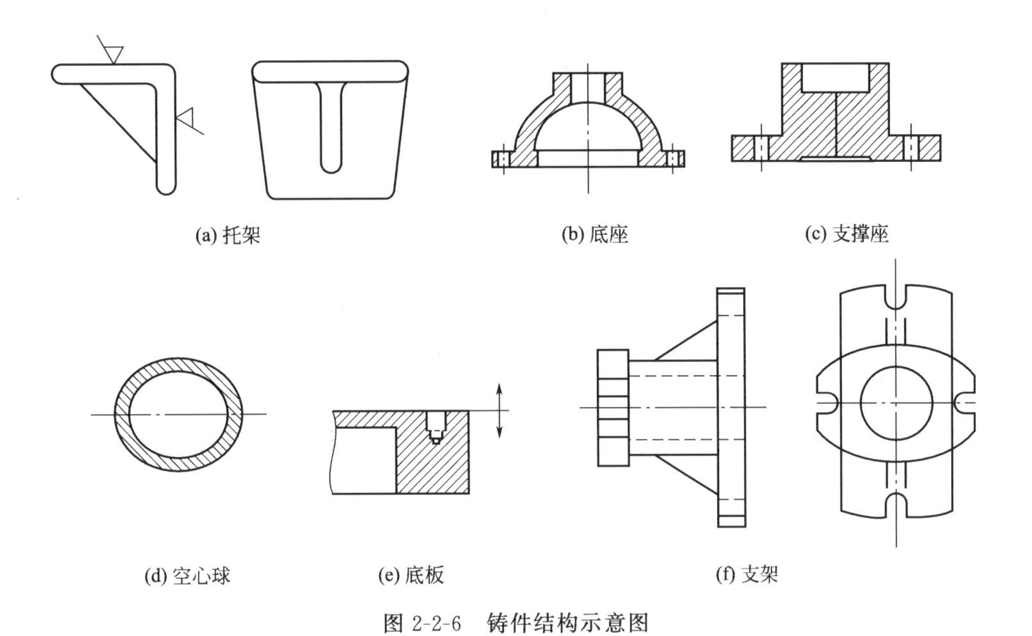

图 2-2-6 铸件结构示意图

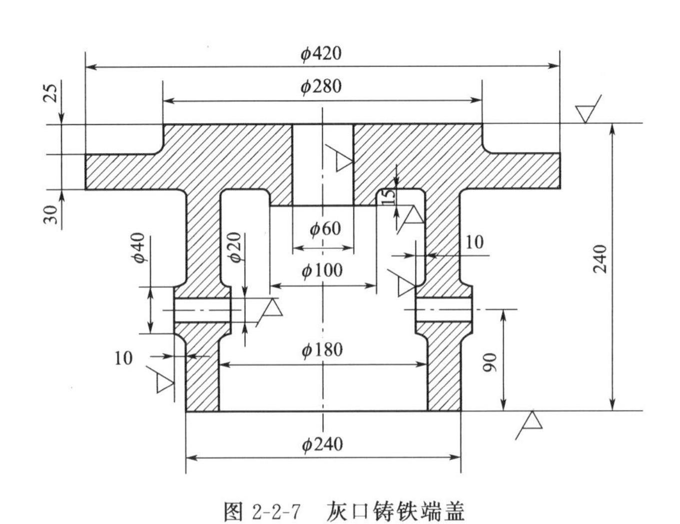

图 2-2-7 灰口铸铁端盖

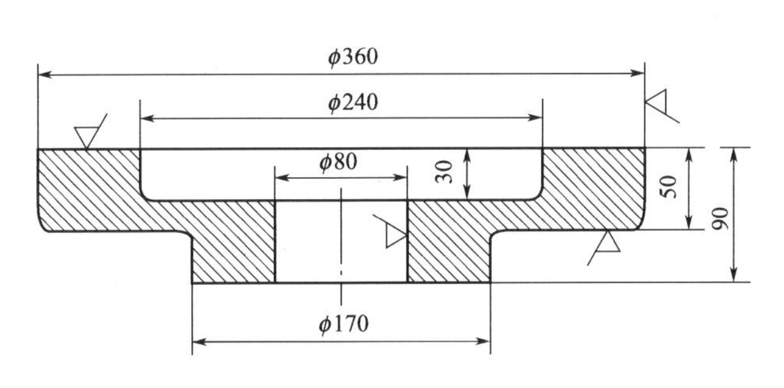

图 2-2-8 ZG230-450 法兰

第二章　锻　　压

一、名词解释

塑性变形、加工硬化、纤维组织、可锻性、自由锻。

二、填空题

1. 影响合金锻造性能的内因有（　　）和（　　）两方面，外因包括（　　）、（　　）、（　　）和（　　）。

2. 冲压的基本工序包括（　　）和（　　）两大类。

3. 绘制自由锻件图时应考虑（　　）、（　　）和（　　）等工艺参数问题。

4. 锻压生产的实质是（　　），所以只有（　　）材料适合于锻造。

5. 模型锻造的基本方法包括（　　）和（　　）锻造。

6. 热变形是指（　　）温度以上的变形。

7. 金属的锻造性能决定于金属的（　　）和变形的（　　）。

8. 锻造时，金属允许加热到的最高温度称（　　），停止锻造的温度称（　　）。

9. 深腔件经多次拉深变形后应进行（　　）热处理。

10. 自由锻锻造设备有（　　）、（　　）和（　　）三大类。

11. 锻压加工方法的主要优点是（　　），主要缺点是（　　）。

12. 冲孔和落料的加工方法相同，只是作用不同，落料冲下的部分是（　　），冲孔被冲下的部分是（　　）。

13. 金属在加热时可能产生的缺陷有（　　）、（　　）和（　　）等。

14. 冲裁时板料分离过程分为（　　）、（　　）和（　　）三个阶段。

15. 20 钢的锻造性能比 T10 钢（　　），原因是（　　）。

三、是非题

1. 锻压可用于生产形状复杂、尤其是内腔复杂的零件毛坯。（　　）

2. 在通常的锻造生产设备条件下，变形速度越大，锻造性越差。（　　）

3. 变形区的金属受拉应力的数目越多，合金的塑性越好。（　　）

4. 摩擦压力机特别适合于再结晶速度较低的合金钢和有色金属的模锻。（　　）

5. 为防止错模，模锻件的分模面选择应尽量使锻件位于一个模膛。（　　）

6. 拉深模和落料模的边缘都应是锋利的刃口。（　　）

7. 可锻铸铁零件可以用自由锻的方法生产。（　　）

8. 金属塑性成形中作用在金属坯料上的外力主要是压力和拉力。（　　）

9. 汽车外壳、仪表、电器及日用品的生产主要采用薄板的冲压成形。（　　）

10. 自由锻锻件的精度较模型锻造的高。（　　）

11. 碳钢比合金钢容易出现锻造缺陷。（　　）

12. 金属材料加热温度越高，越变得软而韧，锻造越省力。（　　）

13. 模锻件的侧面，即平行于锤击方向的表面应有斜度。（　　）

14. 自由锻件所需坯料的质量与锻件的质量相等。（　　）

15. 45 钢的锻造温度范围是 800～1200℃。（　　）

四、选择题

1. 带凹档、通孔和凸缘类回转体模锻件的锻造应选用（　　）

(a) 模锻锤　　(b) 摩擦压力机　　(c) 平锻机

2. 薄板弯曲件，若弯曲半径过小会产生（　　）

(a) 回弹严重　　(b) 起皱　　(c) 裂纹

3. 下列不同含碳量的铁碳合金锻造性最好的是（　　）

(a) 0.77%C　　(b) 0.2%C　　(c) 1.2%C

4. 下列三种锻造方法中，锻件精度最高的是（　　）

(a) 自由锻　　(b) 胎模锻　　(c) 锤上模锻

5. 下列三种锻造设备中，对金属施加冲击力的是（　　）

(a) 蒸汽空气锤　　(b) 曲柄压力机　　(c) 摩擦压力机

6. 下列三种锻件的结构设计中，不能有加强筋、表面凸台及锥面结构的是（　　）

(a) 自由锻件　　(b) 锤上模锻件　　(c) 压力机上模锻件

7. 重要的巨型锻件（如水轮机主轴）应该选用（　　）方法生产

(a) 自由锻　　(b) 曲柄压力机上模锻　　(c) 锤上模锻

8. 下列冲压工序中，凹凸模之间的间隙大于板料厚度的是（　　）

(a) 拉深　　(b) 冲孔　　(c) 落料

9. 冲裁模的凸模与凹模均有（　　）

(a) 锋利的刃口　　(b) 圆角过渡　　(c) 负公差

10. 在冲床的一次冲程中，在模具的不同部位上同时完成数道冲压工序的模具，称为（　　）

(a) 复合冲模　　(b) 连续冲模　　(c) 简单冲模

五、综合分析题

1. 某一车床主轴零件（如图 2-2-9 所示）要求自由锻造，试述在绘制锻件图时应考虑哪些因素？试绘出锻件图。

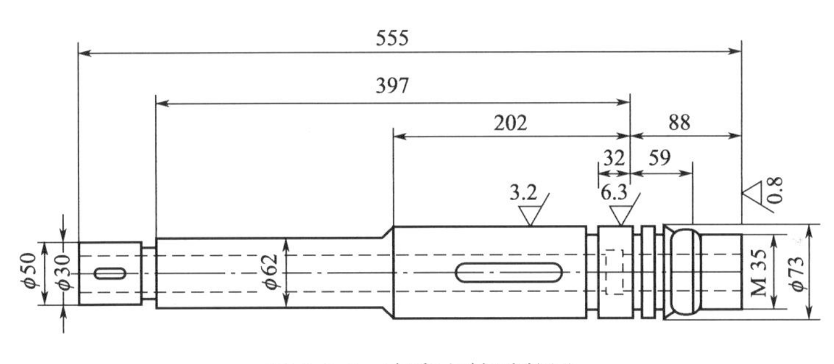

图 2-2-9　车床主轴零件图

2. 对相同材料相同尺寸的圆棒料在图 2-2-10 所示的两种砧铁上拔长时，效果有何不同？

3. 碳钢在锻造温度范围内变形时，是否会产生冷变形强化？

4. 热变形对金属组织和性能有什么影响？

5. 塑性差的金属材料进行锻造时，应注意什么问题？

6. 下列零件（图 2-2-11）若批量分别为单件、小批量、大批量生产时，可选择哪些锻造方法加工？哪种加工方法最好？

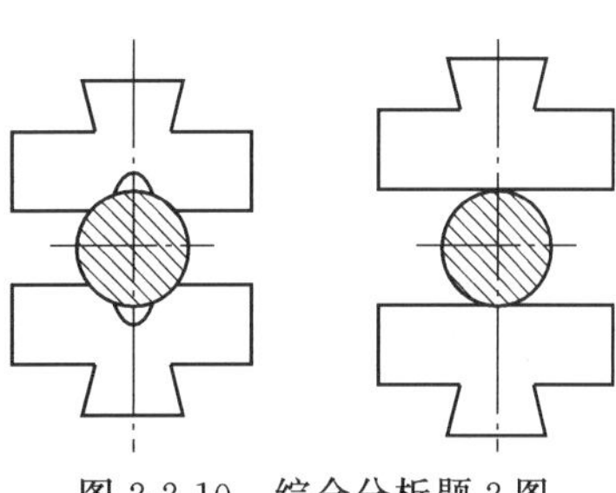

图 2-2-10　综合分析题 2 图

7. 图 2-2-12 所示各模锻件的分模面选择是否合理？并简述理由。

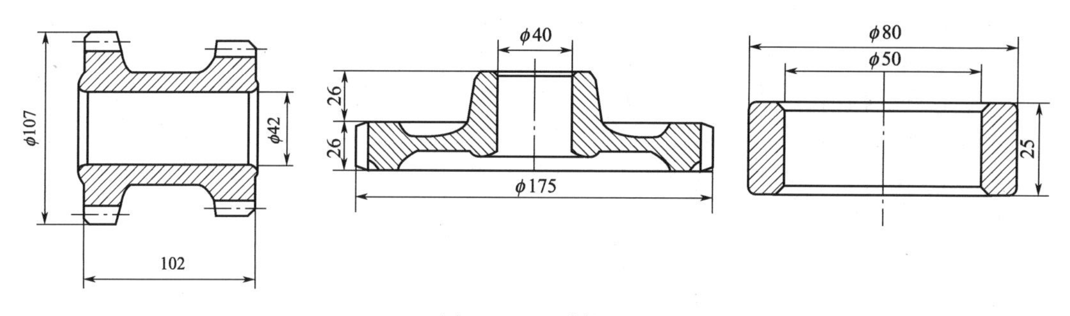

图 2-2-11　零件图

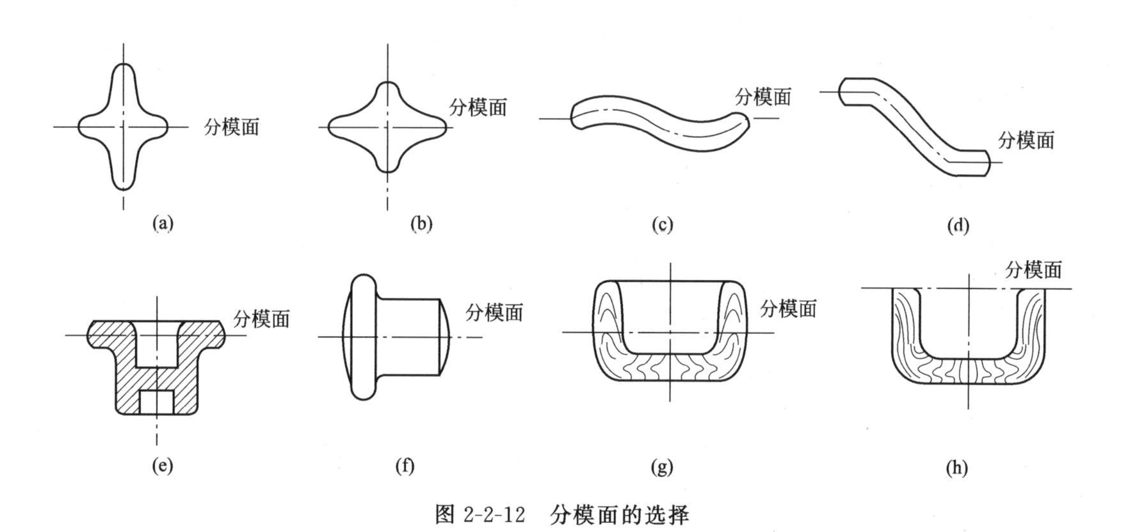

图 2-2-12　分模面的选择

8. 图 2-2-13 所示齿轮，材料为 45 钢，大批量生产，试选模锻锤吨位，确定模锻件机加工余量和公差，绘制锻件图。

9. 模锻的设备主要有哪些？其特点及应用范围如何？

10. 锤上模锻能否直接锻出通孔？如何锻出通孔？

11. 在曲柄压力机上能否实现拔长、滚挤等变形工序？并简述理由。

12. 用什么方法能保证将厚度为 1.5mm、直径为 250mm 的低碳钢钢板加工成直径为 50mm 的筒形件？

13. 比较落料和拉深工序凸凹模结构及其间隙有什么不同？

14. 试述冲裁间隙对冲裁件的质量和冲模寿命的影响。

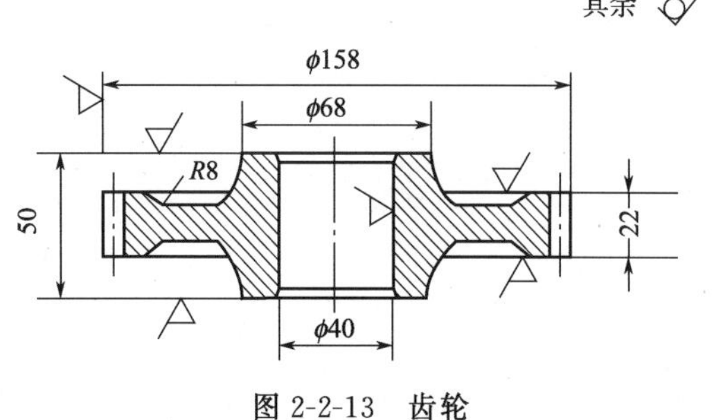

图 2-2-13　齿轮

15. 冲压模的种类有哪些？指出各自的特点及应用范围。

16. 简述螺栓及螺母的锻造加工工艺并绘制锻件图。

17. 指出下列自由锻件（如图 2-2-14 所示）结构工艺性的不合理处，并提出改进意见。

18. 指出并改正图 2-2-15 所示的模锻零件结构的不合理之处。

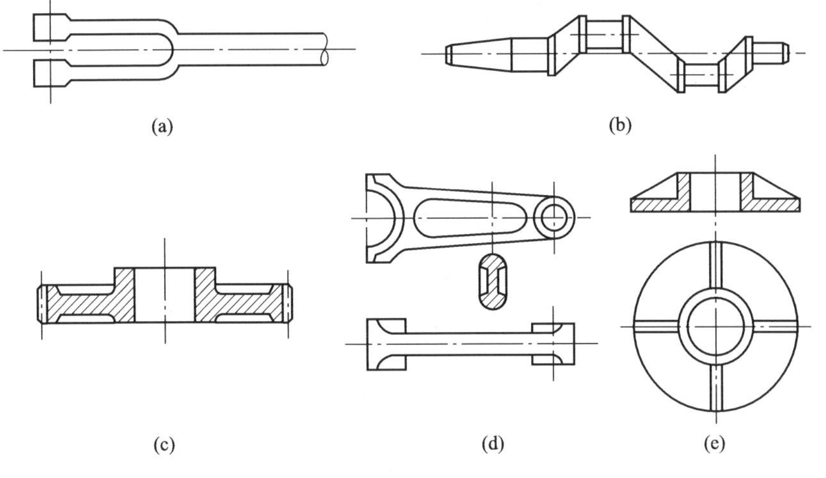

图 2-2-14　自由锻件结构示意图

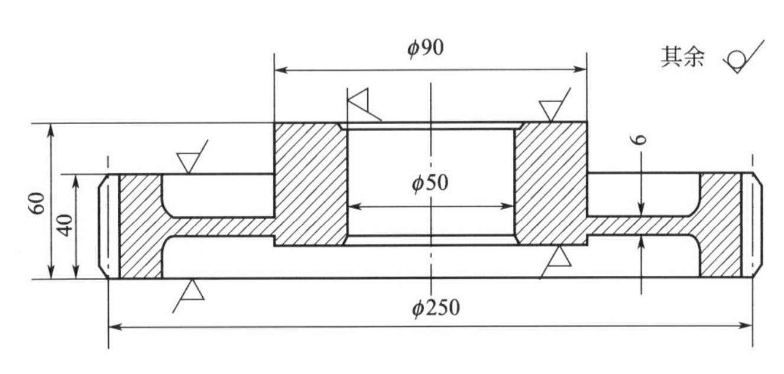

图 2-2-15　模锻零件结构示意图

第三章　焊　　接

一、名词解释

热影响区、焊接、焊接电弧、酸性焊条、焊接性。

二、填空题

1. 按焊接过程的特点，焊接方法可归纳为（　　）、（　　）和（　　）三大类。

2. 焊接电弧由（　　）、（　　）和（　　）三部分组成，其中（　　）区的温度最高。

3. 焊条是由（　　）和（　　）两部分组成。

4. 焊接接头的基本形式有（　　）、（　　）、（　　）和（　　）四种。其中（　　）接头最容易实现，也最容易保证质量，有条件时应尽量采用。

5. 为防止普通低合金钢材料焊后产生冷裂纹，焊前应对工件进行（　　）处理，采用（　　）焊条，以及焊后立即进行（　　）。

6. 为减少焊接应力，在焊接时通常采用的工艺措施有（　　）、（　　）、（　　）、（　　）和（　　）等。

7. 焊接变形的基本形式有（　　）、（　　）、（　　）、（　　）和（　　）。

8. 手工电弧焊时，焊条的焊芯在焊接过程中的作用是（　　）和（　　）。

9. 低碳钢的热影响区可分为（　　）、（　　）、（　　）和（　　）区等，其中（　　）和（　　）区对焊接接头质量影响最大。

10. 焊缝位置的布置原则包括（　　）、（　　）、（　　）、（　　）和（　　）五个方面。

11. 手工电弧焊是以（　　）做热源，其特点是（　　）。

12. 请按化学性质对以下焊条进行分类：

(1) E4315（　　）；(2) E5015（　　）。

三、是非题

1. 焊接结构在较差的条件下工作时应选用酸性焊条。（　　）
2. 二氧化碳气体保护焊特别适合于焊接铝、铜、镁、钛及其合金。（　　）
3. 埋弧自动焊、氩弧焊和电阻焊都属于熔化焊。（　　）
4. 用直流弧焊电源焊接薄钢板或者有色金属时，宜采用反接法。（　　）
5. 焊接可以生产有密封性要求的承受高压的容器。（　　）
6. 增加焊接结构的刚性可以减少焊接应力。（　　）
7. 在常用金属材料的焊接中，铸铁的焊接性能好。（　　）
8. 压力焊只需加压，不需加热。（　　）

四、选择题

1. 低碳钢和低合金结构钢薄板的焊接最适宜的方法是（　　）

(a) 氩弧焊　　(b) 手工电弧焊　　(c) CO_2焊

2. 下列材料焊接性能最好的是（　　）

(a) 16Mn　　(b) 铝合金　　(c) W18Cr4V

3. 下列焊接方法属于压力焊的是（　　）

(a) CO_2焊　　(b) 氩弧焊　　(c) 电阻焊

4. 低碳钢和低合金结构钢时，选用焊条的基本原则是（　　）

(a) 等强度原则　　(b) 同成分原则　　(c) 经济性原则

5. 焊条药皮的主要作用是（　　）

(a) 增加焊缝金属的冷却速度

(b) 起机械保护和稳弧作用

(c) 减小焊缝裂纹

6. 下列焊接方法中，属于熔化焊的是（　　）

(a) 埋弧焊　　(b) 摩擦焊　　(c) 电阻焊

7. 电阻点焊和滚焊必须用（　　）

(a) 对接　　(b) 搭接　　(c) 角接

8. 对焊缝金属进行保护的方式为气-渣联合保护的焊接方法是（　　）

(a) 埋弧焊　　(b) 摩擦焊　　(c) 电阻焊

9. 下列几种焊条中，在焊接时一定要用直流焊机焊接的是（　　）

(a) E4303　　(b) E4315　　(c) E5015

10. 焊接过程中减少熔池中氢、氧等气体含量的目的是为了防止或减少产生（　　）

(a) 气孔　　(b) 夹渣　　(c) 烧穿

11. 一般气焊火焰的最高温度比电焊电弧火焰的最高温度（　　）

(a) 高　　(b) 低　　(c) 相等

12. 酸性焊条是指药皮中的酸性氧化物与碱性氧化物之比（　　）

(a) 大于 1　　(b) 小于 1　　(c) 等于 1

13. 焊接时，加热时间愈长，焊件的变形愈（　　）

(a) 大　　(b) 小　　(c) 不变

14. 手工电弧焊焊接薄板时，为防止烧穿，常采用的工艺措施之一是（　　）

(a) 直流正接　　(b) 直流反接　　(c) 氩气保护

15. 焊接形状复杂或刚度大的结构及承受冲击载荷或交变载荷的结构时，应选用（　　）

(a) 酸性焊条　　(b) 碱性焊条　　(c) 两者均可

五、综合分析题

1. 焊缝形成过程对焊接质量有何影响？试说明其原因。

2. 熔焊、压焊、钎焊三者的主要区别是什么？何种最常用？

3. 直流电弧的极性指的是什么？了解直流电弧极性有何实用意义？

4. 电弧焊电源与一般电力电源的主要区别何在？为什么要有这种区别？

5. 填写表 2-2-1 中的各项内容。

表 2-2-1　综合分析题 5 表

焊接方法		焊接热源	熔池保护	热影响区	焊接质量	焊接材料	生产率	成本	适用范围		
									空间位置	厚度/mm	金属种类
手弧焊											
埋弧焊											
氩弧焊	钨极										
	熔化极										
CO_2焊											
电渣焊											
等离子弧焊											
电子束焊											
激光焊											

6. 当采用光焊芯焊接时，焊缝区域发生了怎样的冶金反应？

7. 钎焊和熔焊的主要区别在哪里？与熔焊相比，钎焊具有哪些主要优缺点？适用于什么情况？

8. 为表 2-2-2 所列产品选择焊接方法。

表 2-2-2　综合分析题 8 表

序　号	焊接产品	适宜方法	可用方法
1	壁厚小于 30mm 锅炉筒体的批量生产		
2	汽车油箱的大量生产		
3	减速箱箱体的单件或小批生产		
4	45 钢刀杆上焊接硬质合金刀头		
5	铝合金板焊接容器的批量生产		
6	自行车圈的大量生产		
7	ϕ3mm 铝一铜接头的批量生产		

9. 什么是酸性焊条和碱性焊条？从焊条的药皮组成、焊缝力学性能及焊接工艺等方面比较其差异及适用性。

10. 为表 2-2-3 所列的各项选择适宜的焊接方法。

表 2-2-3 综合分析题 10 表

序号	项目	焊接方法
1	同径圆棒间的对接	
2	薄冲压钢板搭接	
3	异种金属的对接	
4	不加填充金属的焊接	
5	大量生产件的焊接	
6	铝合金的焊接	

11. 中碳钢、强度较高的低合金结构钢的焊接性能低于低碳钢，主要表现在哪里？它们在焊接时，工艺上和焊条选择上有何共同特点？焊前预热和焊后缓冷起何作用？若某碳钢与某低合金结构钢的力学性能相同，宜选哪一种材料作焊接结构？

12. 高强度低合金结构钢焊接后产生冷裂纹的主要原因是什么？如何防止？

13. 确定图 2-2-16 所示构件的焊接顺序。

14. 图 2-2-17 为铲土机零件的两种结构方案，试分析哪种更合理。

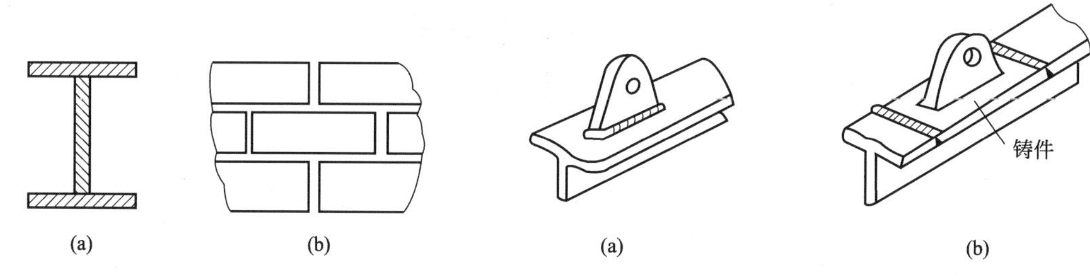

图 2-2-16 综合分析题 13 图　　图 2-2-17 综合分析题 14 图

15. 焊接铜、铝及其合金时，需要考虑的主要问题各是什么？选用何种焊接方法最佳？为什么？

16. 产生焊接应力和变形的主要原因是什么？焊接应力与变形对焊接结构各有哪些影响？并定性说明焊接残余应力分布的一般规律。

17. 比较图 2-2-18 各种焊接结构的合理性，并说明理由。

18. 中压容器的外形及基本尺寸如图 2-2-19 所示，材料全部用 15MnVR（R 为容器用钢），筒身壁厚 10mm，输入和输出管的壁厚为 9mm，封头厚 12.7mm。

（1）试决定焊缝位置（15MnVR 钢板长 2500mm，宽 1000mm）；

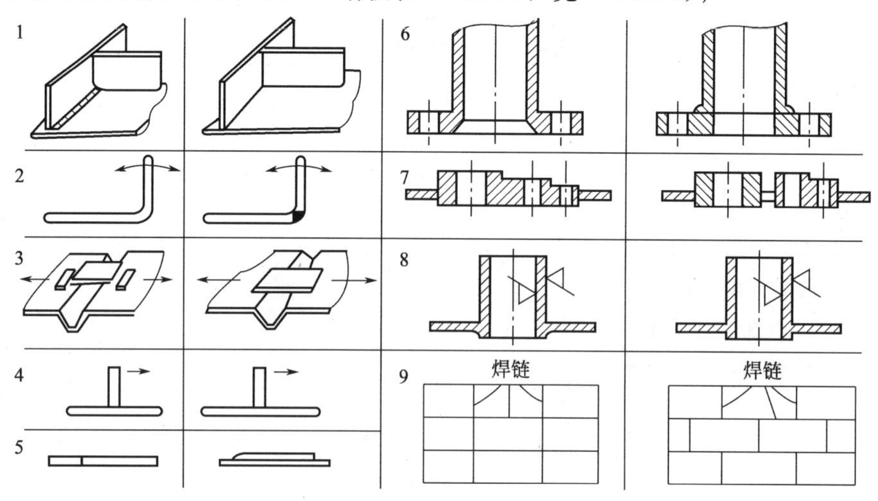

图 2-2-18 焊接结构示意图

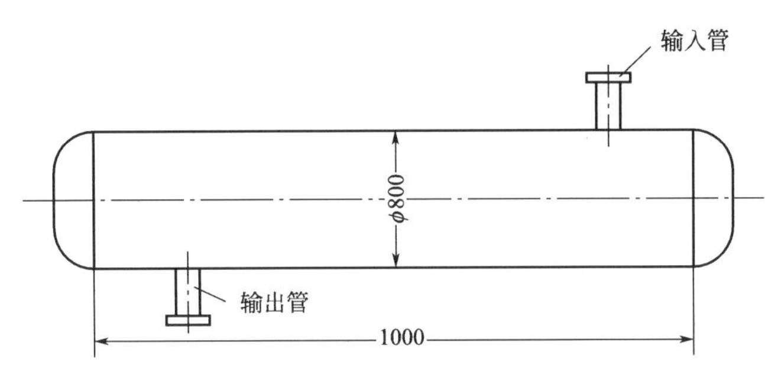

图 2-2-19　中压容器示意图

（2）确定焊接方法、焊接材料和接头形式；

（3）确定装配顺序；

（4）确定有效措施以改变焊接时的空间位置，使所有焊缝在焊接时基本上能处于平焊的位置。

第四章　毛坯成形方法选择

1. 为什么齿轮多用锻件，而带轮和飞轮多用铸件？

2. 螺杆和螺母配合使用，两者的硬度要求相同吗？如不同，哪个低一些？为什么？

3. 选择毛坯的三项原则相互关系如何？

4. 为什么说毛坯材料确定后，毛坯的种类也就基本上确定了？

5. 请为下列零件选择合适的毛坯生产方法：

（1）成批大量生产的垫片；

（2）成批大量生产的变速箱体；

（3）单件生产的机架；

（4）形状简单、承载能力较大的轴；

（5）家庭用的液化气钢瓶；

（6）大批量生产的直径相差不大的轴；

（7）汽车发动机上的曲轴。

材料成形工艺基础自测题

一、名词解释

铸造、热影响区、焊接、热应力、可锻性。

二、填空题

1. 锻压生产的实质是（　　），所以只有（　　）材料适合于锻造。

2. 铸件的凝固方式包括（　　）、（　　）和（　　）三种。一般来说（　　）凝固方式时，合金的充型能力强。

3. 铸钢铸造性能差的原因主要是（　　）和（　　）。

4. 影响合金锻造性能的内因有（　　）和（　　）两方面，外因包括（　　）、（　　）、（　　）和（　　）。

5. 冲压的基本工序包括（　　）和（　　）两大类。

6. 绘制自由锻件图时应考虑（　　）、（　　）和（　　）等工艺参数问题。

7. 按焊接过程的特点，焊接方法可分为（　　）、（　　）和（　　）三大类。

8. 手弧焊时，焊条的焊芯在焊接过程中的作用是（　　）和（　　）。

9. 低碳钢的热影响区可分为（　　）、（　　）、（　　）和（　　）区等，其中（　　）和（　　）区对焊接接头质量影响最大。

10. 焊接变形的基本形式有（　　）、（　　）、（　　）、（　　）、（　　）。

11. 模型锻造包括（　　）、（　　）、（　　）和（　　）锻造等。

12. 热变形是指（　　）温度以上的变形。

三、判断题（对的打"√"，错的打"×"）

1. 铸造生产特别适合于制造受力较大或受力复杂的零件毛坯。（　　）

2. 铸件的变形是由于残留的铸造应力造成的。（　　）

3. 铸件的主要加工面和重要的工作面浇注时应朝上。（　　）

4. 铸件的分型面应尽量使重要的加工面和加工基准面在同一砂箱内，以保证铸件精度。（　　）

5. 锻压可用于生产形状复杂、尤其是内腔复杂的零件毛坯。（　　）

6. 在通常锻造生产设备条件下，变形速度越大，锻造性越差。（　　）

7. 变形温度越高，锻造性越好。（　　）

8. 摩擦压力机特别适合于再结晶速度较低的合金钢和有色金属的模锻。（　　）

9. 为防止错模，模锻件的分模面选择应尽量使锻件位于一个模膛。（　　）

10. 拉深模和落料模的边缘都应是锋利的刃口。（　　）

11. 焊接结构在较差的条件下工作时应选用酸性焊条。（　　）

12. 焊接可以生产有密封性要求的结构。（　　）

13. 二氧化碳气体保护焊特别适合于焊接铝、铜、镁、钛及其合金。（　　）

14. 埋弧自动焊、氩弧焊和电阻焊都属于熔化焊。（　　）

15. 用直流弧焊电源焊接薄钢板或者有色金属时，宜采用反接法。（　　）

四、简答题

1. 为保证产品质量、提高生产率等，焊缝布置的一般工艺原则有哪些方面？

2. 用以下两种方法制成的齿轮毛坯，哪种性能较好，说明理由。

（1）用等于齿坯直径的圆钢切割得到的圆饼状齿坯；

（2）用小于齿坯直径的圆钢镦粗得到的圆饼状齿轮。

3. 某厂拟铸造一批力学性能要求不高的铸铁小件，要求愈薄愈好，请提出2～3个提高充型能力的措施。若合金的流动性不足时，容易产生那些缺陷？

4. 变形模与落料模在结构上有什么区别？

5. 为防止铸件由于热应力而产生变形，从铸件设计和铸造工艺上应采取哪些措施？

6. E4303是生产中常用的一种酸性焊条，这种焊条的主要特点有哪些？

五、为下列零件毛坯选择具体的生产方法

发动机活塞	汽轮机叶片
机床主轴	机床床身
大口径铸铁污水管	锅炉筒体
子弹弹壳	重要齿轮
汽车油箱	船体

六、请指出以下零件结构有何缺点？应如何改进设计？

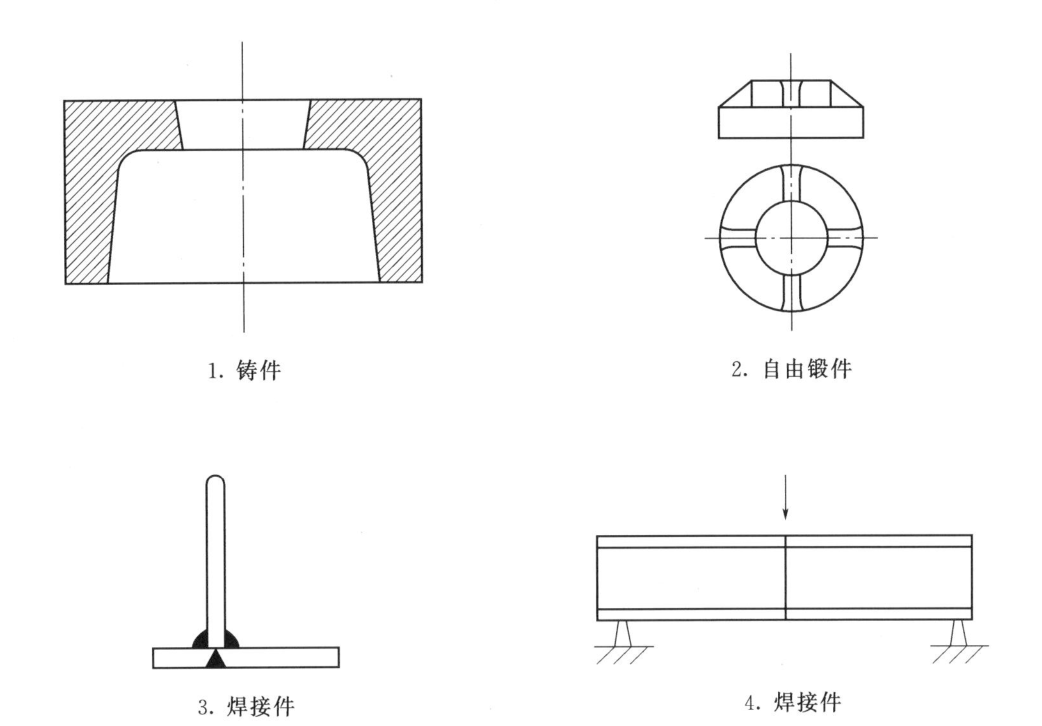

1. 铸件

2. 自由锻件

3. 焊接件

4. 焊接件

第三部分　复习思考题与自测题参考答案

第一章　铸　　造

一、名词解释

铸造：将热态金属浇注到与零件的形状相适应的铸型型腔中冷却后获得铸件的方法。

热应力：在凝固冷却过程中，不同部位由于不均衡的收缩而引起的应力。

收缩：铸件在液态、凝固态和固态的冷却过程中所发生的体积缩小现象，合金的收缩一般用体收缩率和线收缩率表示。

金属型铸造：用重力浇注将熔融金属浇入金属铸型而获得铸件的方法。

流动性：熔融金属的流动能力，仅与金属本身的化学成分、温度、杂质含量及物理性质有关，是熔融金属本身固有的性质。

二、填空题

1. 适应性强；设备简单；生产准备时间短；成本低；成批；大量；
2. 熔模铸造；金属型铸造；压力铸造；低压铸造；离心铸造；
3. 凝固区域宽度大小；逐层凝固；中间凝固；糊状凝固；逐层凝固；
4. 液态收缩和凝固收缩；固态收缩；
5. 侵入性气孔；析出性气孔；反应性气孔；析出性气孔；
6. 熔点高，流动性；收缩大；
7. 液态合金的化学成分；液态合金的导热系数；黏度和液态合金的温度；
8. 成形方便；适应性强；成本较低；铸件力学性能较低；铸件质量不够稳定；废品率高。

三、是非题

1. ×；2. ×；3. ×；4. √；5. √；6. ×；7. ×；8. ×；9. ×；10. √；11. √；12. ×；13. ×；14. ×；15. ×。

四、选择题

1. (b) 熔模铸造；
2. (b) 补偿热态金属，排气及集渣；
3. (c) 4.3%C；
4. (b) 压力铸造；
5. (b) 同时凝固；
6. (a) 形成压力头，补缩；
7. (c) 能适用各种铸造合金；
8. (c) 灰铸铁；
9. (b) 抗压强度好；
10. (c) 铸件材料的收缩量＋机械加工余量；
11. (a) 车床上进刀手轮；
12. (b) 朝下；
13. (a) 适当提高浇注温度；

14. (b) 粘砂严重；

15. (b) 有色金属。

五、综合分析题

1. 答　液态合金充满型腔，获得形状完整、轮廓清晰的铸件的能力，称为液态合金的充型能力。

影响充型能力的主要因素为：

(1) 合金的流动性；(2) 铸型的充型条件；(3) 浇注条件；(4) 铸件结构等。

2. 答　合金的充型能力不好时：(1) 在浇注过程中铸件内部易存在气体和非金属夹杂物；(2) 容易造成铸件尺寸不精确，轮廓不清晰；(3) 流动性不好，金属液得不到及时补充，易产生缩孔和缩松缺陷。

设计铸件时应考虑每种合金所允许的最小铸出壁厚，铸件的结构尽量均匀对称。以保证合金的充型能力。

3. 答　适当提高液态金属或合金的浇注温度和浇注速度能改善其流动性，提高充型能力，因为浇注温度高，浇注速度快，液态金属或合金在铸型中保持液态流动的能力强。因此对薄壁铸件和流动性较差的合金，可适当提高浇注温度和浇注速度以防浇注不足和冷隔。

4. 答　缩孔缩松产生原因：铸件设计不合理，壁厚不均匀；浇口、冒口开设的位置不对或冒口太小；浇注铁水温度太高或铁水成分不对，收缩率大等。主要原因是液态收缩和凝固态收缩所致。

防止措施：

(1) 浇道要短而粗；(2) 采用定向凝固原则；(3) 铸造压力要大；(4) 铸造时间要适当的延长；(5) 合理确定铸件的浇注位置、内浇口位置及浇注工艺。

5. 答　定向凝固（也称顺序凝固）就是在铸件上可能出现缩孔的厚大部位安放冒口，在远离冒口的部位安放冷铁，使铸件上远离冒口的部位先凝固，靠近冒口的部位后凝固。

同时凝固，就是从工艺上采取各种措施，使铸件各部分之间的温差尽量减小，以达到各部分几乎同时凝固的方法。

控制铸件凝固方式的方法：(1) 正确布置浇注系统的引入位置，控制浇注温度、浇注速度和铸件凝固位置；(2) 采用冒口和冷铁；(3) 改变铸件的结构；(4) 采用具有不同蓄热系数的造型材料。

6. 答　逐层凝固的合金倾向于产生集中缩孔，如纯铁和共晶成分铸铁。糊状凝固的合金倾向于产生缩松，如结晶温度范围宽的合金。

促进缩松向缩孔转化的方法有：

(1) 提高浇注温度，合金的液态收缩增加，缩孔容积增加；

(2) 采用湿型铸造。湿型比干型对合金的激冷能力大，凝固区域变窄，使缩松减少，缩孔容积相应增加；

(3) 凝固过程中增加补缩压力，可减少缩松而增加缩孔的容积。

7. 答　T型铸件由粗杆Ⅰ和细杆Ⅱ两部分组成。热应力的形成过程可分为三个阶段来说明：

第一阶段：高温阶段。铸件凝固后，细杆Ⅱ比粗杆Ⅰ冷却快，收缩量大。但两者是一个整体，因此，这时粗杆Ⅰ因细杆Ⅱ收缩而被压缩，细杆Ⅱ被粗杆Ⅰ拉伸，因为两者都处在高温塑性状态下，所以各自都产生塑性变形，铸件内部不产生应力。

第二阶段：中温阶段。细杆Ⅱ的温度下降较快，进入低温弹性阶段，而粗杆Ⅰ仍处于塑性状态。由于细杆Ⅱ收缩量大，压缩粗杆Ⅰ，粗杆Ⅰ产生压缩塑性变形，但铸件内仍无应力产生。

第三阶段：低温阶段。粗杆Ⅰ也进入低温弹性状态，这时细杆Ⅱ已冷却到更低温度，甚至达到常温，不再收缩，而粗杆Ⅰ还要继续收缩，因此，粗杆Ⅰ的收缩受到细杆Ⅱ的阻碍。故粗杆Ⅰ被拉伸，细杆Ⅱ被压缩。粗杆Ⅰ内产生拉伸应力，细杆Ⅱ内产生压缩应力，这种应力并不因铸件整体都冷却到常温而消失，称之为残余应力。

热应力引起的弯曲变形如图 2-3-1。

8. 答　沿粗杆Ⅰ*A*—*A* 线锯断，断口间隙会变大，原因是应力框铸件厚薄不均匀、截面不对称，凝固后粗杆Ⅰ内部产生残余拉应力，当铸造应力超过铸件材料的屈服极限时产生如图 2-3-2 所示的变形。

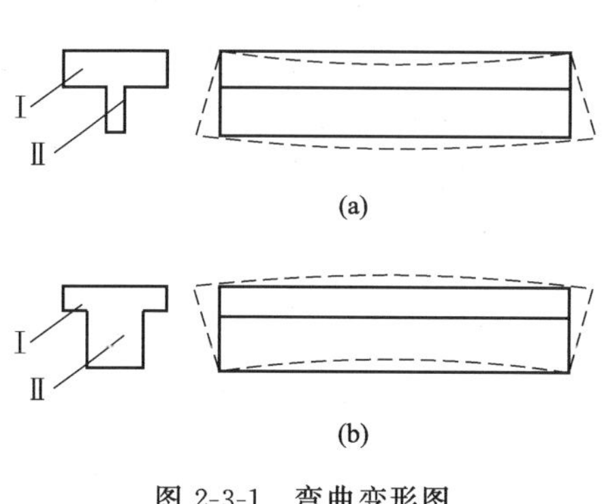

图 2-3-1　弯曲变形图

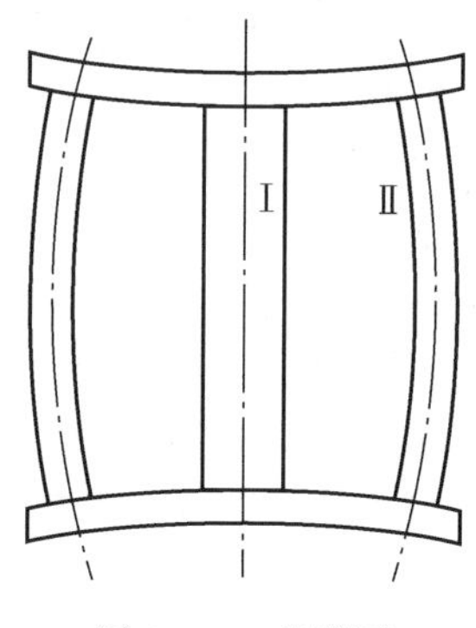

图 2-3-2　变形图

9. 答　Fe-C 合金的流动性与含碳量之间的关系如图 2-3-3 所示。由图可见，在亚共晶合金中，随含碳量的增加，结晶温度区间减小，流动性逐渐提高，越接近共晶成分，合金的流动性越好。

逐层凝固和窄凝固范围的合金，在凝固过程中的体积收缩能得到补缩，倾向于最后形成大的孔洞——缩孔。合金的致密性好，“热裂”倾向小。这类合金包括相图中的共晶合金和纯金属。凝固范围越宽，形成缩松及热裂的倾向越大。这类合金包括相图中的远离共晶点成分的合金。

10. 答　合金的铸造性能主要是指合金的流动性与合金的收缩性等。铸钢的流动性比铸铁差，体积收缩率大。铸造性能差。

铸造工艺上的主要特点是：(1) 铸钢的流动性差；(2) 铸钢的体积收缩率和线收缩率大；(3) 易吸气氧化和粘砂。

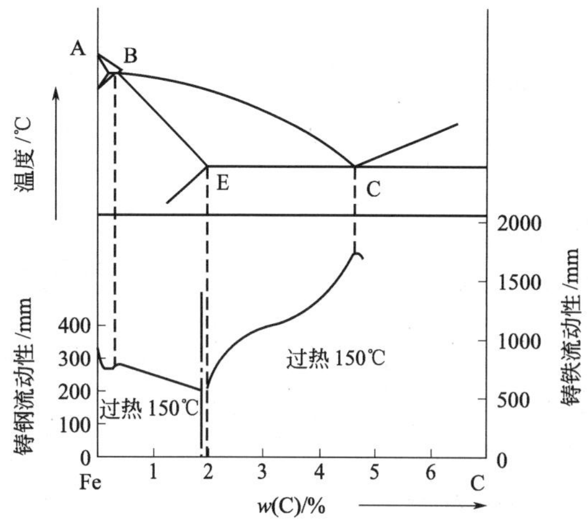

图 2-3-3　Fe-C 合金的流动性与含碳量关系图

11. 答　金属型的导热快，铸件的晶粒细小，进而改善了铸件的力学性能。

灰铸铁件用金属型铸造时，可能遇到的问题为：由于金属型冷却速度快，易形成白口，成本高、周期长，铸造工艺要求严格，不适于单件、小批量生产，不宜铸造形状复杂与大型薄壁件。

12. 答　压力铸造的工艺特点：

(1) 生产率比其他铸造方法都高，每小时可压铸 50 件到 500 件，操作简便，易实现自动化或半自动化生产；

(2) 合金充型能力好，能铸出结构复

杂、轮廓清晰的薄壁、精密的铸件；可直接铸出各种孔眼、螺纹、花纹等图案；也可压铸出镶嵌件；

(3) 铸件尺寸精度可达 CT4-8 级，表面粗糙度 $Ra0.8\sim12.5\mu m$；

(4) 金属在压力下凝固，冷却速度又快，铸件组织细密，表层紧实，强度、硬度高，抗拉强度比砂型铸造提高 20%～40%。

低压铸造的工艺特点：

(1) 充型压力和速度便于控制，故可适应各种铸型，如金属型、砂型、熔模型壳、树脂型壳等；

(2) 铸件的组织致密，力学性能较高；

(3) 由于省去了补缩冒口，使金属的利用率提高到 90%～98%；

(4) 由于提高了充型能力，有利于形成轮廓清晰、表面光洁的铸件，这对于大型薄壁件的铸造尤为有利。

挤压铸造的工艺特点：

(1) 压力的作用使铸件成形并产生“压实”，使铸件致密；

(2) 挤铸时没有浇口，且铸件的尺寸较大、较厚时，液流所受阻力较小，所需的压力远比压力铸造小，挤铸的压力主要用于使铸件压实而致密；

(3) 采用水冷铸型，并在铸型内壁上涂刷涂料，提高铸型寿命。

压力铸造的应用范围为：有色金属的精密铸件。如：发动机的汽缸体、箱体、化油器、喇叭壳等。

低压铸造的应用范围为：质量要求高的铝、镁合金铸件，如汽缸体、缸盖、曲轴箱。高速内燃机活塞、纺织机零件等，并已用它成功地制出达 30t 的铜螺旋桨及球墨铁曲轴等。

挤压铸造的应用范围为：大面积的高质量薄壁铝铸件及复杂空心薄壁件。

13. 答　①铝活塞：金属型铸造　②汽缸套：离心铸造　③汽车喇叭：压力铸造　④缝纫机头：砂型铸造　⑤汽轮机叶片：熔模铸造　⑥车床床身：砂型铸造　⑦大模数齿轮滚刀：熔模铸造　⑧带轮及飞轮：砂型铸造或离心铸造　⑨大口径铸铁管：离心铸造　⑩发动机缸体：对于铸铝缸体，则采用压铸、低压铸造，其他材料可采用砂型铸造。

14. 答　(1) 两箱整模造型；(2) 两箱分模造型；(3) 两箱整模造型；(4) 两箱挖砂造型。

15. 答　(a) 图中应选第二种结构。因为第二种铸件设计的分型面为平面。(b) 图中应选第二种结构。因为第二种铸件设计的凸台结构不妨碍起模，造型工序减化。(c) 图中应选第二种结构。因为第二种铸件的内腔是开放的，可自带型芯直接铸出，不需要再制型芯。(d) 图中应选第二种结构。因为第二种铸件内腔侧面的凹槽、凸台的设计有利于取模，尽量避免不必要的型芯和活块。

16. 答　铸件结构斜度为铸件上垂直于分型面的不加工表面，为起模方便和铸件精度所具有的斜度。铸件的结构斜度与起摸斜度不容混淆。结构斜度是在零件设计时直接在零件图上标出，且斜度值较大；起模斜度是在绘制铸造工艺图时，对零件图上没有结构斜度的立壁给予很小的起模斜度 ($0.5°\sim3.0°$)

图中内腔上方的小孔斜度不合理，模型不易从砂型中取出。

17. 答　(1) 原设计忽略了分型面尽量平直的要求，在分型面上增加了外圆，结果只得采用挖砂（或假箱）造型；将最大截面放在上面，便可采用简单的整模造型。

(2) 原内腔设计因出口处直径缩小，需采用型芯造型。将内腔最大直径 D 通到底，就可采用自带型芯形成内腔。

(3) 原设计铸件各部分壁厚相差过大，厚壁处会产生金属局部积聚形成热节，凝固收缩时在热节处易形成缩孔、缩松等缺陷。将孔通到底，壁厚设计的尽量均匀，就可减少此缺陷。

(4) 原设计铸件为空心球体，型芯难以取出，应在分型面上增加两个工艺孔，便于型芯的安放和取出。

(5) 原设计铸件各部分壁厚相差过大，厚壁处会产生金属局部积聚形成热节，凝固收缩时在热节处易形成缩孔、缩松等缺陷，将孔通到底，壁厚设计的尽量均匀，就可减少此缺陷。

(6) 原设计铸件上面的法兰的尺寸大于立壁的直径，不便于整模造型。将上面法兰的尺寸设计成与立壁直径相同即可。

18. 答　收缩较大的金属（特别是铸钢件），由于高温时（即凝固期或刚凝固完毕时）的强度和塑性等性能低，是产生热裂的根本原因。影响热裂纹的主要因素有：

(1) 铸件材质　①结晶温度范围较窄的金属不易产生热裂纹，结晶温度范围较宽的金属易产生热裂纹。②灰铸铁在冷凝过程中有石墨膨胀，凝固收缩比白口铸铁和碳钢小，不易产生热裂纹，而白口铸铁和碳钢热裂倾向较大。③硫和铁形成熔点只有 985℃的低熔点共晶体并在晶界上呈网状分布，使钢产生“热脆”。

(2) 铸件结构　铸件各部位厚度相差较大，薄壁处冷却较快，强度增加较快，阻碍厚壁处收缩，结果在强度较低的厚处（或厚薄相交处）出现热裂纹。

(3) 铸型阻力　铸型退让性差，铸件高温收缩受阻，也易产生热裂纹。

(4) 浇冒口系统设置不当　如果铸件收缩时受到浇口阻碍；与冒口相邻的铸件部分冷凝速度比远离冒口部分慢，形成铸件上的薄弱区，也都会造成热裂纹。

19. 答　灰口铸铁端盖的铸造工艺简图如图 2-3-4 所示：

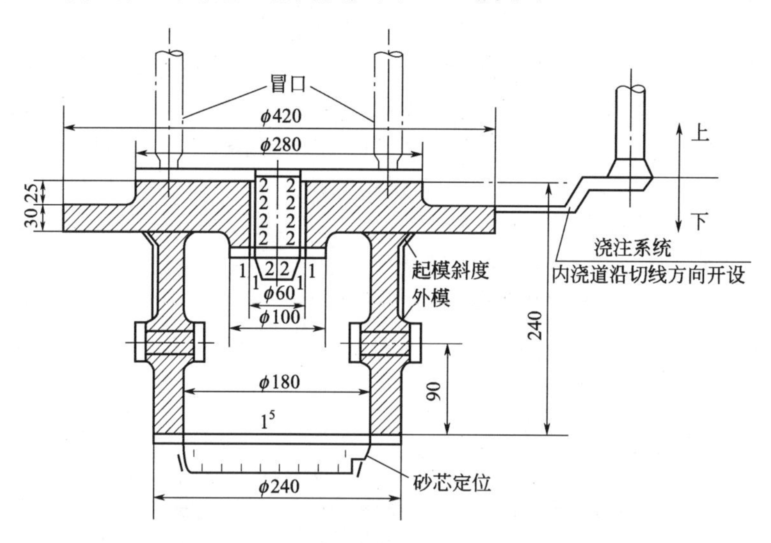

图 2-3-4　灰口铸铁端盖的铸造工艺简图

20. 答　铸钢法兰件的铸造工艺图如图 2-3-5 所示：

(1) 该铸件的线收缩率取 1.5%。

(2) 选用腰圆柱顶暗冒口，用比例法确定冒口尺寸，求得其热节圆直径 $d=56$mm。取冒口宽度 $b=1.6d\approx90$mm。冒口长度 $h=1.5b=135$mm，故冒口尺寸为 180mm×90mm×135mm。

冒口数量：补缩周长为 300Π＝930mm，设两冒口之间的补缩距离为 $4d$，即 56×4＝

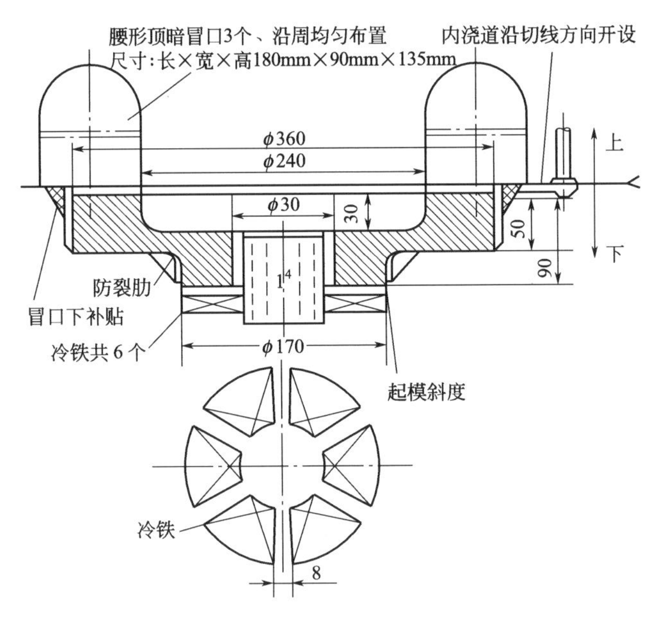

图 2-3-5 铸钢法兰件的铸造工艺图

224mm。则冒口数量为 930/(224+180)=2.3，取三个冒口沿圆周分布。

(3) 外冷铁厚度取该处壁厚的 0.6 倍。

(4) 其余工艺参数如图 2-3-5 所示。

第二章 锻 压

一、名词解释

塑性变形：材料在外力的作用下发生的不可回复的变形。

加工硬化：金属的塑性变形导致其强度、硬度提高，而塑性和韧性下降的现象。

纤维组织：热加工时，铸态组织中的各种夹杂物，由于在高温下具有一定塑性，它们会沿着变形方向伸长，形成纤维分布，当再结晶时，这些夹杂物依然沿被伸长的方向保留下来，称为纤维组织。

可锻性：是衡量材料能够进行压力加工难易程度的工艺性能，包括材料的塑性和变形抗力。

自由锻：只用简单的通用性的工具，或在锻造设备上的上、下砧间直接使坯料变形而获得所需几何形状及内部质量的锻件的加工方法。

二、填空题

1. 化学成分；组织结构；变形温度；变形速度；应力状态；润滑条件；
2. 变形；分离；
3. 加工余量；公差；余块；
4. 利用金属在固态下的塑性成形；塑性好的；
5. 锤上模锻；其他设备上模锻；
6. 再结晶；
7. 塑性 (δ、ψ)；变形抗力 (σ_b)；
8. 始锻温度；终锻温度；

9. 再结晶退火；

10. 空气锤；蒸汽空气锤；水压机；

11. 力学性能高、节约金属、生产率高、适应性广；结构工艺性要求高、尺寸精度低、初期投资费用高；

12. 成品；废品；

13. 过热；过烧；氧化；

14. 弹性变形阶段；塑性变形阶段；断裂分离阶段；

15. 好；20 钢的塑性（δ、ψ）好；变形抗力（σ_b）小。

三、是非题

1. ×；2. √；3. ×；4. ×；5. ×；6. ×；7. ×；8. ×；9. √；10. ×；11. ×；12. ×；13. √；14. ×；15. √。

四、选择题

1. （c）平锻机；

2. （c）裂纹；

3. （b）0.2%C；

4. （c）锤上模锻；

5. （a）蒸汽空气锤；

6. （a）自由锻件；

7. （a）自由锻；

8. （a）拉深；

9. （a）锋利的刃口；

10. （b）连续冲模。

五、综合分析题

1. 答　应考虑加工余量、锻造公差、工艺余块等。车床主轴的锻件图如图 2-3-6 所示：

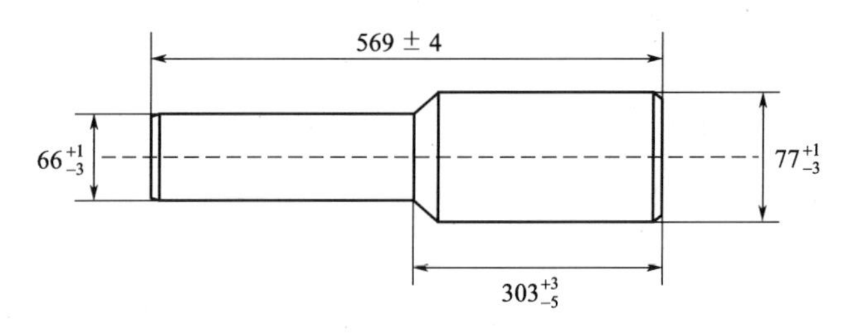

图 2-3-6　车床主轴的锻件图

2. 答　采用上下 V 型砧拔长时，坯料中心的变形程度最大，变形区的金属处于三向压应力状态，因此能够很好锻合材料的心部缺陷，并且拔长效率也高，坯料轴线不会偏移。

使用上下平砧拔长时，变形区的金属处于一向受压，两向受拉的应力状态，对于塑性差的材料，拉应力数目越多越易开裂。

3. 答　碳钢在锻造温度范围内变形时，若采用高速锤锻造，产生加工硬化的速率高而发生再结晶的速率较低时，也可能会产生冷变形强化。

4. 答　热变形使得金属的晶粒细化，组织致密，强度、塑性及韧性都得到提高。同时金属中出现流线组织，且表现为各向异性。

5. 答　加热升温速度要慢，采用压力机上锻造，对坯料施加静压力，降低变形速度，使再结晶能充分的进行，防止产生加工硬化。

6. 答　单件生产时均可采用自由锻；小批量生产时均可采用胎模锻；大批量生产时锻件 1 最好选平锻机上锻造。锻件 2 和 3 选用锤上模锻。

7. 答　(b)、(e)、(g) 的分模面是合理的；(a)、(h) 的分模面不能使模膛具有最浅的深度；(c)、(d) 的分模面不是平面；(f) 的分模面不能使孔锻出，加工余量过多（采用平锻机锻造可以锻出水平方向的孔）。

8. 答　选用 1t 模锻锤

齿轮的锻件图如图 2-3-7 所示：

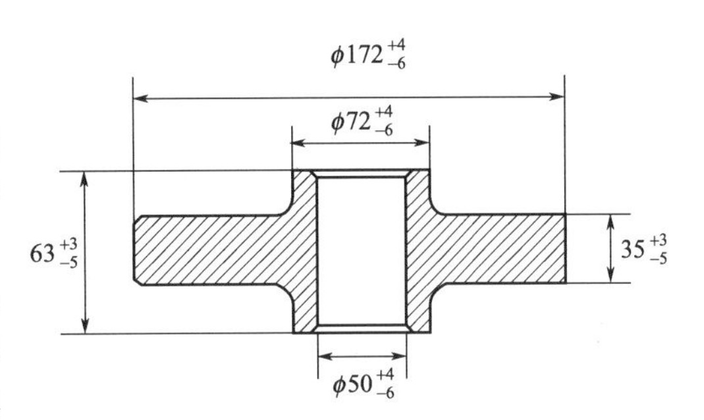

图 2-3-7　齿轮的锻件图

9. 答　模锻的设备主要有以下几种。

(1) 模锻锤：对金属主要施加冲击力。变形速度快，锻件质量高，材料的利用率高，并且成本较低，适合大批量生产。

(2) 压力机：对金属主要施加静压力，金属在模膛内流动缓慢，在垂直于力的方向上容易变形，有利于对变形速度敏感的低塑性材料的成形，并且锻件内外变形均匀，锻造流线连续，锻件力学性能好。

10. 答　不能直接锻出通孔，要留冲孔连皮，锻造后用切边压力机切除。

11. 答　不可以。曲柄压力机工作时滑块行程较小，在滑块的一个往复行程中完成一个工件的变形，故不适于加工长轴类锻件。拔长、挤压等制坯工序需在其他设备上完成。

12. 答　采用多次拉深。在拉深工序间安排退火处理，以消除加工硬化现象。在多次拉深过程中，拉伸系数不断增大，确保筒形件质量和生产顺利进行。

13. 答　落料是分离工序，凹模与凸模边缘是锋利的刃口，而拉伸是变形工序，凸凹模边缘为圆角。落料的凸凹模间隙小于板的厚度，且凸凹模间隙要求合适，这样上下裂纹重合一致，冲裁力、卸料力和推件力适中，模具才具有足够的寿命，落料的尺寸几乎与模具一致，且塌角、毛刺和斜度均很小。过大或过小的间隙都会影响模具的使用寿命和零件的质量。

拉伸的凸模和凹模间隙比落料时凸凹模的间隙大，一般大于板料的厚度。

14. 答　当落料件的凸凹模间隙过小时，上下裂纹向外错开。凸凹模受到金属的挤压作用增大，从而摩擦力增大，加剧了凸、凹模的磨损，降低了模具寿命。但零件光面宽度增加，塌角、毛刺、斜度等都有所减小，工件质量较高。当间隙过大时，上、下裂纹向内错开。断面光面减小，塌面与斜度增大，形成厚而大的拉长毛刺，且难以去除，同时冲裁的翘曲现象严重。但是，推件力与卸料力大为减小，甚至为零，材料对凸、凹模的磨损大大减弱，所以模具寿命较高。落料的凸凹模间隙合适时，上下裂纹重合一致，冲裁力、卸料力和推件力适中，模具具有足够的寿命，切断面的塌角、毛刺和斜度均很小，零件的尺寸几乎与模具一致。

15. 答　冲压模有以下几种。

(1) 简单冲模：结构简单，容易制造，适用于冲压件的小批量生产；

(2) 连续冲模：可以循环多次冲模，生产效率高，易于实现自动化。但要求定位精度高，制造复杂，成本较高；

(3) 复合冲模：最大特点是模具中有一个凸凹模。适用于产量大、精度高的冲压件，但模具制造复杂、成本高。

16. 答　螺栓的镦锻工艺如图 2-3-8 所示：

(1) 切料、定长 l_m [图(a)]；

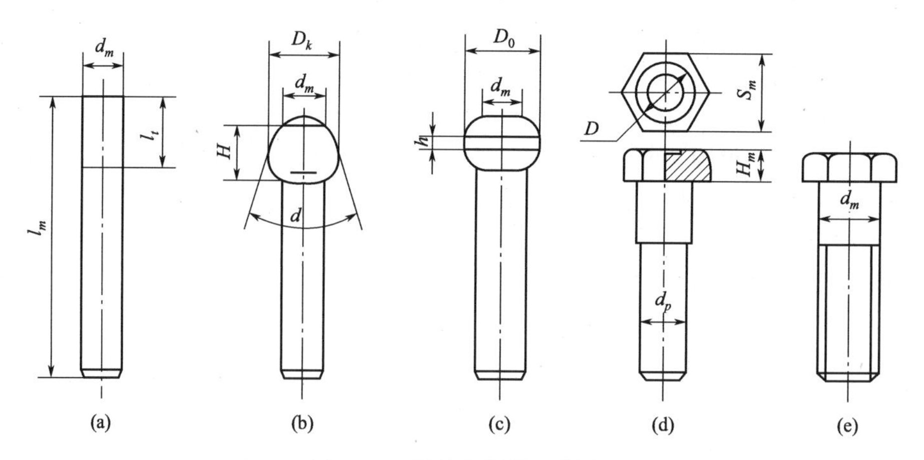

图 2-3-8 螺栓的镦锻工艺图

(2) 镦头［图(b)］；

(3) 镦圆头［图(c)］；

(4) 镦六角及缩挤小端［图(d)］；

(5) 搓丝［图(e)］。

螺母的镦锻工艺见图 2-3-9 所示：

(1) 切断［图(a)］；

(2) 镦球［图(b)］；

(3) 镦六角［图(c)］；

(4) 冲孔［图(d)］；

(5) 攻螺纹［图(e)］。

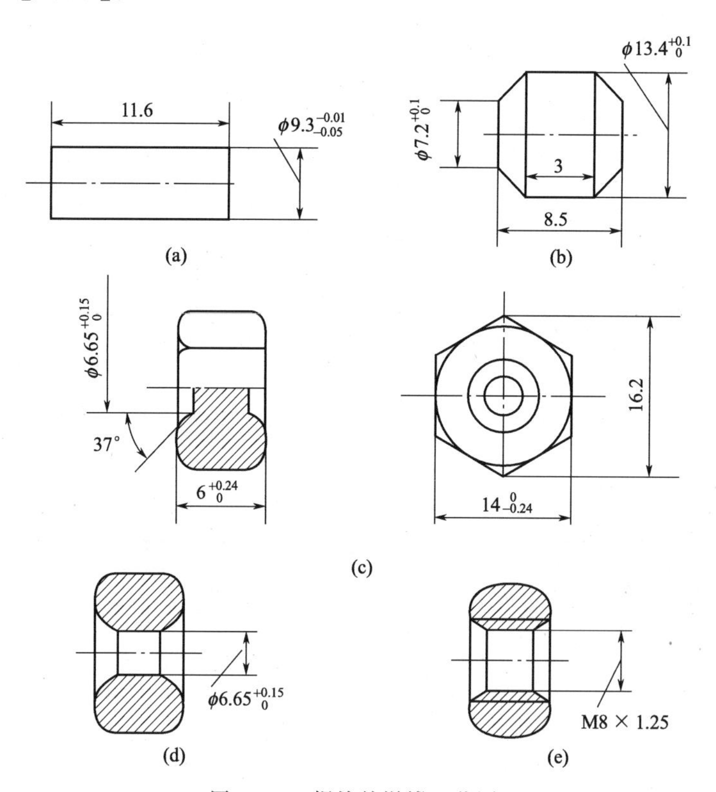

图 2-3-9 螺栓的镦锻工艺图

17. 答 (a)、(d) 自由锻不能锻出曲面相交的复杂结构；(b) 自由锻应避免锥体结构和斜面；(c) 自由锻不能锻出凹凸不平的辐板；(e) 自由锻应避免加强筋结构。

18. 答 6mm 辐板处应该加厚。模锻件应避免高筋和凸起结构。

第三章 焊　　接

一、名词解释

热影响区：焊缝两侧，由于焊接热的作用组织和性能发生变化的区域。

焊接：通过加热或加压，或两者并用，并且用或不用填充材料，使焊件达到原子结合的一种加工方法。

焊接电弧：焊件与焊条之间（或二电极之间，电极与焊件之间）的气体介质产生的强烈而持久的放电现象。

酸性焊条：指焊条熔渣的成分主要是酸性氧化物（如 TiO_2、Fe_2O_3）的焊条。

焊接性：指金属材料对焊接加工的适应性，即金属材料在一定焊接工艺条件下（焊接方法、焊接材料、焊接工艺参数和结构形式等），获得优质焊接接头的难易程度。

二、填空题

1. 熔化焊；压力焊；钎焊；

2. 阴极区；阳极区；弧柱区；弧柱区；

3. 焊芯；药皮；

4. 对接；搭接；角接；T 形接头；对接；

5. 预热；碱性焊条；去应力退火；

6. 选择合理的焊接次序；焊前预热；采用小电流，快速焊；锤击或碾压焊缝；焊后热处理；

7. 收缩变形；角变形；弯曲变形；波浪变形；扭曲变形；

8. 导电生弧；焊缝的填充金属；

9. 熔合区；过热区；正火区；部分相变区；熔合区；过热区；

10. 焊缝位置应便于操作；焊缝尽量分散，避免密集交叉；焊缝尽量对称分布；焊缝布置应避开最大应力与应力集中位置；焊缝应尽量远离机械加工面；

11. 电弧；手工电弧焊灵活，可以进行全位置施焊，可焊任意形状的焊缝，可以焊接较薄较小的工件，但是，手工电弧焊生产率低，太厚或太薄的工件焊接时质量难以保证，焊接质量受操作者的技术水平限制，质量不稳定；

12. 酸性焊条；碱性焊条。

三、是非题

1. ×；2. ×；3. ×；4. √；5. √；6. ×；7. ×；8. ×。

四、选择题

1. (c) CO_2焊；

2. (a) 16Mn；

3. (c) 电阻焊；

4. (a) 等强度原则；

5. (b) 起机械保护和稳弧作用；

6. (a) 埋弧焊；

7. (b) 搭接;
8. (a) 埋弧焊;
9. (c) E5015;
10. (a) 气孔;
11. (b) 低;
12. (a) 大于1;
13. (a) 大;
14. (b) 直流反接;
15. (b) 碱性焊条。

五、综合分析题

1. 答 (1) 在焊缝的成形过程中,熔融金属的保护对焊接质量有直接的影响,若保护不良,空气中的氧、氮、氢会溶入液态金属中,引起气孔、夹渣、裂纹,损害金属的性能;

(2) 焊接过程中的热循环对焊接质量有影响,熔池金属由于温度过高,合金元素可能发生蒸发或氧化,热影响区可能因过热导致晶粒粗大,使性能降低,不均匀的温度分布,还会引起焊接变形和焊接应力,降低焊接质量;

(3) 焊缝的形状不规则,会造成应力集中,降低焊接质量;

(4) 焊接过程中,坡口间隙大小,焊接规范参数的变化,坡口表面的清洁程度等对焊接质量也会产生较大的影响。

2. 答 熔化焊接是指焊接过程中,金属发生局部熔化,进行了化学冶金反应;压力焊是指在焊接过程中,施加了压力作用,金属主要靠塑性变形来实现连接的;钎焊时,被焊接的金属不熔化,利用熔点比被焊金属低的钎料熔化填满缝隙,形成焊缝。

其中熔化焊最常用。

3. 答 直流电弧的极性是指工件与电弧阴极或阳极的接法,正接是将工件接阳极,焊条接阴极,这时电弧的热量主要集中在焊件上,有利于加快焊件熔化,保证足够的熔深,适用于焊接较厚的工件;反接是将工件接阴极,焊条接阳极,适用于焊接有色金属及薄钢板。

4. 答 一般电力电源要求电源电压不随负载的变化而变化,而焊接电源要求其电压随负载增大而迅速降低,即具有陡降的特性以满足焊接的要求。

5. 答 如表2-3-1所示。

表 2-3-1 综合分析题5参考答案

焊接方法		焊接热源	熔池保护	热影响区	焊接质量	焊接材料	生产率	成本	适用范围		
									空间位置	厚度/mm	金属种类
手弧焊		电弧	气-渣	小	好	焊条	一般	低	全位置	范围宽	钢
埋弧焊		电弧	气-渣	较宽	好	焊丝	高	低	平焊	大	钢
氩弧焊	钨极	电弧	保护气体	较窄	好	焊丝	一般	高	全位置	小	有色金属
	熔化极										
CO_2焊		电弧	保护气体	窄	好	焊丝	高	低	全位置	小	钢
电渣焊		电阻热	渣	宽	差	焊丝	高	低	单一	大	钢
等离子弧焊		等离子焰	保护气体	窄	好	焊丝	高	高	全位置	小	有色金属
电子束焊		电子束	真空	窄	好	无	高	高	全位置	小	各种金属
激光焊		激光束		窄	好	焊丝	高	高	全位置	小	各种金属

6. 答　当采用光焊芯焊接时，焊缝区域发生的冶金反应有金属的氧化、氢、氮的溶解等。

7. 答　钎焊是利用熔点比母材低的钎料熔化填满缝隙形成焊接接头，母材不熔化；熔化焊是用焊条或焊丝（或不用），母材发生局部熔化形成焊接接头。

钎焊的优点：生产率高、焊接变形小、焊件尺寸精确、可焊接异种金属、易于实现机械化和自动化；缺点：焊缝强度低。

适合于焊接小而薄，且精度要求高的零件，广泛应用于机械、仪表、电子、航空、航天等部门。

8. 答　如表 2-3-2 所示。

表 2-3-2　综合分析题 8 参考答案

序　号	焊 接 产 品	适 宜 方 法	可 用 方 法
1	壁厚小于 30mm 锅炉筒体的批量生产	CO_2焊、埋弧焊	CO_2焊、埋弧焊、手弧焊
2	汽车油箱的大量生产	CO_2焊、电阻缝焊	CO_2焊、电阻缝焊、氩气保护焊
3	减速箱箱体的单件或小批生产	手弧焊	手弧焊、CO_2焊
4	45 钢刀杆上焊接硬质合金刀头	钎焊	钎焊、摩擦焊
5	铝合金板焊接容器的批量生产	MIG	MIG、TIG
6	自行车圈的大量生产	电阻对焊	电阻对焊
7	ϕ3mm 铝－铜接头的批量生产	电阻对焊	电阻对焊、摩擦焊

9. 答　酸性焊条是指焊条药皮熔渣中的主要成分是酸性氧化物，氧化性较强，易烧损合金元素，对焊件上的油污、铁锈不敏感，焊接工艺性能好，熔渣熔点低，流动性好，易脱渣，焊缝成形好，但难以有效清除熔池中 S、P 杂质，热裂倾向大；常用于一般钢结构的焊接。

碱性焊条是指焊条药皮熔渣中的主要成分是碱性氧化物和铁合金，氧化性弱，脱 S、P 能力强，抗裂性好，对油污、水锈等的敏感性较大，易产生气孔，焊条的焊接工艺性差，一般要求直流反接，主要用于重要构件的焊接（如压力容器）。

10. 答　如表 2-3-3 所示。

表 2-2-3　综合分析题 10 参考答案

序　号	项　　目	焊 接 方 法
1	同径圆棒间的对接	电阻对焊
2	薄冲压钢板搭接	电阻点焊、电阻缝焊
3	异种金属的对接	摩擦焊、电阻对焊、扩散焊
4	不加填充金属的焊接	摩擦焊、电阻焊、扩散焊、TIG
5	大量生产件的焊接	电阻焊、埋弧焊、CO_2自动焊
6	铝合金的焊接	TIG、MIG、气焊等

11. 答　中碳钢、强度较高的低合金结构钢的焊接性能低于低碳钢，主要表现在：中碳钢、强度较高的低合金结构钢的碳当量大于低碳钢的碳当量；

共同点：焊接方法上没有特殊要求，常用的焊接方法有手工电弧焊、埋弧自动焊、CO_2焊、电阻焊。

(1) 低碳钢焊接时，在零度以下低温焊接厚件时，须预热焊件，厚度超过 50mm，焊后须进行热处理，以消除内应力；在焊条选择上，一般选择酸性焊条，对重要结构构件，应选择低氢型焊条（E5015、E5016 等）。

(2) 中碳钢、强度较高的低合金结构钢焊接时，需要采取特殊的工艺措施。通常选用抗裂性好的低氢型焊条，焊前预热、焊后缓冷和进行去应力退火；采用细焊条、小电流、开坡口、多层焊，焊条要烘干，坡口处应清理干净。

焊前预热和焊后缓冷的作用：焊前预热可以减少焊件各部位的温差，降低焊接应力，有利于防止焊接裂纹的产生；焊后缓冷可以避免接头淬硬组织的产生，降低焊接接头的焊接应力，防止焊接裂纹的产生。

若某碳钢与某低合金结构钢的力学性能相同，宜选某低合金结构钢材料做焊接结构。

12. 答　高强度低合金结构钢焊接后产生冷裂纹的主要原因是：

(1) 焊接过程中，坡口、焊丝表面不清洁，焊条、焊剂烘干不够，使接头含氢超过临界含氢量；

(2) 焊接接头拘束度太大，产生较大的应力；

(3) 焊后接头冷却速度过大，产生淬硬组织。

防止措施：(1) 焊接坡口、焊丝表面清理干净，焊条、焊剂按要求严格烘干；

(2) 选择韧性好的低氢型焊条。

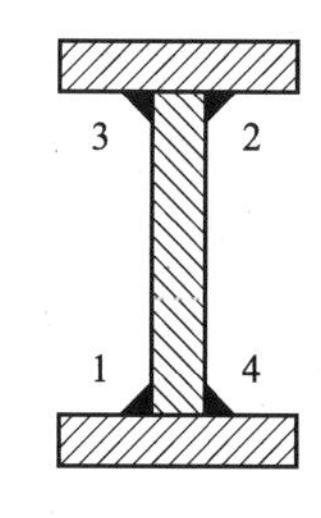

图 2-3-10　焊接顺序示意图

13. 答　对图 (a) 焊接顺序为：1，2，3，4，如图 2-3-10 所示：

对图 (b) 焊接顺序：先焊接两侧 2 条短焊缝，再焊接中间板的 2 条短焊缝，最后焊接 2 条长焊缝。

14. 答　图 (b) 结构更合理。焊缝避开应力集中处。

15. 答　焊接铜及铜合金需要考虑的主要问题有：焊接裂纹，产生气孔，焊不透，焊接变形。选择能量集中的焊接方法，如氩弧焊、等离子弧焊、电子束焊、激光焊。

焊接铝及铝合金需要考虑的主要问题有：合金的氧化，气孔的产生，焊接裂纹，焊接变形，未熔合。氩弧焊最佳。

16. 答　焊接应力和变形产生的主要原因是焊接过程中，对焊件的不均匀加热和冷却。

焊接应力对结构的质量、使用性能（如静载强度、疲劳强度等）和焊后机械加工精度有很大影响。

焊接变形会给装配工作带来很大困难，降低焊接结构的使用性能，矫正要用较多时间，甚至使焊接结构报废。

焊接残余应力分布的一般规律是焊缝及两侧为拉应力，远离焊缝处为压应力。

17. 答　(1) 左图合理，避免了焊缝的交叉；(2) 左图合理，采用对接接头；(3) 左图合理，受力较为合理；(4) 左图合理，焊缝对称，受力合理；(5) 左图合理，对接接头，右图是搭接接头，焊缝承载能力低，且存在附加弯矩；(6) 左图合理，定位容易且准确；(7) 左图合理，焊缝少，右图中间两条焊缝的可焊到性差；(8) 右图合理，避免了焊缝接近加工面，焊缝又是对接形式；(9) 右图合理，避免焊缝交叉。

18. 答　(1) 一条纵向焊缝，位置与输入、输出管位置上下对称。

(2) 纵向焊缝和环焊缝采用埋弧自动焊方法，焊丝采用 h08A、h08MnA 配合 HJ431，接头型式为对接；输入、输出管焊缝采用手工电弧焊，选用 E5015 焊条，接头为角接。

(3) 先焊接纵向焊缝，然后校圆，再装配封头焊接，最后装配输入、输出管并焊接。

(4) 采用可旋转的焊接工作台。

第四章　毛坯成形方法选择

1. 答　齿轮因受力大且复杂应选用锻件，带轮和飞轮受力不大且结构简单，因此可选用铸件。

2. 答　两者硬度要求不同，螺母硬度低些，这是为了保护较为重要的螺杆。

3. 答　选择毛坯的三项原则是零件的使用性原则、材料的工艺性原则、经济性原则，首先应保证使用性原则，其次再考虑工艺性和经济性。

4. 答　材料确定后，材料的工艺性即已确定，一般应采用工艺性较好的成形方法进行毛坯的成形，因此毛坯的种类也就基本确定。

5. 答　（1）冲压件；（2）铸造件；（3）焊接件；（4）锻件；（5）锻后焊接件；（6）锻件。

材料成形工艺基础自测题参考答案

一、名词解释

铸造：熔炼金属，制造铸型，并将熔融金属浇入铸型，凝固后获得一定形状和性能铸件的成形方法。

热影响区：焊接或切割过程中，材料因受热的影响（但未熔化）而发生金相组织和力学性能变化的区域称为热影响区。它一般包括熔合区、过热区、正火区、部分相变区。

焊接：通过加热或加压，或两者并用，并且用或不用填充材料，使焊件达到原子结合形成永久性接头的加工方法。

热应力：铸件在凝固和冷却过程中，不同部位由于不均衡的收缩而引起的应力。

可锻性：金属经受压力加工产生塑性变形的工艺性能。可锻性的优劣是以金属的塑性和变形抗力来综合评定的。

二、填空题

1. 利用金属固态下的塑性变形；塑性好的；

2. 逐层凝固；中间凝固；糊状凝固；逐层凝固；

3. 流动性差；收缩大；

4. 化学成分；组织结构；变形温度；变形速度；变形方式；润滑条件和周围环境；

5. 分离工序；变形工序；

6. 加工余量；锻件公差；余块；

7. 熔化焊；压力焊；钎焊；

8. 电极；填充金属；

9. 熔合区；过热区；正火区；部分相变区；过热区；熔合区；

10. 收缩变形；角变形；弯曲变形；波浪变形；扭曲变形；

11. 锤上模锻；曲柄压力机上模锻；摩擦压力机上模锻；平锻机上模锻及其他专用设备上模锻；

12. 再结晶。

三、判断题（对的打“√”，错的打“×”）

1. ×；2. √；3. ×；4. √；5. ×；6. √；7. ×；8. √；9. ×；10. ×；11. ×；12. √；13. ×；14. ×；15. √。

四、简答题

1. 答　①焊缝的位置应尽量对称；②焊缝应避免密集和交叉；③焊缝转角处应平缓过渡；④焊缝应尽量避开最大应力和应力集中的位置；⑤焊缝布置应便于焊接操作；⑥焊缝应避开机械加工表面。

2. 答　采用第二种（用小于齿坯直径的圆钢镦粗得到的圆饼状齿轮）制成的齿轮毛坯性能较好。

采用圆钢镦粗，其内部未被氧化的气孔、疏松等孔洞能被焊合，提高了金属的致密度，同时粗大的晶粒碎化后转变为细小的再结晶组织，因此提高了其力学性能。

3. 答　提高充型能力的措施有：①提高浇注温度；②提高充型压力；③采用蓄热能力小的铸型，提高铸型预热温度，在远离浇口的最高部位开设出气口。

合金的流动性不好时，其充型能力差，易产生浇不足、冷隔、气孔、缩孔、缩松、热裂等缺陷。

4. 答　落料模的凹、凸模边缘是锋利的刃口，凹凸模间的间隙较小（小于板料厚度）；变形模的凹、凸模边缘都有一定的圆角，其间隙一般大于板料厚度。

5. 答　①铸件的凝固过程符合同时凝固原则；②在造型工艺上，改善铸型、芯子的退让性，合理设置浇冒口等；③铸件结构上，尽量使铸件各部分能自由收缩；④去应力退火；⑤在工艺上采用反变形法，对重要件提早落砂，并立即放入炉中焖火等措施。

6. 答　酸性焊条熔渣以酸性氧化物为主，生成气体主要为 H_2 和 CO，各占 50%左右，净化焊缝能力差，焊缝含氢量高，韧性较差。但酸性焊条电弧稳定，焊缝成形良好，使用方便，一般用于不受冲击作用的焊接结构。

五、下列零件毛坯具体的生产方法是：

名　　称	生产方法	名　　称	生产方法
发动机活塞	金属型铸造	汽轮机叶片	熔模铸造
机床主轴	自由锻造	机床床身	砂型铸造
大口径铸铁污水管	离心铸造	锅炉筒体	埋弧焊接
子弹壳体	拉深	重要齿轮	锤上模锻
汽车油箱	冲压后缝焊	船体	埋弧焊接

六、以下零件结构的缺点见图下的说明，改进后的设计如下图所示：

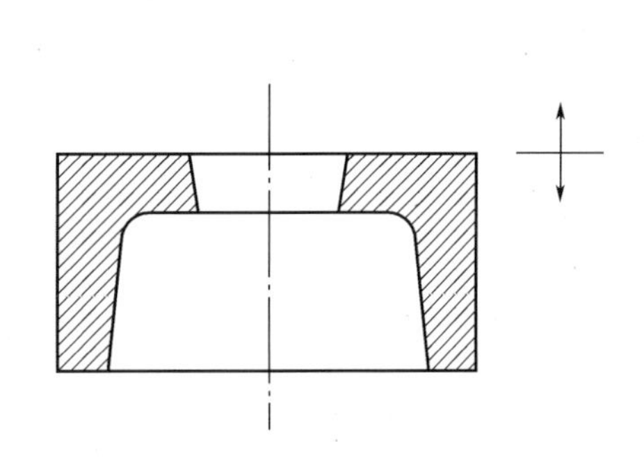

1. 铸件上孔斜度与起模方向相反，妨碍起模

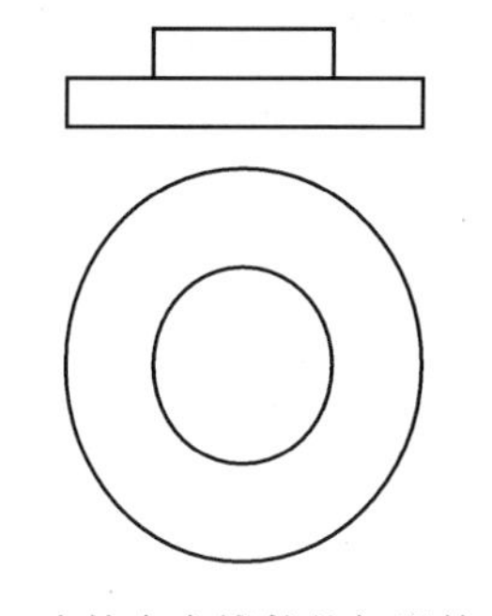

2. 去掉自由锻件的加强筋，适当加大壁厚

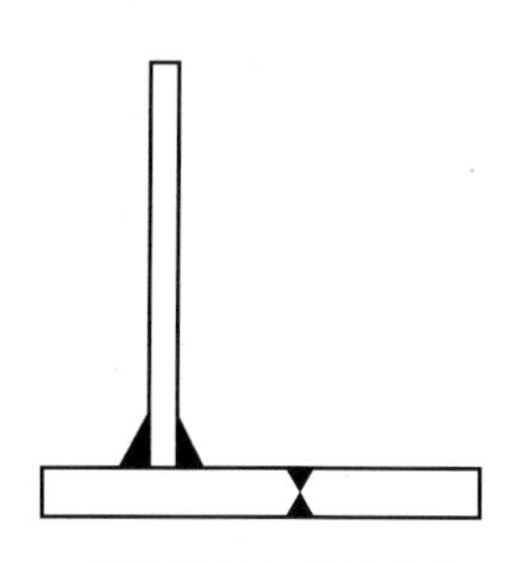

3. 焊接件避免焊缝密集，应分散布置

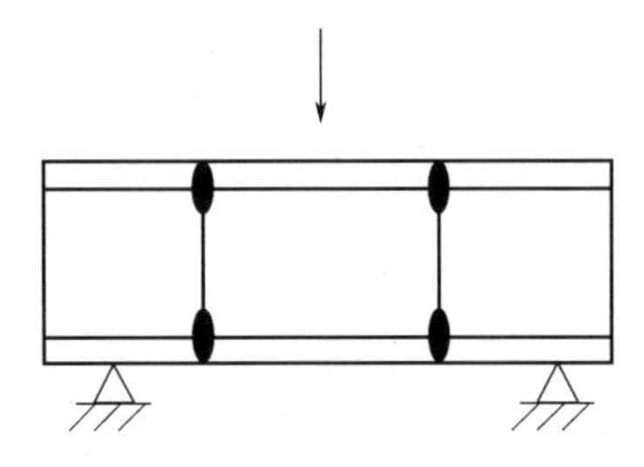

4. 焊缝应尽量避开最大应力位置

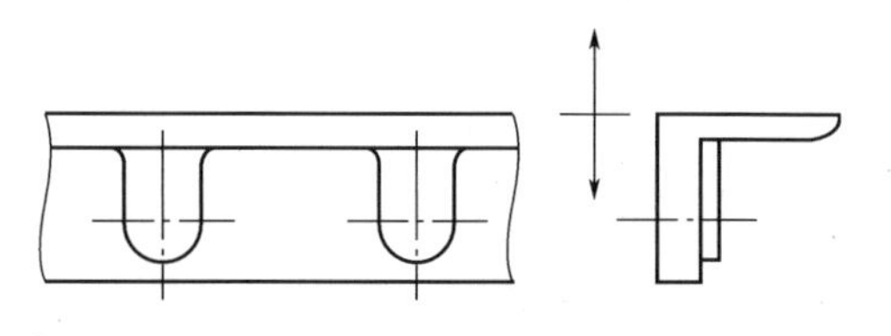

5. 铸件内凸台妨碍起模，将凸台延至分型面

附　　录

附表 1　碳素结构钢的牌号、成分和力学性能（摘自 GB 700—88）

<table>
<tr><th rowspan="5">牌号</th><th colspan="5">化学成分（wt/%）</th><th colspan="15">力 学 性 能</th></tr>
<tr><th rowspan="4">C</th><th rowspan="4">Mn</th><th rowspan="2">Si</th><th rowspan="2">S</th><th rowspan="2">P</th><th colspan="6">屈服强度 σ_s/MPa</th><th rowspan="4">抗拉强度 σ_b/MPa</th><th colspan="6">延伸率 δ_5/%</th><th colspan="2" rowspan="3">V 型冲击吸收功（纵向）A_{KV}/J</th></tr>
<tr><th colspan="6">钢材厚度（直径）$\delta(d)$/mm</th><th colspan="6">钢材厚度（直径）$\delta(d)$/mm</th></tr>
<tr><th colspan="3" rowspan="2">不大于</th><th>≤16</th><th>16～40</th><th>40～60</th><th>60～100</th><th>100～150</th><th>>150</th><th>≤16</th><th>16～40</th><th>40～60</th><th>60～100</th><th>100～150</th><th>>150</th></tr>
<tr><th colspan="6">不 小 于</th><th colspan="6">不 小 于</th><th>温度 t/℃</th><th>不小于</th></tr>
<tr><td>Q195</td><td>0.06～0.12</td><td>0.25～0.50</td><td>0.30</td><td>0.050</td><td>0.045</td><td>(195)</td><td>(185)</td><td></td><td></td><td></td><td></td><td>315～390</td><td>33</td><td>32</td><td></td><td></td><td></td><td></td><td></td><td></td></tr>
<tr><td>Q215A</td><td rowspan="2">0.09～0.15</td><td rowspan="2">0.25～0.55</td><td rowspan="2">0.30</td><td>0.050</td><td rowspan="2">0.045</td><td rowspan="2">215</td><td rowspan="2">205</td><td rowspan="2">195</td><td rowspan="2">185</td><td rowspan="2">175</td><td rowspan="2">165</td><td rowspan="2">335～410</td><td rowspan="2">31</td><td rowspan="2">30</td><td rowspan="2">29</td><td rowspan="2">28</td><td rowspan="2">27</td><td rowspan="2">26</td><td></td><td></td></tr>
<tr><td>Q215B</td><td>0.045</td><td>20</td><td>27</td></tr>
<tr><td>Q235A</td><td>0.11～0.22</td><td>0.30～0.65</td><td rowspan="4">0.30</td><td>0.050</td><td rowspan="2">0.045</td><td rowspan="4">235</td><td rowspan="4">225</td><td rowspan="4">215</td><td rowspan="4">205</td><td rowspan="4">195</td><td rowspan="4">185</td><td rowspan="4">375～460</td><td rowspan="4">26</td><td rowspan="4">25</td><td rowspan="4">24</td><td rowspan="4">23</td><td rowspan="4">22</td><td rowspan="4">21</td><td></td><td></td></tr>
<tr><td>Q235B</td><td>0.12～0.20</td><td>0.30～0.70</td><td>0.045</td><td>20</td><td rowspan="3">27</td></tr>
<tr><td>Q235C</td><td>≤0.18</td><td rowspan="2">0.35～0.80</td><td>0.040</td><td>0.040</td><td>0</td></tr>
<tr><td>Q235D</td><td>≤0.17</td><td>0.035</td><td>0.035</td><td>−20</td></tr>
<tr><td>Q255A</td><td rowspan="2">0.18～0.28</td><td rowspan="2">0.40～0.70</td><td rowspan="2">0.30</td><td>0.050</td><td rowspan="2">0.045</td><td rowspan="2">255</td><td rowspan="2">245</td><td rowspan="2">235</td><td rowspan="2">225</td><td rowspan="2">215</td><td rowspan="2">205</td><td rowspan="2">410～510</td><td rowspan="2">24</td><td rowspan="2">23</td><td rowspan="2">22</td><td rowspan="2">21</td><td rowspan="2">20</td><td rowspan="2">19</td><td></td><td></td></tr>
<tr><td>Q255B</td><td>0.045</td><td>20</td><td>27</td></tr>
<tr><td>Q275</td><td>0.28～0.38</td><td>0.50～0.80</td><td>0.35</td><td>0.050</td><td>0.045</td><td>275</td><td>265</td><td>255</td><td>245</td><td>235</td><td>225</td><td>490～610</td><td>20</td><td>19</td><td>18</td><td>17</td><td>16</td><td>15</td><td></td><td></td></tr>
</table>

注：本类钢通常不进行热处理而直接使用，因此只考虑其力学性能和有害杂质含量，不考虑碳含量。

附表 2　优质碳素结构钢的牌号、成分和性能（GB 699—88）

牌号	化学成分 w/%					力学性能						
	C	Si	Mn	P	S	正火状态					*HBS*	
						σ_b/MPa	σ_s/MPa	δ_5/%	ψ/%	A_{KV}/J	热轧	退火
				不大于		不小于					不大于	
08F	0.05～0.11	≤0.03	0.25～0.50	0.035	0.035	295	175	35	60		131	
10F	0.07～0.14	≤0.07	0.25～0.50	0.035	0.035	315	185	33	55		137	
15F	0.12～0.19	≤0.07	0.25～0.50	0.035	0.035	355	205	29	55		143	
08	0.05～0.12	0.17～0.37	0.35～0.65	0.035	0.035	325	195	33	60		131	
10	0.07～0.14	0.17～0.37	0.35～0.65	0.035	0.035	335	205	31	55		137	
15	0.12～0.19	0.17～0.37	0.35～0.65	0.035	0.035	375	225	27	55		143	
20	0.17～0.24	0.17～0.37	0.35～0.65	0.035	0.035	410	245	25	55		156	
25	0.22～0.30	0.17～0.37	0.50～0.80	0.035	0.035	450	275	23	50	71	170	
30	0.27～0.35	0.17～0.37	0.50～0.80	0.035	0.035	490	295	21	50	63	179	
35	0.32～0.40	0.17～0.37	0.50～0.80	0.035	0.035	530	315	20	45	55	197	
40	0.37～0.45	0.17～0.37	0.50～0.80	0.035	0.035	570	335	19	45	47	217	187
45	0.42～0.50	0.17～0.37	0.50～0.80	0.035	0.035	600	355	16	40	39	229	197
50	0.47～0.55	0.17～0.37	0.50～0.80	0.035	0.035	630	375	14	40	31	241	207
55	0.52～0.60	0.17～0.37	0.50～0.80	0.035	0.035	645	380	13	35		255	217
60	0.57～0.65	0.17～0.37	0.50～0.80	0.035	0.035	675	400	12	35		255	229
65	0.62～0.70	0.17～0.37	0.50～0.80	0.035	0.035	695	410	10	30		255	229
70	0.67～0.75	0.17～0.37	0.50～0.80	0.035	0.035	715	420	9	30		269	229
75	0.72～0.80	0.17～0.37	0.50～0.80	0.035	0.035	1080	880	7	30		285	241
80	0.77～0.85	0.17～0.37	0.50～0.80	0.035	0.035	1080	930	6	30		285	241
85	0.82～0.90	0.17～0.37	0.50～0.80	0.035	0.035	1130	980	6	30		302	255
15Mn	0.12～0.19	0.17～0.37	0.70～1.00	0.035	0.035	410	245	26	55		163	
20Mn	0.17～0.24	0.17～0.37	0.70～1.00	0.035	0.035	450	275	24	50		197	
25Mn	0.22～0.30	0.17～0.37	0.70～1.00	0.035	0.035	490	295	22	50	71	207	
30Mn	0.27～0.35	0.17～0.37	0.70～1.00	0.035	0.035	540	315	20	45	63	217	187
35Mn	0.32～0.40	0.17～0.37	0.70～1.00	0.035	0.035	560	335	18	45	55	229	197
40Mn	0.37～0.45	0.17～0.37	0.70～1.00	0.035	0.035	590	355	17	45	47	229	207
45Mn	0.42～0.50	0.17～0.37	0.70～1.00	0.035	0.035	620	375	15	40	39	241	217
50Mn	0.48～0.56	0.17～0.37	0.70～1.00	0.035	0.035	645	390	13	40	31	255	217
60Mn	0.57～0.65	0.17～0.37	0.70～1.00	0.035	0.035	695	410	11	35		269	229
65Mn	0.62～0.70	0.17～0.37	0.90～1.20	0.035	0.035	735	430	9	30		285	229
70Mn	0.67～0.75	0.17～0.37	0.90～1.20	0.035	0.035	785	450	8	30		285	229

注：1. 摘自 GB 699—1988《优质碳素结构钢技术条件》。

2. 本类钢往往要进行各种热处理后才能使用，因此除考虑有害杂质含量外，还必须考虑其碳含量。

附表 3　碳素工具钢的牌号、成分、性能及用途（GB 1298—1986）

牌号	化学成分 w/%					硬度			用途举例
	C	Mn	Si	S	P	退火态	试样淬火		
				不大于		*HBS* 不大于	淬火温度/℃和介质	*HRC* 不小于	
T7 T7A	0.65～0.74	≤0.40	≤0.35	0.030	0.035	187	800～820 水	62	淬火、回火后，常用于制造能承受振动、冲击，并且在硬度适中情况下有较好韧性的工具，如錾子、冲头、木工工具、大锤等
T8 T8A	0.75～0.84	≤0.40	≤0.35	0.030	0.035	187	780～800 水	62	淬火、回火后，常用于制造要求较高硬度和耐磨性的工具，如冲头、木工工具、剪切金属用剪刀等
T8Mn T8MnA	0.80～0.90	0.40～0.60	≤0.35	0.030	0.035	187	780～800 水	62	性能和用途与 T8 钢相似，但由于加入锰，提高淬透性，故可用于制造截面较大的工具
T9 T9A	0.85～0.94	≤0.40	≤0.35	0.030	0.035	192	760～780 水	62	用于制造一定硬度和韧性的工具，如冲模、冲头、磨岩石用錾子等
T10 T10A	0.95～1.04	≤0.40	≤0.35	0.030	0.035	197	760～780 水	62	用于制造耐磨性要求较高，不受剧烈振动，具有一定韧性及具有锋利刃口的各种工具，如刨刀、车刀、钻头、丝锥、手锯锯条、拉丝模、冷冲模等
T11 T11A	1.05～1.14	≤0.40	≤0.35	0.030	0.035	207	760～780 水	62	用途与 T10 钢基本相同，一般习惯上采用 T10 钢
T12 T12A	1.15～1.24	≤0.40	≤0.35	0.030	0.035	207	760～780 水	62	用于制造不受冲击、要求高硬度的各种工具，如丝锥、锉刀、刮刀、绞刀、板牙、量具等
T13 T13A	1.25～1.35	≤0.40	≤0.35	0.030	0.035	217	760～780 水	62	适用于制造不受振动、要求极高硬度的各种工具，如剃刀、刮刀、刻字刀具等

附表 4　一般工程用铸造碳钢的牌号、成分、性能和用途（GB 11352—1989）

牌　号	主要化学成分 w/%					室温力学性能					用途举例
	C	Si	Mn	P	S	σ_s ($\sigma_{0.2}$) /MPa	σ_b /MPa	δ /%	ψ /%	A_{KV}/J (α_{KU}/J·cm^2)	
	不大于					不小于					
ZG 200-400	0.20	0.50	0.80	0.04		200	400	25	40	30(60)	有良好的塑性、韧性和焊接性。用于受力不大、要求韧性好的各种机械零件，如机座、变速箱壳等
ZG 230-450	0.30	0.50	0.90	0.04		230	450	22	32	25(45)	有一定的强度和较好的塑性、韧性，焊接性良好。用于受力不大、要求韧性好的各种机械零件，如砧座、外壳、轴承盖、底板、阀体、犁柱等
ZG 270-500	0.40	0.50	0.90	0.04		270	500	18	25	22(35)	有较高的强度和较好的塑性，铸造性能良好，焊接性能尚好，切削性好。用作轧钢机机架、轴承座、连杆、箱体、曲轴、缸体等
ZG 310-570	0.50	0.60	0.90	0.04		310	570	15	21	15(30)	强度和切削性良好，塑性、韧性较低。用于载荷较高的零件，如大齿轮、缸体、制动轮、辊子等
ZG 340-640	0.60	0.60	0.90	0.04		340	640	10	18	10(20)	有高的强度、硬度和耐磨性，切削性良好，焊接性较差，流动性好，裂纹敏感性较大。用作齿轮、棘轮等

附表 5　低合金高强度结构钢的牌号、化学成分和力学性能（GB/T 1591—1994）

牌号	质量等级	化学成分 w/%											屈服点 σ_s/MPa 厚度（直径，边长）/mm				抗拉强度 σ_b/MPa	伸长率 δ_5/%	冲击功 A_{kV}（纵向）/J				用途
		C≤	Mn	Si≤	P≤	S≤	V	Nb	Ti	Al≥	Cr≤	Ni≤	≤16	16～35	35～50	50～100			+20℃	0℃	−20℃	−40℃	
													不小于						不小于				
Q295	A	0.16	0.80～1.50	0.55	0.045	0.045	0.02～0.15	0.015～0.060	0.02～0.20				295	275	255	235	390～570	23					船舶、低压锅炉、容器、油罐
	B	0.16	0.80～1.50	0.55	0.040	0.040	0.02～0.15	0.015～0.060	0.02～0.20				295	275	255	235	390～570	23	34				
Q345	A	0.20	1.00～1.60	0.55	0.015	0.015	0.02～0.15	0.015～0.060	0.02～0.20				345	325	295	275	470～630	21					船舶、桥梁、车辆、大型容器、大型钢结构、起重机构、建筑结构
	B	0.20	1.00～1.60	0.55	0.040	0.040	0.02～0.15	0.015～0.060	0.02～0.20				345	325	295	275	470～630	21	34				
	C	0.20	1.00～1.60	0.55	0.035	0.035	0.02～0.15	0.015～0.060	0.02～0.20	0.015			345	325	295	275	470～630	22		34			
	D	0.18	1.00～1.60	0.55	0.030	0.030	0.02～0.15	0.015～0.060	0.02～0.20	0.015			345	325	295	275	470～630	22			34		
	E	0.18	1.00～1.60	0.55	0.025	0.025	0.02～0.15	0.015～0.060	0.02～0.20	0.015			345	325	295	275	470～630	22				27	
Q390	A	0.20	1.00～1.60	0.55	0.045	0.045	0.02～0.20	0.015～0.060	0.02～0.20		0.30	0.70	390	370	350	330	490～650	19					桥梁、起重机、港口工程结构、造船、石油井架结构
	B	0.20	1.00～1.60	0.55	0.040	0.040	0.02～0.20	0.015～0.060	0.02～0.20		0.30	0.70	390	370	350	330	490～650	19	34				
	C	0.20	1.00～1.60	0.55	0.035	0.035	0.02～0.20	0.015～0.060	0.02～0.20	0.015	0.30	0.70	390	370	350	330	490～650	20		34			
	D	0.20	1.00～1.60	0.55	0.030	0.030	0.02～0.20	0.015～0.060	0.02～0.20	0.015	0.30	0.70	390	370	350	330	490～650	20		34			
	E	0.20	1.00～1.60	0.55	0.025	0.025	0.02～0.20	0.015～0.060	0.02～0.20	0.015	0.30	0.70	390	370	350	330	490～650	20				27	
Q420	A	0.20	1.00～1.70	0.55	0.045	0.045	0.02～0.20	0.015～0.060	0.02～0.20		0.40	0.70	420	400	380	360	520～680	18					桥梁、起重机、港口工程结构、造船、石油井架结构
	B	0.20	1.00～1.70	0.55	0.040	0.040	0.02～0.20	0.015～0.060	0.02～0.20		0.40	0.70	420	400	380	360	520～680	18	34				
	C	0.20	1.00～1.70	0.55	0.035	0.035	0.02～0.20	0.015～0.060	0.02～0.20	0.015	0.40	0.70	420	400	380	360	520～680	19		34			
	D	0.20	1.00～1.70	0.55	0.030	0.030	0.02～0.20	0.015～0.060	0.02～0.20	0.015	0.40	0.70	420	400	380	360	520～680	19			34		
	E	0.20	1.00～1.70	0.55	0.025	0.025	0.02～0.20	0.015～0.060	0.02～0.20	0.015	0.40	0.70	420	400	380	360	520～680	19				27	
Q460	C	0.20	1.00～1.70	0.55	0.035	0.035	0.02～0.20	0.015～0.060	0.02～0.20	0.015	0.70	0.70	460	440	420	400	550～720	17		34			桥梁、高压容器、电站设备、大型船舶、大型焊接结构、大桥、车辆、造船
	D	0.20	1.00～1.70	0.55	0.030	0.030	0.02～0.20	0.015～0.060	0.02～0.20	0.015	0.70	0.70	460	440	420	400	550～720	17			34		
	E	0.20	1.00～1.70	0.55	0.025	0.025	0.02～0.20	0.015～0.060	0.02～0.20	0.015	0.70	0.70	460	440	420	400	550～720	17				27	

注：表中的为全铝含量。如化验酸溶铝时，其含量应不小于 0.010%。

附表 6　常用渗碳钢的化学成分、热处理、力学性能和用途

牌号	化学成分/%					热处理/℃				力学性能					毛坯尺寸/mm	用途
	C	Mn	Si	Cr	其他	渗碳	预备处理	淬火	回火	σ_b/MPa	σ_s/MPa	δ_5/%	ψ/%	α_k/kJ·m^{-2}		
15	0.12～0.19	0.35～0.65	0.17～0.37			930	890±10	770～800 水	200	≥500	≥300	15	≥55		<30	活塞销
20	0.17～0.24	0.35～0.65	0.17～0.37			930		790 水	180	≥500	≥280	25	≥55	600		受力不大，尺寸较小的耐磨零件
20Mn2	0.17～0.24	1.40～1.80	0.20～0.40			930	850～870	770～800 水	200	820	600	10	47	600	25	小齿轮、小轴、活塞销等
20Cr	0.17～0.24	0.50～0.80	0.20～0.40	0.70～1.00		930	880 水、油	800 水、油	200	850	550	10	40	600	15	齿轮、小轴、活塞销等
20MnV	0.17～0.24	1.30～1.60	0.20～0.40		V0.07～0.12	930		880 水、油	200	800	600	10	40	700	15	同上，也可用作锅炉、高压容器管道等
20CrV	0.17～0.24	0.50～0.80	0.20～0.40	0.80～1.10	V0.10～0.20	930	880	800 水、油	200	850	600	12	45	700	15	齿轮、小轴、顶杆、活塞销、耐热垫圈
20CrMn	0.17～0.24	0.90～1.20	0.20～0.40	0.90～1.20		930		850 油	200	950	750	10	45	600	15	齿轮、轴、蜗杆、活塞销、摩擦轮
20CrMnTi	0.17～0.24	0.80～1.10	0.20～0.40	1.00～1.30	Ti0.06～0.12	930	880 油	860 油	200	1100	850	10	45	700	15	汽车、拖拉机变速箱齿轮
20Mn2TiB	0.17～0.24	1.50～1.80	0.20～0.40		Ti0.06～0.12 B0.001～0.004	930		860 油	200	1150	950	10	45	700		代 20CrMnTi
20SiMnVB	0.17～0.24	1.30～1.60	0.50～0.80		V0.07～0.12 B0.001～0.004	930	860～880 油	780～800 油	200	≥1200	≥1000	≥10	≥45	≥700	15	代 20CrMnTi
12CrNi3A	0.10～0.17	0.30～0.60	0.20～0.40	0.60～0.90	Ni1.50～2.00	930		860 油 780 油	200	950	700	11	50	900	15	受力较大，尺寸较大的耐磨零件
12Cr2Ni4A	0.10～0.17	0.30～0.60	0.20～0.40	1.25～1.75	Ni3.25～3.75	930		860 油 780 油	200	1100	850	10	50	900	15	受力大的大齿轮和轴类耐磨零件
15CrMn2SiMo	0.13～0.19	0.20～0.40	0.40～0.70	0.40～0.70	Mo0.4～0.5	930	880～920 空	860 油	200	1200	900	10	45	800	15	大型渗碳齿轮、飞机齿轮
18Cr2Ni4WA	0.17～0.24	0.30～0.60	0.20～0.40	1.35～1.65	Ni4.00～4.50 W0.80～1.20	930	950 空	850 空	200	1200	850	10	45	1000	15	大型渗碳齿轮和轴类零件
20Cr2Ni4A	0.17～0.24	0.30～0.60	0.20～0.40	1.25～1.75	Ni 3.25～3.75	930	880 油	780 油	200	1200	1100	10	45	800	15	大型渗碳齿轮和轴类零件

附表 7 常用调质钢的化学成分、热处理、力学性能和用途

牌号	化学成分 w/%							热处理/℃		毛坯尺寸/mm	力学性能					退火状态 HB	用途
	C	Mn	Si	Cr	Ni	Mo	其他	淬火	回火		σ_b/MPa	σ_s/MPa	δ_5/%	ψ/%	α_k/kJ·m^{-2}		
45	0.42～0.50	0.50～0.80	0.17～0.37					830～840 水	580～640 空	<100	≥650	≥350	≥17	≥38	≥450		主轴、曲轴、齿轮、柱塞销
45Mn2	0.42～0.49	1.40～1.80	0.20～0.40					840 油	550 水、油	25	900	750	10	45	600	217	代替 ϕ<50mm 的 40Cr 作重要螺栓和轴类件等
40MnB	0.37～0.40	1.10～1.40	0.20～0.40				B0.001～0.0035	850 油	500 水、油	25	1000	800	10	45	600		代替 ϕ<50mm 的 40Cr 作重要螺栓和轴类件等
40MnVB	0.37～0.40	1.10～1.40	0.20～0.40	0.70～1.00			V0.05～0.10 B0.001～0.004	850 油	500 水、油	25	1000	800	10	45	600		可代替 40Cr 和部分代替 40CrNi 作重要零件，也可代 38CrSi 作重要销钉
35SiMn	0.32～0.40	1.10～1.40	1.10～1.40				V0.07～0.12	900 水	590 水、油	25	900	750	15	45	600	228	除低温(<－20℃)韧性稍差外，可全面代替 40Cr 和部分代替 40CrNi
40Cr	0.37～0.45	0.50～0.80	0.20～0.40	0.80～1.10				850 油	500 水、油	25	1000	800	9	45	600		作重要调质件，如轴类、连杆螺栓、进气阀和重要齿轮等
38CrSi	0.35～0.43	0.30～0.60	1.00～1.30	1.30～1.60				900 油	600 水、油	25	1000	850	12	50	700	255	作承受大载荷的轴类和车辆上的重要调质件
40CrMn	0.37～0.45	0.90～1.20	0.20～0.40					840 油	520 水、油	25	1000	850	9	45	600		代 40CrNi
30CrMnSi	0.27～0.34	0.80～1.10	0.90～1.20	0.80～1.10				880 油	520 水、油	25	1100	900	10	45	500	228	高强度钢，作高速载荷砂轮轴、车轴上内外摩擦片等
35CrMo	0.32～0.40	0.40～0.70	0.20～0.40	0.80～1.10		0.15～0.25		850 油	550 水、油	25	1000	850	12	45	800	228	重要调质件，如曲轴、连杆及代 40CrNi 作大截面轴类件

续表

牌号	化学成分 w/%							热处理/℃		毛坯尺寸/mm	力学性能					退火状态 HB	用途
	C	Mn	Si	Cr	Ni	Mo	其他	淬火	回火		σ_b/MPa	σ_s/MPa	δ_5/%	ψ/%	α_k/kJ·m^{-2}		
38CrMoAlA	0.35～0.42	0.30～0.60	0.20～0.40	1.35～1.65		0.15～0.25	Al0.70～1.10	940 水、油	640 水、油	30	1000	850	14	50	900	228	作氮化零件，如高压阀门、缸套、镗床镗杆等
40CrNi	0.37～0.44	0.50～0.80	0.20～0.40	1.00～1.40				820 油	500 水、油	25	1000	800	10	45	700	241	作较大截面和重要的曲轴、主轴、连杆等
37CrNi3	0.34～0.41	0.30～0.60	0.40～0.70	1.20～1.60	3.00～3.50			820 油	500 水、油	25	1150	1000	10	5			作大截面并需要高强度、高韧性的零件
35SiMn2MoVA *	0.32～0.42	1.55～1.85	0.60～0.90			0.40～0.50	V0.05～0.10	870 水、油	650 空		1100	950	12	50	800		作大截面、重载荷的轴、连杆、齿轮等，可代替 40CrNiMo
40CrMnMo	0.37～0.45	0.90～1.20	0.20～0.40	0.90～1.20		0.20～0.30		850 油	600 水、油	25	1000	800	10	45	800	217	相当于 40CrNiMo 的高级调质钢
25Cr2Ni4WA	0.21～0.28	0.30～0.60	0.17～0.37	1.35～1.65	4.00～4.50		W0.80～1.20	850 油	550 水	25	1100	950	11	45	900		制造力学性能要求很高的大断面零件
40CrNiMoA	0.37～0.44	0.50～0.80	0.20～0.40	0.60～0.90	1.25～1.75	0.15～0.25		850 油	600 水、油	25	1000	850	12	55	1000	269	作高强度零件，如航空发动机轴，在<500℃工作的喷气发动机承力零件
45CrNiMoVA	0.42～0.49	0.50～0.80	0.20～0.40	0.80～1.10	1.30～1.80	0.20～0.30	V0.10～0.20	850 油	460 油		1500	1350	7	35	400	269	作高强度、高弹性零件，如车辆上扭力轴等

附表 8　常用弹簧钢的化学成分、热处理、力学性能和用途

牌号	化学成分 w/%						热处理/℃		力学性能					用途
	C	Mn	Si	Cr	V	其他	淬火	回火	σ_b /MPa	$\sigma_{s0.2}$ /MPa	δ_5 /%	ψ /%	α_k /J·cm^{-2}	
60	0.62～0.70	0.50～0.80	0.17～0.37	≤0.25			840 油	480	1000	800	9	35		截面为 12～15mm 的小弹簧
65	0.62～0.70	0.50～0.80	0.17～0.37	≤0.25			840 油	480	1000	800	9	35		
70	0.62～0.75	0.50～0.80	0.17～0.37	≤0.25			830 油	480	1050	850	8	30		
75	0.72～0.80	0.50～0.80	0.17～0.37	≤0.25			820 油	480	1100	900	7	35		
85	0.82～0.90	0.50～0.80	0.17～0.37	≤0.25			820 油	480	1150	1000	6	35		
65Mn	0.62～0.70	0.90～1.20	0.17～0.37	≤0.25			830 油	480	1000	800	8	30		截面＜25mm 的各种螺旋弹簧、板弹簧，例如车厢板弹簧，机车板弹簧，缓冲卷弹簧
50Si2Mn	0.47～0.55	0.60～0.90	1.50～2.00	≤0.30			870 油或水	460	1200～1300	1100～1200	6	30		
60Si2Mn	0.57～0.65	0.60～0.90	1.50～2.00	≤0.30			870 油	460	1300	1200	6	30	30	
70Si3MnA	0.66～0.74	0.60～0.90	2.40～2.80	≤0.30			860 油	420	1800	1600	5	25	25	
55MnSi	0.52～0.60	0.60～0.90	0.50～0.80	≤0.25			820 油	480	1000	800	8	30	20	
60MnSi	0.55～0.65	0.80～1.00	1.30～1.80	≤0.30			860 油	460	1300	1200	5	25	25	
60Si2CrA	0.56～0.64	0.40～0.64	1.40～1.80	0.70～1.00			870 油	420	1800	1600	5	25	25	截面＜50mm 的重要弹簧，例如汽车用圆弹簧和板弹簧，低于 350℃使用的耐热弹簧
60Si2CrVA	0.56～0.64	0.40～0.64	1.40～1.80	0.90～1.20	0.10～0.20		850 油	600	1900	1600	5	20	30	
50CrVA	0.46～0.54	0.50～0.80	0.17～0.37	0.80～1.10	0.10～0.20		850 油	520	1300	1100	10	45	30	
50CrMnA	0.46～0.54	0.80～1.00	0.17～0.37	0.95～1.20			840 油	490	1300	1200	6	35		
50CrMnVA	0.48～0.55	0.50～0.80	0.17～0.37	0.95～1.20	0.15～0.25		850 油	520	1300	1200	6	35	35	
65Si2MnWA	0.61～0.69	0.70～1.00	1.50～2.00	≤0.30		W0.80～1.20	850 油	420	1900	1700	5	20	30	
55SiMnMoVNb	0.52～0.60	1.00～1.30	0.40～0.70	≤0.25	0.08～0.15	Mo0.30～0.40 Nb0.01～0.03	880 油	530	≥1400	≥1300	≥7	≥35	≥30	制造较大截面的板弹簧和螺旋弹簧
60Si2MnBRE	0.56～0.64	0.60～0.90	1.60～2.00	≤0.25		B0.001～0.005 RE0.15～0.20	870 油	460±25	≥1600	≥1400	≥5	≥20		

附表 9 轴承钢的化学成分、热处理及用途

钢号	化学成分 w/%					热处理规范			主要用途
	C	Cr	Si	Mn	其他元素	淬火/℃	回火/℃	HRC	
GCr6	1.05～1.15	0.40～0.70	0.15～0.35	0.20～0.40		800～820	150～170	62～66	<10mm 的滚珠、滚柱和滚针
GCr9	1.0～1.10	0.9～1.12	0.15～0.35	0.20～0.40		800～820	150～160	62～66	20mm 以内的各种滚动轴承
GCr9SiMn	1.0～1.10	0.9～1.2	0.40～0.70	0.90～1.20		810～830	150～200	61～65	壁厚<14mm、外径<250mm 的轴承套；25～50mm 的钢球；直径 25mm 左右的滚柱等
GCr15	0.95～1.05	1.30～1.65	0.15～0.35	0.20～0.40		820～840	150～160	62～66	与 GCr9SiMn 相同
GCr15SiMn	0.95～1.05	1.30～1.65	0.40～0.65	0.90～1.20		820～840	170～200	>62	壁厚≥14mm、外径 250mm 的套圈；直径 20～200mm 的钢球。其他同 GCr15
GMn-MoVRE	0.95～1.05		0.15～0.40	1.10～1.40	V0.15～0.25 Mo0.4～0.6 RE0.05～0.10	770～810	170±5	≥62	代 GCr15 用于军工和民用轴承
GSiMnMo	0.95～1.10		0.45～0.65	0.75～1.05	V0.2～0.3 Mo0.2～0.4	780～820	175～200	≥62	与 GMnMoVRE 相同

附表 10 常用易切削结构钢的牌号、化学成分及力学性能（GB/T 8731—1988）

牌号	化学成分 w/%						状态（纵向）	力学性能			HB 不小于
	C	Si	Mn	S	P	其他		σ_b /MPa	δ_5 /%	ψ /%	
Y12	0.08～0.16	0.15～0.35	0.70～1.00	0.10～0.20	0.08～0.15	—	热轧态	390～540	≥22	≥36	170
Y12Pb	0.08～0.16	≤0.15	0.70～1.00	0.15～0.25	0.05～0.10	Pb0.15～0.35	热轧态	390～540	≥22	≥36	170
Y15	0.10～0.18	≤0.15	0.80～1.20	0.23～0.33	0.05～0.10	—	热轧态	390～540	≥22	≥36	170
Y15Pb	0.10～0.18	≤0.15	0.80～1.20	0.23～0.33	0.05～0.10	Pb0.15～0.35	热轧态	390～540	≥22	≥36	170
Y20	0.17～0.25	0.15～0.35	0.70～1.00	0.08～0.15	≤0.06	—	热轧态	450～600	≥20	≥30	175
Y30	0.27～0.35	0.15～0.35	0.70～1.00	0.08～0.15	≤0.06	—	热轧态	510～655	≥15	≥25	187
Y35	0.32～0.40	0.15～0.35	0.70～1.00	0.08～0.15	≤0.06	—	热轧态	510～655	≥14	≥22	187
Y40Mn	0.37～0.45	0.15～0.35	1.20～1.55	0.20～0.30	≤0.05	—	热轧态	590～735	≥14	≥20	207
Y45Ca	0.42～0.50	0.20～0.40	0.60～0.90	0.04～0.08	≤0.04	Ca0.002～0.006	热轧态	600～745	≥12	≥26	241

附表 11　常用合金量具刃具用钢的牌号、化学成分、热处理规范及用途（GB/T 1299—1985）

牌号	化学成分 w/%					热处理					主要特性	应用举例
						淬火			回火			
	C	Mn	Si	Cr	W	淬火加热温度/℃	冷却介质	硬度 HRC	回火温度	硬度 HRC		
9SiCr	0.85～0.95	0.30～0.60	1.20～1.60	0.95～1.25	—	820～860	油	≥62	180～200	60～62	淬透性比铬钢好，热处理变形较小，加热时脱碳倾向较大	用于制造形状复杂，要求变形小，而耐磨性较高，切削速度不高的刃具，如板牙、丝锥、绞刀、拉刀等，也可用作冷冲模、冷轧辊等工件
8MnSi	0.75～0.85	0.80～1.10	0.30～0.60	—	—	800～820	油	≥60	—	—	淬透性与耐磨性比T8钢好	各种木工工具，如凿子、锯条等
Cr06	1.30～1.45	≤0.40	≤0.40	0.50～0.70	—	780～810	水	≥64	160～180	62～64	淬火后硬度及耐磨性均较好，但较脆，淬透性低	一般经冷轧成薄钢带后，制作剃刀、刮胡刀片、雕刻刀、羊毛剪刀等
Cr2	0.95～1.10	≤0.40	≤0.40	1.30～1.65	—	830～860	油	≥62	150～170	60～62	成分与 GCr15 相当，硬度、耐磨性、淬透性等比碳素工具钢高	用作低速、走刀量小、加工材料不很硬的切削刀具，如车刀、插刀等，也可用于制造拉丝模、冷锻模工具以及量具如样板、量规等
9Cr2	0.80～0.95	≤0.40	≤0.40	1.30～1.70	—	820～850	油	≥62	—	—	与 Cr2 相似	主要用来制作冷作模具，如冲头、凹模，木工工具，冷轧辊等
W	1.05～1.25	≤0.40	≤0.40	1.10～0.30	1.80～1.20	800～830	水	≥62	150～180	59～61	硬度和耐磨性高，热处理时过热敏感性小，淬火裂纹和变形倾向小，但淬透性较低	尺寸较小的工具，如小规格钻头、丝锥、板牙，手用绞刀、锯条，造币用冲模，剪子、凿子、风镐等

附表 12　常用高速钢的热处理制度、主要特性及用途举例（GB/T 9943—1988）

牌　号	试样热处理制度及淬火回火硬度						主要特性	用　途
	预热温度/℃	淬火温度/℃		淬火剂	回火温度/℃	硬度/HRC不小于		
		盐浴炉	箱式炉					
W18Cr4V	820～870	1270～1285	1270～1285	油	550～570	63	红硬性高，热处理工艺性较好，脱碳敏感性小，淬透性高，有较好的韧性和磨削加工性。但碳化物分布不均匀，热塑性低	广泛用于工作温度在600以下的各种复杂刀具，如车刀、铣刀、刨刀、钻头、铰刀、机用锯条等，也可用于制造模具及高温下工作的耐磨零件
W18Cr4VCo5	820～870	1270～1290	1280～1300	油	540～560	63	红硬性及淬回火硬度比W18Cr4V高（63～68HRC），而韧性稍低	适用于制造高速切削刀具和切削较高硬度的材料
W18Cr4V2Co8	820～870	1270～1290	1280～1300	油	540～560	63	与W18Cr4VCo5钢基本相同，但红硬性和耐磨性稍高，而韧性稍低	适用于制造加工材料硬度在400HB以上，重载条件下工作的刀具
W12Cr4V5Co5	820～870	1220～1240	1230～1250	油	530～550	65	较高的红硬性、耐磨性及抗回火稳定性，耐用度为一般高速钢的两倍以上，但不宜制造高精度形状复杂的刀具，强韧性也较差	适用于制作钻削工具、车刀、铣刀、刮刀片以及冷作模具，也可用于加工高强度钢、铸造合金钢、低合金超高强度钢等难加工材料
W6Mo5Cr4V2	730～840	1210～1230	1210～1230	油	540～560	63（箱式炉） 64（盐浴炉）	热塑性、韧性和耐蚀性优于W18Cr4V，且碳化物细小，分布均匀，价格较低。但磨削加工性差一些，脱碳敏感性也较大	广泛应用于制作承受冲击力较大的刀具，如插刀、钻头、锥齿轮刨刀等，也可制造大型和热塑性成型刀具以及高载荷下耐磨损的机件
CW6Mo5Cr4V2	730～840	1190～1210	1200～1220	油	540～560	65	含C比W6Mo5Cr4V2稍高，硬度可达67～68HRC，红硬性和耐磨性也高，由于残余奥氏体量较多，使强度和冲击韧性降低，碳化物不均和晶粒较粗也使热塑性和力学性能降低	适用于制造切削性能要求较高的刀具；由于磨削性能好，故特别适宜制造刃口圆弧半径很小的刀具，如拉刀、铰刀等
W6Mo5Cr4V3	730～840	1190～1210	1200～1220	油	540～560	64	能获得细小而均匀的碳化物颗粒，提高耐磨性和韧性、塑性等，但磨削性下降，易氧化脱碳	适用于制造各种类型的一般刀具，也可制造高强度钢、高温合金等难加工材料的刀具，但不能制造高精度复杂刀具

续表

牌号	试样热处理制度及淬火回火硬度						主要特性	用途
	预热温度/℃	淬火温度/℃		淬火剂	回火温度/℃	硬度/HRC不小于		
		盐浴炉	箱式炉					
CW6Mo5Cr4V3	730～840	1190～1210	1200～1220	油	540～560	64	具有W6Mo5Cr4V3和CW6Mo5Cr4V3两者之特性，碳化物细小而又分布均匀，二次硬化效果好，既有一定的强度和韧性，又有更高的硬度、红硬性和耐磨性	适用于制造各种类型的一般刀具，也可制造高强度钢、高温合金等难加工材料的刀具，但不能制造高精度复杂刀具
W2Mo9Cr4V2	730～840	1190～1210	1200～1220	油	540～560	65	用于切削一般硬度时具有良好的效果，红硬性和韧性、耐磨性均较好，但易于氧化脱碳	适用于制造钻头、刀片、铣刀、成型刀具，剥削刀具、锯条，各种冷冲模具，丝锥、板牙等
W6Mo5Cr4V2Co5	730～840	1190～1210	1200～1220	油	540～560	64	与W6Mo5Cr4V2相比，由于加入了钴，红硬性和高温硬度均较好，但韧性下降	适用于制造高速切削刀具以及切削较高强度的材料
W7Mo4Cr4V2Co5	730～840	1180～1200	1190～1210	油	530～550	66	具有很高的耐磨性、高的红硬性和高温硬度，其耐用度较一般高速钢高得多。但强度较低，磨削加工性差，不宜制作高精度及形状复杂的刀具	适用于制造钻削工具、螺纹梳刀、车刀、铣刀、滚刀、刮刀、刀片等，可加工中强度钢，冷轧钢，铸造合金钢，低合金高强度钢等难加工材料，也可制作冷作模具等
W2Mo9Cr4VCo8	730～840	1170～1190	1180～1200	油	530～550	66	硬度很高，可达70HRC，红硬性也高，易于磨削加工等优点，但韧性稍差	适用于制造高精度和形状复杂的刀具，如成形铣刀、精密拉刀，各种高硬度刀头、刀片等
W9Mo3Cr4V	820～870	1210～1230	1220～1240	油	540～560	63(箱式炉) 64(盐浴炉)	综合性能优于W6Mo5Cr4V2，价格低	适用性强
W6Mo5Cr4V2Al	820～870	1230～1240	1230～1240	油	540～560	65	以铝代钴，成本较低，硬度可达68～69HRC，红硬性、热塑性、耐磨性均好，耐用度比W18Cr4V高1～2倍。可进行碳、氮共渗、氮化等表面处理，但热处理工艺性差	适用于制造各种高速切削刀具，可加工碳钢、合金钢、高速钢、不锈钢、高温合金等，可用于W18Cr4V工具不能加工的材料

注：回火温度为550～570℃时，回火2次，每次1h；回火温度为540～560℃时，回火2次，每次2h；回火温度为530～550℃时，回火3次，每次2h。

附表 13　常用合金冷作模具钢的热处理、主要特性和用途举例（GB/T 1299—1985）

牌号	热处理		主要特性	应用举例
	淬火温度/℃和冷却剂	HRC⩾		
Cr12	950～1000 油	60	应用很广泛的高碳高铬冷作模具钢，具有高的强度、耐磨性和淬透性，淬火变形小。但较脆，脱碳倾向大	用于要求耐磨性高，而承受冲击载荷较小的工件，如冷冲模、冲头、冷剪切刀、拉丝模、搓丝板等
Cr12Mo1V1	820 预热，1000（盐浴）或 1010（炉控气氛）加热，保温 10～20min 空冷，200 回火	59	与 Cr12MoV 钢相似，但晶粒细化效果更好，淬透性和韧性均比 Cr12MoV 好	用作截面更大、更复杂、工作更繁重的各种冷作模具以及冷切剪刀、钢板深拉深模等
Cr12MoV	950～1000 油	58	钢的淬透性、淬、回火后的硬度、强度、韧性等均比 Cr12 钢高，热处理时体积变化小。碳化物分布也较均匀	用作截面较大、较复杂、工作条件较繁重的各种冷冲模具，如冲孔凹模、切边模、钢板深拉深模、冷切剪刀及量规等
Cr5Mo1V(A2)	790 预热，940（盐浴）或 950（炉控气氛）加热，保温 5～15min 空冷，200 回火	60	碳化物细小均匀，有较高的空淬性能，截面尺寸小于 100mm 的工件也能淬透，且变形小，韧性高。但耐磨性较 Cr12 钢低	用于需要耐磨，又同时需要韧性的冷作模具钢，可代替 CrWMn，9Mn2V 钢制作小型冷冲裁模，下料模、成型模和冲头等
9Mn2V	780～810 油	62	钢的淬透性和耐磨性比碳素工具钢高，淬火后变形也小，过热敏感性低，价格也较低	用于制作小型冷作模具，特别是制作要求变形小、耐磨性高的量具（如样板、块规、量规等），也可用于精密丝杆、磨床主轴以及丝锥板牙、铰刀等
CrWMn	800～830 油	62	它的淬透性、硬度和耐磨性比 9Mn2V 高，也有较好的韧性、淬火后变形和扭曲很小，但易形成网状碳化物，使刀具刃口易剥落	制造要求变形小的细而长的形状复杂的刀具、特别是量具。形状复杂、尺寸不大的高精度冷冲模具，也常选用此钢
9CrWMn	800～830 油	62	同 CrWMn，但含碳量较低，故碳化物偏析较 CrWMn 轻些。但硬度稍低，耐磨性差些	用途同 CrWMn
Cr4W2MoV	960～980、1020～1040 油	60	具有较高的淬透性与淬硬性，共晶碳化物颗粒细小且分布均匀，较好的耐磨性和尺寸稳定性	可代替 Cr12 型钢制作电器硅钢片冲裁模，寿命比 Cr12 型钢长得多，还可制冷镦模、落料模等
6Cr4W3Mo2VNb	1100～1160 油	60	有较高的硬度和强度，较好的韧性和疲劳强度，较好的冷热加工性和热处理工艺性	主要用于制造形状复杂、又承受冲击载荷的各种冷作模具、冷镦模具及螺钉冲头等
6W6Mo5Cr4V	1180～1200 油	60	淬透性好，并具有类似高速钢的高硬度高耐磨性等综合力学性能。缺点是热加工范围窄，且容易脱碳	主要用于黑色金属的冷挤压模及其他冷作模具

附表 14　常用合金热作模具钢的热处理、主要特性和用途举例（GB/T 1299—1985）

钢　号	热处理		主要特性	应用举例
	淬火温度/℃和冷却剂	$HRC \geqslant$		
5CrMnMo	820～850 油		性能与 5CrNiMo 相近，但高温强度、韧性和耐热疲劳性比它差	适用于制作中型锤锻模(边长小于 400mm)
5CrNiMo	830～860 油		应用最广泛的锤锻模具钢，具有良好的韧性、强度和耐磨性，到 500～600℃时其力学性能比室温下低不了多少。淬透性较高，此钢有形成白点倾向	用于制造形状复杂、冲击负荷重的各种大、中型锤锻模。(边长可大于 400mm)
3Cr2W8V	1075～1125 油		常用的压铸模具钢，具有较高的韧性，良好的导热性，在高温下有较高的强度和硬度。耐热疲劳性好，有高的淬透性。但韧性、塑性较差	适用于制造在高温、高应力下、但不受冲击载荷的凹凸模，如压铸模、热挤压模、精锻模以及有色金属成形模等
5Cr4Mo3SiMnVAl	1090～1120 油	60	有较高的耐热疲劳性、抗回火稳定性以及较高的强韧性，淬透性也较好。但耐磨性差	主要用于制造热作模具，代替 3Cr2W8V；也可作冷作模具用，代替 Cr12 型钢和高速钢制热挤压冲头，冷、热锻模及冲击钻头
3Cr3Mo3W2V	1060～1130 油		冷热加工性能均良好，有较好的热强性、抗热疲劳性、耐磨性和抗回火稳定性等。耐冲击性属中等	用于热锻锻模、热辊锻模等，其使用寿命比 3Cr2W8V、5CrMnMo 等高
5Cr4W5Mo2V	1100～1150 油		有较高的热强性和热稳定性，较高的耐磨性	适用于制造中小型精锻模、平锻模、热切边模等，也可代替 3Cr2W8V 钢用来制造某些热挤压模
8Cr3	850～880 油		有较好的淬透性，且形成的碳化物颗粒均匀、细小。有一定的室温和高温强度，价格也较低	用来制造冲击载荷不大，在磨损条件下低于 500℃下工作的热作模具，如螺栓热顶锻模、热切边模等
4CrMnSiMoV	870～930 油		强度高，耐热性好，作模具其使用寿命比 5CrNiMo 钢高，但冲击韧性稍低	适用于制造大、中型锤锻模和压力机锤模，也可用于校正模和弯曲模等
4Cr3Mo3SiV	790 预热，1010(盐浴)或 1020(炉控气氛)加热，保温 5～15min，空冷、550 回火		淬透性好，有很好的韧性和高温强度。在 450～550℃回火后，得二次硬化效果	可代替 3Cr2W8V 钢用于制造热锻模、热冲模、热辊锻模和压铸模等
4Cr5MoSiV	790 预热，1000(盐浴)或 1010(炉控气氛)加热，保温 5～15min，空冷、550 回火		在 600℃以下具有较好的热强度、高的韧性和耐磨性，较好的耐冷热疲劳性，热处理变形小，使用寿命比 3Cr2W8V 钢高	适用于作铝合金压铸模、压力机锻模、高精度锻模以及塑压模等。另外，也可用于制造飞机、火箭等耐热 400～500℃工作温度的结构零件
4Cr5MoSiV1	790 预热，1000(盐浴)或 1010(炉控气氛)加热，保温 5～15min，空冷、550 回火		与 4Cr5MoSiV 钢的特性基本相同，但其中温(约 600℃)性能要好些	用途与 4Cr5MoSiV 相同
4Cr5W2VSi	1030～1050 油或空		有较好的冷热疲劳性能，在中温下有较高的热强度、热硬度以及较高的耐磨性和韧性	用于制作热挤压模和芯棒，铝、锌等金属的压铸模，热顶锻耐热钢和结构钢工具，也可用于制造高速锤用模具等

附表 15　珠光体型热强钢（合金结构钢）的力学性能、主要特性和用途举例（GB/T 3077—1999）

牌号	试样毛坯尺寸/mm	热处理				力学性能					钢材退火或高温回火供应状态布氏硬度 HB100/3000 不大于	主要特性	用途举例
		淬火		回火		抗拉强度 σ_b/MPa	屈服点 σ_s/MPa	断后伸长率 δ_5/%	断面收缩率 ψ/%	冲击吸收功 A_{kv2}/J			
		淬火加热温度/℃	冷却剂	加热温度/℃	冷却剂	不小于							
12CrMo	30	900	空	650	空	410	265	24	60	110	179	具有一定的热强性和稳定性，且无热脆性和石墨化敏感性。冷变形塑性良好	用于锅炉及汽轮机制造蒸汽参数达 510℃的主汽管，540℃以下的过热器管及相应的锻件，也可在淬火回火状态下使用，制作高温下工作的各种弹性元件
15CrMo	30	900	空	650	空	440	295	22	60	94	179	与 12CrMo 钢相比，具有更高的强度，但韧性较低	正火及高温回火后使用。用于制造汽轮机及锅炉业蒸汽参数达 530℃的高温锅炉的过滤器，中高温蒸汽导管及联箱等，也可在淬火、回火后使用，用于制造常温下工作的重要零件
20CrMo	15	880	水、油	500	水、油	885	685	12	50	78	197	广泛使用的一种铬钼钢，淬透性较高，可切削性和冷变形性良好，并具有较好的热强性	用于锅炉及轮机制造业中做隔板、叶片、锻件、型轧材，化工工业中制作高压管及各种紧固件，机器制造业中制作较高级的渗碳零件，如齿轮、轴等
30CrMo	25	880	水、油	540	水、油	930	785	12	50	63	229	具有高的强度和韧性，淬透性较高，可切削性良好，冷变形塑性中等	在中型制造业中用于制造截面较大，在高应力条件下工作的调质零件，如轴、主轴、操纵轮、螺栓、双头螺栓、齿轮等，在化工工业中用来制造焊接结构件和高压导管，在汽轮机、锅炉制造业中用来制造 450℃以下工作的紧固件，500℃以下受高压的法兰盘和螺母，尤其适于制造 300 大气压 400℃以下工作的导管
30CrMoA	15	880	油	540	水、油	930	735	12	50	71	229		
35CrMo	25	850	油	550	水、油	980	835	12	45	63	229	有很高的静力强度、冲击韧性及较高的疲劳强度；淬透性较 40Cr 钢高，在高温下有较高的蠕变强度和持久强度，长期工作温度可达 500℃。钢的低温韧性也较好	在锅炉制造业中用作工作温度在 400℃以下的螺栓，510℃以下的螺母；在化工设备中用于非腐蚀介质中工作的、工作温度在 400～500℃的厚度无缝的高压导管。也可代替 40CrNi 钢制作大截面齿轮和高负荷传动轴、汽轮发电机转子、直径小于 500 的支承轴等

续表

牌号	试样毛坯尺寸/mm	热处理				力学性能					钢材退火或高温回火供应状态布氏硬度 $HB100/3000$ 不大于	主要特性	用途举例
		淬火		回火		抗拉强度 σ_b/MPa	屈服点 σ_s/MPa	断后伸长率 δ_5/%	断面收缩率 ψ/%	冲击吸收功 A_{kv2}/J			
		淬火加热温度/℃	冷却剂	加热温度/℃	冷却剂	不小于							
42CrMo	25	850	油	560	水、油	1080	930	12	45	63	217	特性和35CrMo钢相近，但强度和淬透性较高	用于制造较35CrMo钢强度更高或调质断面更大的锻件，如机车牵引用的大齿轮、增压器传动齿轮、发动机汽缸、受负荷极大的连杆及弹簧夹等类似零件
12CrMoV	30	970	空	750	空	440	225	22	50	78	241	在高温长期使用时具有高的组织稳定性和热强性，冷变形塑性高，可切削性尚好	用于轮机中制作蒸汽参数达540℃的主汽管道，转向导叶环、隔板外环，以及管壁温度小于570℃的各种过热器管、导管和相应的锻件
35CrMoV	25	900	油	630	水、油	1080	930	10	50	71	241	有较高的强度，较好的淬透性，热处理时有轻微的回火脆性，冷变形塑性低，焊接性差	用来制造在高应力下工作的重要零件，如长期在500～520℃下工作的汽轮机叶轮，高级涡轮鼓风机和压缩机的转子，盖盘、轴盘，功率不大的发电机轴，以及强力发动机的零件等
12Cr1MoV	30	970	空	750	空	490	245	22	50	71	179	具有较高的强度和足够的热稳定性，冷加工性和焊接性良好，焊后需进行局部去应力退火	用于制造高压设备中工作温度不超过580℃的过热器管和联箱管道及相应的锻件
25Cr2MoVA	25	900	油	640	空	930	785	14	55	63	241	室温下强度和韧性均较高，淬透性较好。在小于500℃时具有良好的高温性能与松弛稳定性	用于制造汽轮机整体转子，套筒，主汽阀、调节阀、蒸汽参数达535℃、受热在550℃的螺母及受热530℃以下的螺栓和双头螺栓，以及其他在510℃以下的紧固连接件，此外还可用作氮化钢，制作阀齿轮等
25Cr2Mo1VA	25	1040	空	700	空	735	590	16	50	47	241	与25Cr2MoVA钢相比，具有更高的高温强度和耐热性	用于制造汽轮机蒸汽参数达560℃的前汽缸，阀杆螺栓以及其他紧固件

附表 16　马氏体型耐热钢棒的热处理制度、力学性能、特性及用途（GB/T 1221—1992，GB/T 4238—1992）

牌号	热处理			退火后的硬度	经淬回火的力学性能						特性及用途
					拉伸实验(不小于)				冲击实验	硬度实验	
	退火/℃	淬火/℃	回火/℃	HB	$\sigma_{0.2}$/MPa	σ_b/MPa	δ_5/%	ψ/%	A_k/J	HB	
1Cr5Mo	—	900～950 油冷	600～700 空冷	≤200	390	590	18	—	—	—	能抗石油裂化过程中产生的腐蚀。作再热蒸汽管、石油裂解管、锅炉吊架、蒸汽轮机汽缸衬套、泵的零件、阀、活塞杆、高压加氢设备部件、紧固件
4Cr9Si2	—	1020～1040 油冷	700～780 油冷	≤269	590	885	19	50	—	—	有较高的热强性。作内燃机进气阀、轻负荷发动机的排气阀
4Cr10Si2Mo	—	1010～1040 油冷	120～160 空冷	≤269	685	885	10	35	—	—	有较高的热强性。作内燃机进气阀、轻负荷发动机的排气阀
8Cr20Si2Ni	800～900 缓冷或约 720 空冷	1030～1080 油冷	100～800 快冷	≤321	685	885	10	15	8	≥262	做耐磨性为主的吸气、排气阀、阀座
1Cr11MoV	—	1050～1100 油冷	720～740 空冷	≤200	490	685	16	55	47	—	有较高的热强性、良好的减振性及组织稳定性。用于透平叶片及导向叶片
1Cr12Mo	800～900 缓冷或约 750 空冷	950～1000 油冷	700～750 快冷	≤255	550	685	18	60	78	217～248	做汽轮机叶片
2Cr12MoVNbN	850～950 缓冷	1100～1170 油冷	600 以上空冷	≤269	685	835	15	30	—	≤321	做汽轮机叶片、盘、叶轮轴、螺栓
1Cr12WMoV	—	1000～1050 油冷	680～700 空冷	—	585	735	15	45	47	—	有较高的热强性、良好的减振性及组织稳定性。用于透平叶片、紧固件、转子及轮盘
2Cr12NiMoWV	830～900 缓冷	1020～1070 油冷	600 以上空冷	≤269	735	885	10	25	—	≤341	做高温结构部件、汽轮机叶片、盘、叶轮轴、螺栓
1Cr13	800～900 缓冷或约 750 空冷	950～1000 油冷	700～750 快冷	≤200	345	540	25	55	78	≥	做 800℃以下耐氧化部件
1Cr13Mo	800～900 缓冷或约 750 空冷	970～1000 油冷	650～750 快冷	≤200	490	685	20	60	78	≥	做汽轮机叶片、高温、高压蒸汽用机械部件
2Cr13	800～900 缓冷或约 750 空冷	920～980 油冷	600～750 快冷	≤223	440	635	20	50	63	≥192	淬火状态下硬度高，耐蚀性良好。做汽轮机叶片
1Cr17Ni2	—	950～1050 油冷	275～350 空冷	≤285	—	1080	10	—	39	—	做具有较高程度的耐硝酸及有机酸腐蚀的零件、容器和设备
1Cr11Ni2W2MoV	—	1000～1020 正火 1000～1020 油冷或空冷	660～710 油冷或空冷	≤269	735	885	15	55	71	269～321	具有良好的韧性和抗氧化性能。在淡水和湿空气中有较好的耐蚀性
		1000～1020 正火 1000～1020 油冷或空冷	540～600 油冷或空冷		885	1080	12	50	55	311～388	

注：马氏体型钢棒采用 750℃左右回火时，其硬度由双方协议规定。

附表 17　铁素体型耐热钢棒的热处理制度、力学性能、特性及用途（GB/T 1221—1992，GB/T 4238—1992）

牌　号	热处理/℃	拉伸实验				硬度实验	特性及用途
		$\sigma_{0.2}$/MPa	σ_b/MPa	δ_5/%	ψ/%	HB	
		不小于					
2Cr25N	退火 780～880 快冷	275	510	20	40	≤201	耐高温腐蚀性强，1082℃以下不产生易剥落的氧化皮，用于燃烧室
0Cr13Al	退火 780～830 空冷或缓冷	177	410	20	60	≥183	由于冷却硬化少，做燃气透平压缩机叶片、退火箱、淬火台架
00Cr12	退火 700～820 空冷或缓冷	196	365	22	60	≥183	耐高温氧化，做要求焊接的部件，汽车排气阀净化装置、锅炉燃烧室、喷嘴
1Cr17	退火 780～850 空冷或缓冷	205	450	22	50	≥183	做 900℃以下耐氧化部件，散热器，炉用部件、油喷嘴

注：表中所列数值仅适用于尺寸小于等于 75mm 的钢棒；大于 75mm 的钢棒可改锻成 75mm 的样坯检验或由供需双方协议规定，允许力学性能降低数值。

附表 18　奥氏体型耐热钢棒的热处理制度、力学性能、特性及用途（GB/T 1221—1992，GB/T 4238—1992）

牌　号	热处理/℃	拉伸实验(不小于)				硬度实验	特性及用途
		$\sigma_{0.2}$/MPa	σ_b/MPa	δ_5/%	ψ/%	HB	
5Cr21Mn9Ni4N	固溶 1100～1200 快冷，时效 730～780 空冷	560	885	8	—	≥302	以经受高温强度为主的汽油及柴油机用排气阀
2Cr21Ni12N	固溶 1050～1150 快冷，时效 750～800 空冷	430	820	26	20	≤269	以抗氧化为主的汽油及柴油机用排气阀
2Cr23Ni13	固溶 1030～1150 快冷	205	560	45	50	≤201	承受 980℃以下反复加热的抗氧化钢。加热炉部件、重油燃烧器
2Cr25Ni13	固溶 1030～1180 快冷	205	590	40	50	≤012	承受 1035℃以下反复加热的抗氧化钢。炉部件、喷嘴、燃烧器
1Cr16Ni35	固溶 1030～1180 快冷	205	560	40	50	≤201	抗渗碳、氮化性大的钢种，1035℃以下反复加热。炉用钢料、石油裂解装置
0Cr15Ni25Ti2MoAlVB	固溶 885～915 或 965～995 快冷 时效 700～760，16h 空冷或缓冷	590	900	15	18	≥248	耐 700℃高温的汽轮机转子，螺栓、叶片、轴
0Cr18Ni9	固溶 1010～1150 快冷	205	520	40	60	≤187	通用耐氧化钢，可承受 870℃以下反复加热
0Cr23Ni13	固溶 1030～1150 快冷	205	520	40	60	≤187	比 0Cr18Ni9 耐氧化性好，可承受 980℃以下反复加热。炉用材料
0Cr25Ni20	固溶 1030～1180 快冷	205	520	40	50	≤187	比 0Cr23Ni13 抗氧化性好，可承受 1035℃加热，炉用材料、汽车净化装置用材料

续表

牌 号	热处理/℃	拉伸实验(不小于)				硬度实验	特性及用途
		$\sigma_{0.2}$/MPa	σ_b/MPa	δ_5/%	ψ/%	HB	
1Cr17Ni12Mo2	固溶 1010～1150 快冷	205	520	40	60	≤187	高温具有优良的蠕变强度，做热交换器用部件、高温耐蚀螺栓
4Cr14Ni14W2Mo	退火 820～850 快冷	315	705	20	35	≤248	有较高的热强性，用于内燃机重负荷排气阀
3Cr18Mn12Si2N	固溶 1100～1150 快冷	390	685	35	45	≤248	有较高的高温强度和一定的抗氧化性，并且有较好的抗硫及抗增碳性。用于吊挂支架，渗碳炉构件，加热炉传送带、料盘、炉爪
2Cr20Mn9Ni2Si2N	固溶 1100～1150 快冷	390	635	35	45	≤248	特性和用途同 3Cr18Mn12Si2N，还可用做盐浴坩埚和加热炉管道等
0Cr19Ni13Mo3	固溶 1010～1150 快冷	205	540	40	60	≤187	高温具有良好的蠕变强度，做热交换用部件
1Cr18Ni9Ti	固溶 920～1150 快冷	205	520	40	50	≤187	有良好的耐热性及抗腐蚀性。做加热炉管、燃烧室筒体、退火炉罩
0Cr18Ni10Ti①	固溶 920～1150 快冷	205	520	40	50	≤187	作在 400～900℃腐蚀条件下使用的部件，高温用焊接结构部件
0Cr18Ni11Nb	固溶 980～1150 快冷	205	520	40	50	≤187	作在 400～900℃腐蚀条件下使用的部件，高温用焊接结构部件
0Cr18Ni13Si4	固溶 1010～1150 快冷	205	520	40	60	≤207	具有与 0Cr25Ni20 相当的抗氧化性，汽车排气净化装置用材料
1Cr20Ni14Si2	固溶 1080～1130 快冷	295	590	35	50	≤187	具有较高的温度强度及抗氧化性，对含硫气氛较敏感，在 600～800℃有析出相的脆化倾向，适用于制作承受应力的各种炉用构件
1Cr25Ni20Si2	固溶 1080～1130 快冷	295	590	35	50	≤187	

注：1. 对于 1Cr18Ni9Ti、0Cr18Ni10Ti 和 0Cr18Ni11Nb 根据需方要求可进行稳定化处理，此时的热处理温度为 850～930℃。2. 1Cr18Ni9Ti 与 0Cr18Ni10Ti 牌号，其力学性能指标一致，需根据耐腐蚀性的差别进行选用。3. 表中奥氏体型钢所列数值：5Cr21Mn9Ni4N、2Cr21Ni12N 仅适用于尺寸小于等于 25mm 的钢棒；大于 25mm 的钢棒，可改锻成 25mm 的样坯检验或由供需双方协议规定，允许力学性能降低数值。其他牌号仅适用于尺寸小于等于 180mm 的钢棒；大于 180mm 的钢棒可改锻成 180mm 的样坯检验或由供需双方协议规定，允许力学性能降低数值。

附表 19　铁基高温合金的特性及用途

类　型		牌　号	特性及用途
变形高温合金	固溶强化型	GH1015 GH1016	具有良好的高温性能和抗氧化性能，适用于使用温度为 550～1000℃的航天、航空、燃气轮机及核电站用的一般承力部件
		GH1035	具有良好的抗氧化性和冲压性，适用于制造火焰筒、加力燃烧室、尾喷筒等零件。
		GH1040	适用于制造航空及其他工业用的紧固件等零件
		GH1131	具有良好的工艺塑性和焊接性能，在长期使用中有一定的时效倾向性，高的含碳量使焊缝区变脆。适用于加力燃烧室零件以及在 700～1000℃温度下短时间工作的产品零件
		GH1140	具有良好的抗氧化性、高的塑性、足够的热强性和良好的热疲劳性能，同时具有优良的冲压性能和良好的焊接工艺性能。适用于制造在 900℃以下温度工作的燃烧室、加力燃烧室零件
	时效硬化型	GH2018	适用于使用温度为 600～950℃的零部件，可用于航空、航天、燃气轮机及其他工业用承力部件、冲压成形部件及焊接用高温受力零件
		GH2036	在 650℃以下有高的热强性，并具有良好的热加工及切削加工性能，在 700～750℃的空气介质中具有稳定的抗氧化性。在 700～750℃和更高温度的燃气介质中有晶间腐蚀的倾向。适用于 650℃以下工作的涡轮盘、隔热板、护环、承力环和紧固零件等
		GH2038	适用于使用温度为 350～1000℃的航空、航天、燃气轮机及其他工业用的一般承力部件
		GH2130	具有高的热强性和良好的工艺塑性及疲劳性能，为了提高抗氧化性可采取表面渗铝或其他措施。适用于 800～850℃工作的涡轮叶片或其他零件
		GH2132	适用于使用温度 600～950℃的航天、航空、燃气轮机及其他工业用的一般承力件
		GH2135	具有良好的热加工塑性、但切削加工性能较差。经表面渗铝后抗氧化性能较好。适用于使用温度 500～1000℃的航天、航空、燃气轮机及其他工业承力部件
		GH2136	适用于制造直径小于 600mm、高度小于 60～150mm 的航空、航天和其他工业用涡轮盘等模锻件
		GH2302	具有高的热强性和良好的工艺塑性，疲劳强度和缺口敏感性接近搞活，进行表面渗铝可提高抗氧化性代替 GH4037 做 800～850℃使用的航空发动机涡轮叶片、辐条等零件
铸造高温合金	时效硬化型	K211 K214	适用于 900℃以下导向叶片
		K213 K232 K273	适用于柴油机增压涡轮，其中 K213 和 K232 适用于 800℃以下温度，K273 适用于 650℃以下温度

附表 20　灰铸铁的牌号、力学性能及应用（摘自 GB 9439—1988）

牌　　号	铸铁类别	铸件壁厚 /mm	铸件最小抗拉强度 σ_b /MPa	适用范围及应用举例
HT100	铁素体灰铸铁	2.5～10	130	低载荷和不重要零件，如盖、外罩、手轮、支架、重锤等
		10～20	100	
		20～30	90	
		30～50	80	
HT150	珠光体＋铁素体灰铸铁	2.5～10	175	承受中等应力(抗弯应力小于 100)的零件，如支柱、底座、齿轮箱、工作台、刀架、端盖、阀体、管路附件及一般无工作条件要求的零件
		10～20	145	
		20～30	130	
		30～50	120	
HT200	珠光体灰铸铁	2.5～10	220	承受较大应力(抗弯应力小于 300)和较重要零件，如汽缸体、齿轮、机座、飞轮、床身、缸套、活塞、刹车轮、联轴器、齿轮箱、轴承座、液压缸等
		10～20	195	
		20～30	170	
		30～50	160	
HT250		4.0～10	270	
		10～20	240	
		20～30	220	
		30～50	200	
HT300	孕育铸铁	10～20	290	承受高弯曲应力(小于 500)及抗拉应力的重要零件，如齿轮、凸轮、车库卡盘、剪床和压力机的机身、床身、高压液压缸、滑阀壳体等
		20～30	250	
		30～50	230	
HT350		10～20	340	
		20～30	290	
		30～50	260	

附表 21　球墨铸铁的牌号、基体组织、力学性能和应用（摘自 GB 1348—88）

牌　　号	主要基体组织	σ_b/MPa	$\sigma_{0.2}$/MPa	δ/%	*HBS*	应用举例
		不小于				
QT400-18	铁素体	400	250	18	130～180	汽车、拖拉机底盘零件 1600～6400 阀门的阀体和阀盖
QT400-15	铁素体	400	250	15	130～180	
QT450-10	铁素体	450	310	10	160～210	
QT500-7	铁素体＋珠光体	500	320	7	170～230	机油泵齿轮
QT600-3	珠光体＋铁素体	600	370	3	190～270	柴油机、汽油机曲轴；磨床、铣床、车床的主轴；空压机、冷冻机缸体、缸套等
QT700-2	珠光体	700	420	2	225～305	
QT800-2	珠光体或回火组织	800	480	2	245～335	
QT900-2	贝氏体或回火马氏体	900	600	2	280～360	汽车、拖拉机传动齿轮

附表 22　常用蠕墨铸铁的性能特点与用途（摘自 JB/T 4403—1999）

牌　　号	性能特点	用　　途
RuT420 RuT380	强度高、硬度高，具有高的耐磨性和较高的导热率，铸件材质中需加入合金元素或经正火热处理	适用于制造要求强度或耐磨性高的零件。活塞环、汽缸套、制动盘、玻璃模具、刹车鼓、钢珠研磨盘、吸淤泵体等
RuT340	强度和硬度较高，具有较高的耐磨性和导热率	适用于制造要求较高强度、刚度及要求耐磨的零件。带导轨面的重型机床件、大型龙门铣横梁、大型齿轮箱体、盖、座、刹车鼓、飞轮、玻璃模具、起重机卷筒、烧结机滑板等
RuT300	强度和硬度适中，有一定的塑韧性，导热率较高，致密性较好	适用于制造要求较高强度及承受热疲劳的零件。排气管、变速箱体、汽缸盖、纺织机零件、液压件、钢锭模、某些小型烧结机篦条等
RuT260	强度一般，硬度较低，有较高的塑韧性和导热率，铸件一般需退火热处理	适用于制造承受冲击负荷及热疲劳的零件。增压器废气进气壳体、汽车、拖拉机的某些底盘零件等

附表 23　常用可锻铸铁的性能特点和用途（GB/T 9440—1988）

牌　号	性能特点	用　途
KTH300-06	有一定的韧性，适当的强度，气密性好	适用于制造承受低动载荷及静载荷、要求气密性好的工作零件。如管道弯头、三通、管件等配件、中低压阀门及瓷瓶铁帽等
KTH330-08	有一定的韧性和强度	适用于制造承受中等载荷和静载荷的工作零件。如农机上的犁刀、犁柱、车轮壳、机床上用的勾型扳手、螺丝扳手、铁道扣扳以及钢丝绳轧头等
KTH350-10 KTH370-12	有较高的韧性和强度	适用于制造承受较高的冲击、振动及扭转负荷下工作的零件。如汽车、拖拉机上的前后轮壳、差速器壳、转向节壳、制动器等，农机上的犁刀、犁柱以及铁道零件、冷暖器接头、船用电机壳等
KTZ450-06	韧性较低，但强度大、耐磨性好，且加工性能良好	可代替低碳、中碳、低合金钢及有色合金制造承受较高的动静载荷、耐磨损并要求有一定韧性的重要工作零件。如曲轴、连杆、齿轮、摇臂、凸轮轴、万向接头、活塞环、轴套、犁刀、传动链条、矿轮车等
KTZ550-04		
KTZ650-02		
KTZ700-02		
KTB350-04	薄壁件仍有较好的韧性；有非常优良的焊接性，可与钢钎焊；可切削性好。但工艺复杂，生产周期长，强度及耐磨性较差	适用于制作厚度在 15mm 以下的薄壁铸件和焊接后不需要进行热处理的铸件。在机械制造工业中很少应用这类铸件
KTB380-12		
KTB400-05		
KTB450-07		

附表 24　变形铝及铝合金牌号表示方法——四位字符体系牌号命名方法（GB/T 16474—1996）

<table>
<tr><th>组　别</th><th>牌号系列</th><th>组　别</th><th>牌号系列</th><th>组　别</th><th>牌号系列</th></tr>
<tr><td>纯铝（铝含量不小于 99.00%）</td><td>1×××</td><td>以镁为主要合金元素的铝合金</td><td>5×××</td><td>以其他合金元素为主要合金元素的铝合金</td><td>8×××</td></tr>
<tr><td>以铜为主要合金元素的铝合金</td><td>2×××</td><td rowspan="2">以镁和硅为主要合金元素并以 Mg_2Si 相为强化相的铝合金</td><td rowspan="2">6×××</td><td rowspan="3">备用合金组</td><td rowspan="3">9×××</td></tr>
<tr><td>以锰为主要合金元素的铝合金</td><td>3×××</td></tr>
<tr><td>以硅为主要合金元素的铝合金</td><td>4×××</td><td>以锌为主要合金元素的铝合金</td><td>7×××</td></tr>
</table>

注：1. 本标准适用于铝及铝合金加工产品及其坯料。

2. 变形铝及铝合金国际四位数字体系牌号是按照 1970 年 12 月制定的变形铝及铝合金国际牌号命名体系推荐方法命名的牌号。此推荐方法由世界各国团体或组织提出。铝及铝合金牌号及成分注册登记秘书处设在美国铝业协会（AA）。

3. 四位数字符号的定义：第一位字符（数字）：表示铝及铝合金的组别；第二位字符（字母）：表示原始纯铝或铝合金的改型情况；第三、四位字符（数字）：表示标识同一组中不同的铝合金或表示铝的纯度。

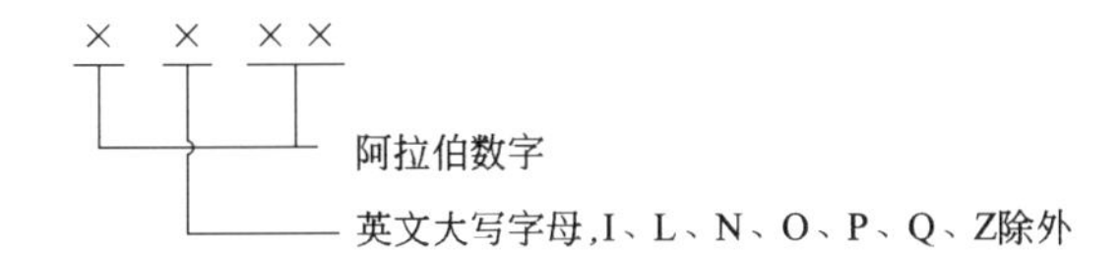

附表 25　变形铝合金的牌号、成分、性能与用途

类别	代号（旧代号）	化学成分 w/%					半成品状态①	力学性能			用　途
		Cu	Mg	Mn	Zn	其他		σ_b/MPa	δ/%	HBS	
防锈铝合金	5A05（LF5）		4.0～5.5	0.3～0.6			M	280	20	70	焊接油箱、油管等以及中等载荷零件及制品
	5A11（LF11）		4.8～5.5	0.3～0.6		W_v0.02～0.15	M	280	20	70	焊接油箱、油管等以及中等载荷零件及制品
	3A21（LF21）			1.0～1.6			M	130	20	30	焊接油箱、油管等以及轻载荷零件及制品
硬铝合金	2A01（LY1）	2.2～3.0	0.2～0.5				线材 CZ	300	24	70	工作温度不超过 100℃的结构用中等强度铆钉
	2A11（LY11）	3.8～4.8	0.4～0.8	0.4～0.8			板材 CZ	420	18	100	中等强度的结构零件，如骨架、模锻的固定接头、支柱、螺旋桨叶片、局部镦粗的零件、螺栓和铆钉
	2A12（LY12）	3.8～4.9	1.2～1.8	0.3～0.9			板材 CZ	470	17	105	高强度的结构零件，如骨架、蒙皮、隔框、肋、梁、铆钉等 150℃以下工作的零件
超硬铝合金	7A04（LC4）	1.4～2.0	1.8～2.8	0.2～0.6	5.0～7.0	W_{Cr}0.10～0.25	CS	600	12	150	结构中主要受力件，如飞机大梁、桁架、加强框、蒙皮接头及起落架
	7A09（LC9）	1.2～2.0	2.0～3.0	0.15	7.6～8.6	W_{Cr}0.16～0.30	CS	680	7	190	结构中主要受力件，如飞机大梁、桁架、加强框、蒙皮接头及起落架
锻铝合金	2A50（LD5）	1.8～2.6	0.4～0.8	0.4～0.8		W_{Si}0.7～1.2	CS	420	13	105	形成复杂中等强度的锻件及模锻件
	2B70（LD7）	1.9～2.5	1.4～1.8			W_{Ti}0.02～0.10 W_{Ni}0.9～1.5 W_{Fe}0.9～1.5	CS	415	13	120	内燃机活塞和在高温下工作的复杂锻件，板材可作高温下工作的结构件
	2A14（LD10）	3.9～4.8	0.4～0.8	0.4～1.0		W_{Si}0.5～1.2	CS	480	19	135	承受重荷的锻件和模锻件

附表 26　铸造铝合金的力学性能与用途（GB/T 1173—1995）

合金牌号	合金代号	铸造方法	合金状态	力学性能(不低于)			用　途
				σ_b/MPa	δ_5/%	*HBS*(5/250/30)	
ZAlSi7Mg	ZL101	S、R、J、K	F	155	2	50	形状复杂的承受中等负荷的飞机和发动机零件，如附件壳体等
		S、R、J、K	T2	135	2	45	
		JB	T4	185	4	50	
		S、R、K	T4	175	4	50	
		J、JB	T5	205	2	60	
		S、R、K	T5	195	2	60	
		SB、RB、KB	T5	195	2	60	
		SB、RB、KB	T6	225	1	70	
		SB、RB、KB	T7	195	2	60	
		SB、RB、KB	T8	155	3	55	
ZAlSi7MgA	ZL101A	S、R、K	T4	195	5	60	
		J、JB	T4	225	5	60	
		S、R、K	T5	235	4	70	
		SB、RB、KB	T5	235	4	70	
		J、JB	T5	265	4	70	
		SB、RB、KB	T6	275	2	80	
		J、JB	T6	295	3	80	
ZAlSi12	ZL102	SB、JB、RB、KB	F	145	4	50	形状复杂的零件，如飞机、仪器零件、抽水机壳体
		J	F	155	2	50	
		SB、JB、RB、KB	T2	135	4	50	
		J	T2	145	3	50	
ZAlSi9Mg	ZL104	S、J、R、K	F	145	2	50	工作温度为220℃以上形状复杂的零件，如电动机壳体、气缸体
		J	T1	195	1.5	65	
		SB、RB、KB	T6	225	2	70	
		J、JB	T6	235	2	70	
ZAlSi5Cu1Mg	ZL105	S、J、R、K	T1	155	0.5	65	工作温度为250℃以上形状复杂的零件，如风冷发动机的气缸头、机匣、液压泵壳体
		S、R、K	T5	195	1	70	
		J	T5	235	0.5	70	
		S、R、K	T6	225	0.5	70	
		S、J、R、K	T7	175	1	65	
ZAlSi5Cu1MgA	ZL105A	SB、R、K	T5	275	1	80	
		J、JB	T5	295	2	80	
ZAlSi7Cu4	ZL107	SB	F	165	2	65	强度和硬度较高的零件
		SB	T6	245	2	90	
		J	F	195	2	70	
		J	T6	275	2.5	100	
ZAlSi12Cu1Mg1Ni1	ZL109	J	T1	195	0.5	90	较高温度下工作的零件，如活塞
		J	T6	245	—	100	
ZAlSi5Cu6Mg	ZL110	S	F	125	—	80	砂型和金属型铸造的活塞及其他在高温下工作的零件
		J	F	155	—	80	
		S	T1	145	—	80	
		J	T1	165	—	90	
ZAlSi9Cu2Mg	ZL111	J	F	205	1.5	80	活塞及高温下工作的其他零件
		SB	T6	255	1.5	90	
		J、JB	T6	315	2	100	
ZAlCu5Mn	ZL201	S、J、R、K	T4	295	8	70	砂型铸造工作温度为175～300℃的零件，如内燃机气缸头、活塞
		S、J、R、K	T5	335	4	90	
		S	T7	315	2	80	
ZAlCu5MnA	ZL201A	S、J、R、K	T5	390	8	100	

续表

合金牌号	合金代号	铸造方法	合金状态	力学性能(不低于)			用途
				σ_b/MPa	δ_5/%	HBS(5/250/30)	
ZAlCu10	ZL202	S	T6	163		100	高温下工作不受冲击的零件
		J	T6	163		100	
ZAlCu4	ZL203	S、R、K	T4	195	6	60	中等载荷、形状比较简单的零件
		J	T4	205	6	60	
		S、R、K	T5	215	3	70	
		J	T5	225	3	70	
ZAlMg10	ZL301	S、J、R	T4	280	10	60	大气或水中工作的零件，承受冲击载荷、外形不太复杂的零件，如舰船配件、氨用泵体
ZAlMg5Si1	ZL303	S、J、R、K	F	145	1	55	
ZAlMg8Zn1	ZL305	S	T4	290	8	90	建筑及装饰铸件、输送器部件、飞机及船舶铸件等
ZAlZn11Si7	ZL401	S、R、K	T1	195	2	80	结构形状复杂的汽车、飞机、仪器零件，也可制造日用品
		J	T1	245	1.5	90	
ZAlZn6Mg	ZL402	J、S	T1	235	4	70	
			T1	215	4	65	

注：J—金属型；S—砂型；B—变质处理；F—铸态；T1—人工时效；T2—退火；T4—固溶处理＋自然时效；T5—固溶处理＋不完全人工时效；T6—固溶处理＋完全人工时效；T7—固溶处理＋稳定化处理。

附表 27　常用黄铜的牌号、成分、性能与用途

类别	牌号	化学成分		力学性能			主要用途
		ω_{Cu}	$\Omega_{其他}$	σ_b^* /MPa	δ/%	HB	
普通黄铜	H90	88.0～91.0	余量 Zn	260/480	45/4	53/130	双金属片、供水和排水管、证章、艺术品(又称金色黄铜)
	H68	67.0～70.0	余量 Zn	320/660	55/3	—/150	复杂的冷冲压件，散热器外壳、弹壳、导管、波纹管、轴套
	H62	60.5～63.5	余量 Zn	330/600	49/3	56/164	销钉、铆钉、螺钉、螺母、垫圈、弹簧、夹线板
	ZH62	60.0～63.0	余量 Zn	300/300	30/30	60/70	散热器、螺钉
特殊黄铜	HSn62-1	61.0～63.0	0.7～1.1Sn 余量 Zn	400/700	40/4	50/95	与海水和汽油接触的船舶零件(又称海军黄铜)
	HSi80-3	79.0～81.0	2.5～4.5Si 余量 Zn	300/350	15/20	90/100	船舶零件，在海水、淡水和蒸汽(<265℃)条件下工作的零件
	HMn58-2	57.0～60.0	1.0～2.0Mn 余量 Zn	400/700	40/10	85/175	海轮制造业和弱电用零件
	HPb59-1	57.0～60.0	0.8～1.9Pb 余量 Zn	400/650	45/16	44/80	热冲压及切削加工零件，如销螺钉、螺母、轴套(又称易销黄铜)
	HAl59-3-2	57.0～60.0	2.5～3.5Al 余量 Zn	380/650	50/15	75/155	船舶、电机及其他在常温下工作的高强度、耐蚀零件
	ZHMn55-3-1	53.0～58.0	3.0～4.0Mn 0.5～1.5Fe 余量 Zn	450/500	15/10	100/110	轮廓不复杂的重要零件，海轮上在300℃以上工作的管配件，螺旋桨
	ZHAl66-6-3-2	64.0～68.0	5～7Al 2～4Fe 1.5～2.5Mn 余量 Zn	600/650	7/7	160/160	压缩螺母、重型蜗杆，轴承、衬套

* 力学性能中数字的分母：对压力加工黄铜为硬化状态（变形程度50%），对铸造黄铜为金属型铸造；分子：对压力加工黄铜为退火状态，(600℃) 对铸造黄铜为砂型铸造。

附表 28　常用钛合金的牌号、成分、性能与用途

组别	代号	化学成分	室温力学性能			高温力学性能			用途
			热处理	σ_b/MPa	δ/%	实验温度/℃	σ_b/MPa	σ_{100}/MPa	
工业纯钛	TA1	Ti(杂质极微)	退火	300～500	30～40				在 350℃以下工作、强度要求不高的零件
	TA2	Ti(杂质微)	退火	450～600	25～30				
	TA3	Ti(杂质微)	退火	550～700	20～25				
α钛合金	TA4	Ti-3Al	退火	700	12				在 500℃以下工作的零件，导弹燃料罐、超声速飞机的涡轮机匣
	TA5	Ti-45Al-0.005B	退火	700	15				
	TA6	Ti-5Al	退火	700	12～20	350	430	400	
B钛合金	TB1	Ti-3Al-8Mo-11Cr	淬火	1100	16				在 350℃以下工作的零件、压气机叶片、轴、轮盘等重载荷旋转件，飞机构件
			淬火+时效	1300	5				
	TB2	Ti-5Mo-5V-8Cr-3Al	淬火	1000	20				
			淬火+时效	1350	8				
α+β钛合金	TC1	Ti-2Al-1.5Mn	退火	600～800	20～25	350	350	350	在 400℃以下工作的零件，有一定高温强度的发动机零件，低温用部件
	TC2	Ti-3Al-1.5Mn	退火	700	12～15	350	430	400	
	TC3	Ti-5Al-4V	退火	900	8～10	500	450	200	
	TC4	Ti-6Al-4V	退火	950	10	400	630	580	
			退火+时效	1200	8				

附表 29　低碳钢硬度与强度换算值表（GB/T 1172—1999）

硬度							抗拉强度 σ_b/MPa
洛氏 *HRB*	表面洛氏			维氏 *HV*	布氏 *HBS*		
	*HR*15*T*	*HR*30*T*	*HR*45*T*		$F/D^2=10$	$F/D^2=30$	
60.0	80.4	56.1	30.4	105	102		375
60.5	80.5	56.4	30.9	105	102		377
61.0	80.7	56.7	31.4	106	103		379
61.5	80.8	57.1	31.9	107	103		381
62.0	80.9	57.4	32.4	108	104		382
62.5	81.1	57.7	32.9	108	104		384
63.0	81.2	58.0	33.5	109	105		386
63.5	81.4	58.3	34.0	110	105		388
64.0	81.5	58.7	34.5	110	106		390
64.5	81.6	59.0	35.0	111	106		393
65.0	81.8	59.3	35.5	112	107		395
65.5	81.9	59.6	36.1	113	107		397
66.0	82.1	59.9	36.6	114	108		399
66.5	82.2	60.3	37.1	115	108		402
67.0	82.3	60.6	37.6	115	109		404
67.5	82.5	60.9	38.1	116	110		407
68.0	82.6	61.2	38.6	117	110		409
68.5	82.7	61.5	39.2	118	111		412
69.0	82.9	61.9	39.7	119	112		415
69.5	83.0	62.2	40.2	120	112		418
70.0	83.2	62.5	40.7	121	113		421
70.5	83.3	62.8	41.2	122	114		424
71.0	83.4	63.1	41.7	123	115		427
71.5	83.6	63.5	42.3	124	115		430
72.0	83.7	63.8	42.8	125	116		433
72.5	83.9	64.1	43.3	126	117		437
73.0	84.0	64.4	43.8	128	118		440
73.5	84.1	64.7	44.3	129	119		444
74.0	84.3	65.1	44.8	130	120		447
74.5	84.4	65.4	45.4	131	121		451
75.0	84.5	65.7	45.9	132	122		455
75.5	84.7	66.0	46.4	134	123		459
76.0	84.8	66.3	46.9	135	124		463
76.5	85.0	66.6	47.4	136	125		467
77.0	85.1	67.0	47.9	138	126		471
77.5	85.2	67.3	48.5	139	127		475
78.0	85.4	67.6	49.0	140	128		480
78.5	85.5	67.9	49.5	142	129		484
79.0	85.7	68.2	50.0	143	130		489
79.5	85.8	68.6	50.5	145	132		493
80.0	85.9	68.9	51.0	146	133		498

续表

硬度							抗拉强度 σ_b/MPa
洛氏	表面洛氏			维氏	布氏 *HBS*		
HRB	*HR15T*	*HR30T*	*HR45T*	*HV*	$F/D^2=10$	$F/D^2=30$	
80.5	86.1	69.2	51.6	148	134		503
81.0	86.2	69.5	52.1	149	136		508
81.5	86.3	69.8	52.6	151	137		513
82.0	86.5	70.2	53.1	152	138		518
82.5	86.6	70.5	53.6	154	140		523
83.0	86.8	70.8	54.1	156		152	529
83.5	86.9	71.1	54.7	157		154	534
84.0	87.0	71.4	55.2	159		155	540
84.5	87.2	71.8	55.7	161		156	546
85.0	87.3	72.1	56.2	163		158	551
85.5	87.5	72.4	56.7	165		159	557
86.0	87.6	72.7	57.2	166		161	563
86.5	87.7	73.0	57.8	168		163	570
87.0	87.9	73.4	58.3	170		164	576
87.5	88.0	73.7	58.8	172		166	582
88.0	88.1	74.0	59.3	174		168	589
88.5	88.3	74.3	59.8	176		170	596
89.0	88.4	74.6	60.3	178		172	603
89.5	86.6	75.0	60.9	180		174	609
90.0	88.7	75.3	61.4	183		176	617
90.5	88.8	75.6	61.9	185		178	624
91.0	89.0	75.9	62.4	187		180	631
91.5	89.1	76.2	62.9	189		182	639
92.0	89.3	76.6	63.4	191		184	646
92.5	89.4	76.9	64.0	194		187	654
93.0	89.5	77.2	64.5	196		189	662
93.5	89.7	77.5	65.0	199		192	670
94.0	89.8	77.8	65.5	201		195	678
94.5	89.9	78.2	66.0	203		197	686
95.0	90.1	78.5	66.5	206		200	695
95.5	90.2	78.8	67.1	208		203	703
96.0	90.4	79.1	67.6	211		206	712
96.5	90.5	79.4	68.1	214		209	721
97.0	90.6	79.8	68.6	216		212	730
97.5	90.8	80.1	69.1	219		215	739
98.0	90.9	80.4	69.6	222		218	749
98.5	91.1	80.7	70.2	225		222	758
99.0	91.2	81.0	70.7	227		226	768
99.5	91.3	81.4	71.2	230		229	778
100.0	91.5	81.7	71.7	233		232	788

注：本标准所列换算值只有当试件组织均匀一致时，才能得到较精确的结果，因此应尽量避免各种换算。

常用技术名词中、英文对照

绪论 Introduction

金属工艺学 metal technology
制造过程 manufacturing process
机械制造 machine manufacturing
产品设计 product design
总体布置 general layout
使用功能 operational function
机械零件 machine parts
工件 work piece
批量 bateh volume
生产计划 production plan
工艺规程 process specification
工艺卡 operation sheet
工艺装置 tooling
工艺装备 technological
夹具 jig and fixture
年产量 yearly output
质量管理 quality control
材料利用率 stock utilization
粗糙度 roughness
单件生产 job production
成批生产 batch production
大量生产 mass production
生产率 production rate（或 productivity）
试制 pilot production
（零件）结构工艺性 constructional technicality（或 producibility）
毛坯 rough part
坯料 blank
加工余量 machining allowance
无切削加工 chipless machining
生产周期 process cycle
生产节奏 production rhythm
外购件 purchased parts
协作件 contracted parts
铸件 casting
锻件 forging
冲压件 stamping
挤压件 extruding
焊接件 weldment
型钢 section steel
工字钢 I-steel
槽钢 channel steel
角钢 angle steel
棒料 bar stock
切削加工 machining
粗加工 roughing
半精加工 semi-finishing
精加工 finishing
待加工面 surface to be machined
非加工面 surface not to be machined
配合面 mating surfaces
工序间检验 process inspection
组件装配 auxiliary assembly
部件装配 sub-assembly
总装 general assembly
调试 adjusting and debugging
试车 test run（或 trial run）
装箱 packing
出厂 delivering（或 shipping）
生产（材料，工时，直接，间接）成本 production (material，labour，direct，indirect) cost
工时 man-hour
台时 machine-hour
利润 profit
亏损 deficit
经济效益 economic benefit
技术经济性 technical economy
销售额 sales volume
折旧 depreciatiOn
售价 selling price
市场竞争 market competition
亏盈平衡（销售）额（点） break-even point

机械制造常用材料 Materials Commonly Used in Machine Manufacturing

力学性能 mechanical properties
弹性 elasticity
塑性 plasticity
刚性 rigidity
永久变形 permanent deformation

试样　specimen
应力　stress
应变　strain
高炉火纯青　blast furnance
热风　hot blast
焦炭　coke
矿石　ore
还原　reduction
增（渗）碳　cementation
炼钢　steel making
纯氧顶吹转炉　top-blown oxygen converter
平炉　open hearth
碱性炉衬　basic lining
酸性炉衬　acidic lining
电弧炉　electric are furnace
脱磷　dephosphorize
脱硫　desulphurize
脱氧　deoxidize
钢锭　steel ingot
钢锭的截头去尾　corp
料头　corp end
废钢　scrap steel
轧钢　steel rolling
轧钢厂　steel rolling mill
中、厚板　plate
薄板　sheet
线材　wire
缆材　cable
箔材　foil
小口径管　tube
大口径管　pipe
轧辊　roller
沸腾钢　rimmed steel（blistered steel）
镇静钢　killed steel
半镇静钢　semi-killed steel（capped steel）
普通碳素钢　plain carbon steel
结构钢　structural steel
工具钢　tool steel
合金钢　alloy steel
不锈钢　stainless steel
铸钢　cast steel
热处理　heat treatment
等温转变　isthermal transformation
索氏体　sorbite
屈氏体　troostite
贝氏体　bainite
马氏体　martensite
退火　annealing
去应力退火　stress telieving
时效处理　aging
中间退火　process annealing
球化退火　spheroidizing
正火　normalizing
淬火　quenching
回火　tempering
表面淬火　surface hardening
渗碳　carburizing
渗氮　nitriding
碳氮共渗　nitrocarbuizing
金相检查　metaloscopy
白口铸铁　white（cast） iron
灰口铸铁　grey（cast） iron
麻口铸铁　mottled（cast） iron
孕育铸铁　inoculated iron
球墨铸铁　ductile iron（nodular iron 或 S. G. iron）
可锻铸铁　malleable cast iron
石墨化　graphitization
片状石墨　flake graphite
球状石墨　nodular graphite
团絮状石墨　chunk graphite
蠕虫状（厚片状）石墨　vermicular graphite
基体　matrix
孕育剂　inoculant（modifier）
球化剂　spheroidizer（nodulizer）
冲天炉　cupola
工频感应炉　mains frequency induction furnace
渣　slag
熔剂　flux
硅铁　ferrosilicon
锰铁　ferronmanganese
稀土金属　rare earth metal
稀土合金　mischmetal
炉料 charge
回炉料　returning
含碳（硅）量　carbon（silicon） content
碳当量　carbon equivalent（CE）
铸造铝合金　cast aluminium alloy
铸造黄铜　cast brass
铸造青铜　cast bronze
中间合金　hardener
除气剂　degasser
坩埚炉　crucible furnace

增碳（硅硫） carbon (silicon, sulphur) pick-up
吹塑成型 blow moulding

铸造 Metal Casting

铸工车间 foundry (shop)
砂型铸造（件） sand casting
型砂 moulding sand
黏土砂 clay sand
水玻璃砂 water glass sand (silicate bonded sand)
树脂砂 resin sand
油砂 oil sand
含水量 water content
透气性 permeability
耐火性 refractoriness
退让性（压溃性） collapsibility
胶黏剂 binder
黏土 clay
膨润土 bentonite
涂料 wash
分型砂 parting sand
干（湿）型 dry (green) mould
型腔 mould cavity
模（型） pattern
型芯 core
芯头 core print
芯座 core seat
砂箱 flask
上箱 cope
下箱 drag
浇注系统 gating system
外浇口 pouring basin
直浇口 sprue
横浇口 runner
内浇口 in-gate
冒口 riser
暗冒口 blind riser
冷铁 chill
整体模 solid pattern
分离模 split pattern
活块模 loose-piece pattern
模板 match plate
假箱 follow-board
刮（车）板（模） scraper (sweep) pattern
脱（无）箱造型 flaskless moulding
地坑造型 pit moulding
振压式造型机 jolt-squeeze moulding machine
抛砂机 sand slinger
射芯机 core-shooting machine
浇注位置 pouring position
分型面（线） parting surface (line)
收缩（加工）余量 shrinkage (machining) allowance
拔模斜度 draft
内（外）圆角半径 fillet (round) radius
壁厚 wall thickness
流动性 fluidity
螺旋线长度 spiral length
热节 hot spot
加强筋 strengthening ribs
补贴 pad (ding)
顺序凝固 progressive solidification
同时（糊状）凝固 pasty solidification
铸造缺陷 casting defects
完好（无缺陷）铸件 sound casting
废品 scrap
铸件（工艺）出品率 casting yield
缩孔 shrinkage cavity
缩松 porosity
跑火 running away
浇不足 short run
冷隔 cold shuts
夹杂物 inclusions
夹渣 dross
冲砂 cuts and wash
变形 distortion
胀砂 swell
夹砂 scabs
化学粘砂 sand adherence
机械粘砂 metal penetration
气孔 blow hole
针孔 pin hole
热裂 hot tear
冷裂 cold crack
偏芯 core shift
偏析 segregation
特种铸造 special casting processes
离心铸造 centrifugal casting
压力铸造 die casting
熔模铸造 investment casting
金属型铸造 permanent mould casting
低压铸造 low-pressure die casting
壳型铸造 shell mould casting
硅酸凝胶胶黏剂 silica sol binder

蜡模　wax pattern
石英粉　silicon flour
氯化铵　ammonium chloride
脱蜡　dewax
落砂　shake-out
清理　fettling
打磨　snagging
喷砂　sand blasting
抛丸清理　shot-peening
滚筒清理　tumbling

锻压　Forging and Pressing

塑性变形　plastic deformation
应力状态　stress state
三向应力　three-dimensional stress（triaxial stress）
滑移面（线）　slip plane（line）
孪晶　twin
位错　dislocation
非均匀变形　heterogeneous deformation
始锻（终锻）温度　initial（finish）forging temperature
回复　recovery
再结晶　recrystallization
冷（热）加工　cold（hot）working
加工硬化　work hardened（strain hardened）
晶粒破碎　grain fragmentation
纤维组织　fibre structure
过热　overheat
过烧　burnt
冷(蓝）脆（性）　cold（blue）brittleness（blue shortness）
热（红）脆（性）　hot（red）brittleness
锻坯　forging stock
成形性　formability
变形程度　degree of deformation
坯料　billet
自由锻　smith forging
延展（扩展）　spreading
拔长　elongating（cogging）
镦粗　upsetting
压肩　fullering
压肩工具　fuller
穿孔　piercing
扩孔　enlarging
开式模　open die
闭式模　closed die
摔子　hand swage
锻造比　forging ratio（reduction）
余块　remainder
模型锻造　die forging
锤上模锻　drop gorging
模锻锤　hammer
胎模锻　blocker forging
胎模　blocker
凹模（下模）　die
凸模（上模）　punch
冲头　ram
冲程　stroke
多槽模锻　multiple impression die
模垫　die backer（die pad）
模块　die block
模膛　die cacity
模锻斜度　（die）draft
凹（下）模固定板　die holder
模具镶块　die insert
分模面　die parting face
模具导柱　die-set guide post
导套　guide bush
导向滑块　guide block
模具燕尾（模柄）　die shank
单柱式空气（蒸汽）锤　open-frame air（steam）hammer
双柱式（门式）蒸汽锤　double-hausing（arch type）steam hammer
热模锻压力机　forging press
打击能量（力）　striking energy（force）
额定能力　rated capacity
闭合高度　die height（die spsce＝shut height）
顶锻　upset forging
平锻机　horizontal upsetting maching
曲柄（偏心、摩擦）压力机　crank（eccentric friction）press
多工位压力机　multistation press
水压机　hydraulic press
顶出（顶销）　ejection（pin）
砧座　anvil
滑块　slide
模具寿命　rupture life of die
飞边　flash（fin）
无飞边锻造　flashless forging
连皮　plate（或 diaphragm）
冲剪连皮　cutting-out
预锻模膛　blocker

终锻模膛　finisher
切边　trimming
精压　coining
氧化皮　scale
酸洗　pickling
精（终）锻　finish forge
冷镦　cold upsetting（heading）
冷镦机　header（heading machine）
冷（温，正，反）挤　cold（warm，direct，indirect）extrusion
辊锻　roll forging
板料冲压　sheet metal stamping
复合冲模　compound punch and die
连续冲模　progressive punch and die
排样　laying-out（或 nesting）
冲裁　blanking
卸料器（板）　stripper
冲孔　punching
深（浅）拉延　deep（shallow）drawing
杯形拉伸　cupping
弯曲　bending
翻边　flanging
胀形　bulging
扩孔　expanding
减径　reducing
管端压细　flare-in
管子扩口　flaring
缩口　closing in（或 necking）
压凹（浅成型）　shallow recessing
切槽　notching
起伏（压纹）　embossing
修边　trimming
剪切　shearing
矫直　straightening
回弹　springback
起皱　wrinkle
高能成形　high-energy-rate forming（HERF）

焊接　Welding

铆接　riveting
熔焊　fusion welding
压焊　pressure welding
硬（软）钎焊　brazing（soldering）
电弧焊　arc welding
手弧焊　manual arc welding
引弧　striking
熔渣　slag
熔池　molten pool（或 puddle）
溶深　depth of penetration
熔敷　deposit
焰口　crater
填充金属　filler metal
焊件　weldment
熔滴　bead
母材　base metal（parent metal）
焊缝金属　weld metal
焊道　weld bead
（药皮）焊条　（covered）electrode
焊芯　core wire
药皮　coating
酸（碱）性焊条　acid（basic）electrode
低氢型焊条　low hydrogen type electrode
埋弧焊　submerged arc welding
焊剂　welding flux
焊丝　welding wire
气体保护电弧焊　gas shielded arc welding
二氧化碳气体保护焊　carbon-dioxide arc welding
钨极惰性气体保护焊　tungsten inert gas arc welding（简作 TIG）
熔化极惰性气体保护焊　metal inert gas arc welding（简作 MIG）
氩弧焊　argon arc welding
等离子弧焊　plasma arc welding
微束等离子焊　needle arc plasma welding
等离子弧切割（喷涂、堆焊）　plasma cutting（spraying，surfacing）
电阻焊　resistance welding
点焊（缝焊）　spot welding（seam welding）
电阻对焊　upset（butt）welding
闪光对焊　flash（butt）welding
熔核　nugget
摩擦焊　friction welding
电渣焊　electroslag welding
焊接（残余）应力　welding（residual）stress
预防措施　preventive measure
焊接顺序　welding sequence
预热　preheating
后热　postheating
焊接区　weld zone
焊缝区　weld metal zone
熔合区　weld bond
热影响区　heat effected zone

过热区　overheated zone
正火区　normalized zone
角(弯曲、扭转、波浪) 变形　angular (bending, twisting, buckling) distortion
咬边　undercut
焊瘤　overlap
未焊透　incomplete penetration
未熔合　incomplete fusion
夹渣　slag inclusion
裂纹　crack
烧穿　burnt through
对接(角接、T接、搭接) 接头　butt (corner, T, lap) joint
接头根部　root of joint
钝边　root face
根部间隙　root gap
焊接余高　weld reinforcement
坡口　groove
焊缝布置　weld arrangement
横(纵) 焊缝　cross (longitudinal) weld
交错焊缝　staggered weld
单(双) 面焊　welding by one side (both sides)
多层(道) 焊　multi-layer (-pass) welding
点固　tack weld
焊缝厚度　throat depth
磁偏吹　magnetic flare
极性　polarity
正(反) 接法　straight (reverse) polarity
飞溅　spatter
焊工(电焊机)　welder
胎具　positioner
分段退焊　build-up sequence
分段多层焊　block sequence welding
封底焊　back running
摆动焊　weave beading
右(左) 焊法　backward (forward) welding
立焊　welding in vertical position
水平角焊　horizontal fillet welding
横焊　horizontal position welding
全位焊　all-position welding

金属制品的无损检验　Nondestructive Test For Metal Parts

致密性实验　soundness test
压力实验　pressure test
水压实验　hydraustatic test
气压实验　pneumatic test
压力容器　pressure vessel
渗漏　leakage
出汗　sweating
磁性(粉) 探伤　magnetic (particle) inspection
磁力线　magnetic line of force
漏磁　magnetic leakage
超声探伤　ultrasonic inspection
压电磁致效应　piezo-electrostriction
压电石英　piezo-quartz
探头　probe
回波　echo
方向性　directionability
灵敏性　sensitivity
缺陷回波　flaw echo
始面回波　initial boundary echo
底面回波　back echo
示波器　oscilloscope
荧光仪　fluoroscope
荧光染色剂　fluorescent dye
渗透探伤　penetration test
渗透剂　penetrant
射线检查　radiographic inspection